普通高等教育规划教材

液压与气压传动控制技术

张喜瑞　主编
张国健　文　伟　副主编

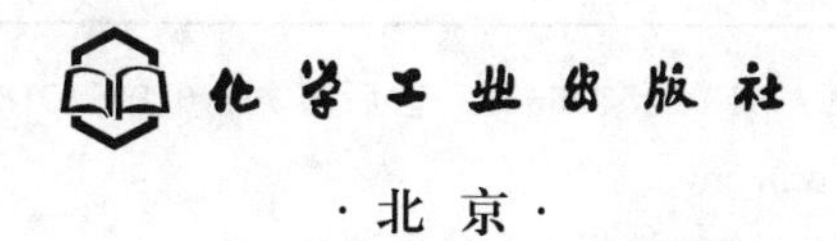

·北京·

本书介绍了机械类各专业通用的液压与气压控制技术的基本内容，为了适应拓宽专业面的需要，在教材中吸收了一些汽车液压和液力传动的拓展内容，为相关专业学生直接服务社会打下良好基础。书中内容包括液压泵和液压马达、液压缸、液压辅助元件、方向控制阀、压力控制阀、流量控制阀、液压基本回路、典型液压系统及实例、气压传动等，注重理论与实践的有机结合，图文并茂。

本书可以作为高等院校机械类或近机械类专业的有关液压与气压传动及控制内容的教材和教学参考书，也可以供高等职业院校和工程技术人员参考。

图书在版编目（CIP）数据

液压与气压传动控制技术/张喜瑞主编. —北京：化学工业出版社，2016.8

普通高等教育规划教材

ISBN 978-7-122-27604-9

Ⅰ.①液…　Ⅱ.①张…　Ⅲ.①液压传动-高等学校-教材②气压传动-高等学校-教材　Ⅳ.①TH137②TH138

中国版本图书馆CIP数据核字（2016）第158874号

责任编辑：韩庆利　　文字编辑：张燕文

责任校对：王素芹　　装帧设计：关　飞

出版发行：化学工业出版社（北京市东城区青年湖南街13号　邮政编码100011）

印　　装：大厂聚鑫印刷有限责任公司

787mm×1092mm　1/16　印张12¾　字数307千字　2016年11月北京第1版第1次印刷

购书咨询：010-64518888（传真：010-64519686）　售后服务：010-64518899

网　　址：http://www.cip.com.cn

凡购买本书，如有缺损质量问题，本社销售中心负责调换。

定　价：29.00元

前　言

本书根据机械类本科专业教学大纲编写，可以作为高等院校机械类或近机械类专业的有关液压与气压传动及控制内容的教材和教学参考书，也可以供高等职业院校和工程技术人员参考。

该教材注重理论与实践的有机结合，在内容上介绍以机械类各专业通用的液压与气压控制技术的基本内容，为了适应拓宽专业面的需要，在教材中吸收了一些汽车液压和液力传动的拓展内容，为相关专业学生直接服务社会打下良好基础。

本书共11章，由海南大学张喜瑞任主编，副主编为海南省锅炉压力容器与特种设备检验所张国健、海南大学文伟，参编为海南省技师学院钟海健、海南大学王文、中国热带农业科学院科技信息研究所李媛；由海南大学梁栋、李粤负责本书审稿工作。

本书编写分工为：张喜瑞编写第2章、第4～6章；文伟编写第9～11章；张国健编写第1章；钟海健编写第3章；王文编写第7章；李媛编写第8章及负责插图绘制。统稿工作由主编和副主编共同完成。

在本书编写过程中，得到了海南大学林妙山副教授、中国热带农业科学院科技信息研究所李媛及海南省锅炉压力容器与特种设备检验所技术人员、海南省技师学院相关老师的支持与帮助，我们在此表示衷心感谢。

本书为海南大学2016年度自编教材资助项目（项目编号：Hdzbjc1607）。

由于水平有限，不妥之处在所难免，竭诚希望广大读者批评指正。

编者

目 录

1 液压传动概述

1.1 液压传动定义与发展概况

1.1.1 液压传动的定义

一部完整的机器是由原动机、传动机构及控制部分、工作机（含辅助装置）组成的。原动机包括电动机、内燃机等。工作机即完成该机器的工作任务的直接工作部分，如剪床的剪刀，车床的刀架、车刀、卡盘等。由于原动机的功率和转速变化范围有限，为了适应工作机的工作力和工作速度变化，以及其他操纵性能的要求，在原动机和工作机之间设置了传动机构，其作用是把原动机输出的功率经过变换后传递给工作机。

传动机构通常分为机械传动机构、电气传动机构和流体传动机构。流体传动是以流体为工作介质进行能量转换、传递和控制的传动。它包括液压传动、液力传动和气压传动。

液压传动和液力传动均是以液体作为工作介质来进行能量传递的传动方式。液压传动主要是利用液体的压力能来传递能量；而液力传动则主要是利用液体的动能来传递能量。由于液压传动有许多突出的优点，因此它被广泛地应用于机械制造、工程建筑、石油化工、交通运输、军事器械、矿山冶金、轻工、农机、渔业、林业等各方面。同时，也被应用到航空航天、海洋开发、核能工程和地震预测等各个工程技术领域。

1.1.2 液压传动的发展概况

液压传动相对于机械传动来说，是一门新学科，从 17 世纪中叶帕斯卡提出静压传动原理，18 世纪末英国制成第一台水压机算起，液压传动已有几百年的历史，只是由于早期技术水平和生产需求的不足，液压传动技术没有得到普遍应用。随着科学技术的不断发展，对传动技术的要求越来越高，液压传动技术自身也在不断发展，特别是在第二次世界大战期间及战后，由于军事及建设需求的刺激，液压技术日趋成熟。第二次世界大战前后，成功地将液压传动装置用于舰艇炮塔转向器，其后出现了液压六角车床和磨床，一些通用机床到 20 世纪 30 年代才用上了液压传动。第二次世界大战期间，在兵器上采用了功率大、反应快、动作准的液压传动和控制装置，它大大提高了兵器的性能，也大大促进了液压技术的发展。战后，液压技术迅速转向民用，并随着各种标准的不断制定和完善及各类元件的标准化、规格化、系列化而在机械制造、工程机械、农业机械、汽车制造等行业中推广开来。近 30 年来，由于原子能技术、航空航天技术、控制技术、材料科学、微电子技术等学科的发展，再次使液压技术向前迈进，使它发展成为包括传动、控制、检测在内的一门完整的自动化技术，在国民经济的许多领域都得到了应用，如工程机械、数控加工中心、冶金自动线等。采用液压传动的程度已成为衡量一个国家工业水平的重要标志之一。

1.2 液压传动的工作原理及系统构成

1.2.1 液压传动系统的工作原理

图1.1所示为磨床工作台液压传动系统工作原理。液压泵4在电动机（图中未画出）的带动下旋转，油液由油箱1经过滤器2被吸入液压泵，由液压泵输入的压力油通过手动换向阀11、节流阀13、换向阀15进入液压缸18的左腔，推动活塞17和工作台19向右移动，液压缸18右腔的油液经换向阀15排回油箱。如果将换向阀15转换成如图1.1(b)所示的状态，则压力油进入液压缸18的右腔，推动活塞17和工作台19向左移动，液压缸18左腔的油液经换向阀15排回油箱。工作台19的移动速度由节流阀13来调节。当节流阀开大时，进入液压缸18的油液增多，工作台的移动速度增大；当节流阀关小时，工作台的移动速度减小。液压泵4输出的压力油除了进入节流阀13以外，其余的打开溢流阀7流回油箱。如果将手动换向阀9转换成如图1.1(c)所示的状态，液压泵输出的油液经手动换向阀9流回油箱，这时工作台停止运动，液压系统处于卸荷状态。

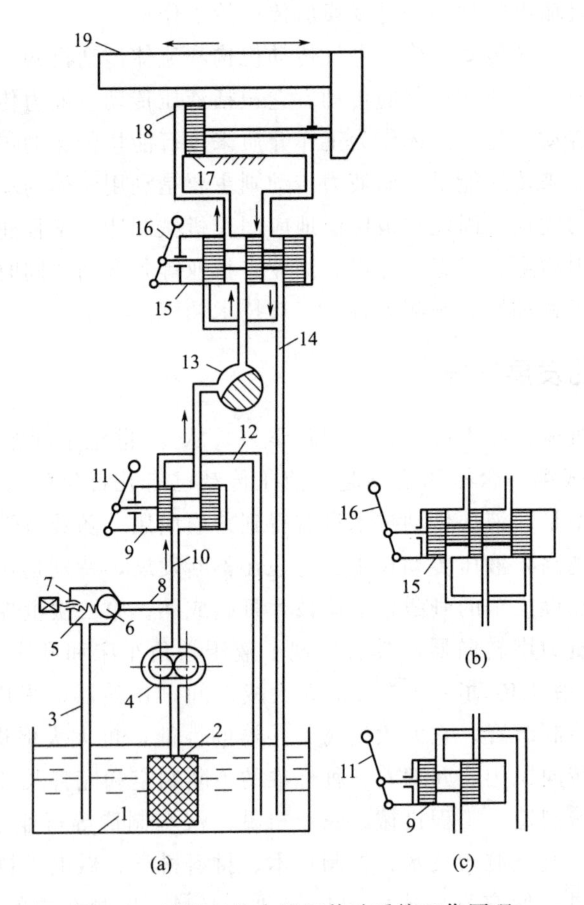

图1.1 磨床工作台液压传动系统工作原理

1—油箱；2—过滤器；3,12,14—回油管；4—液压泵；5—弹簧；6—钢球；7—溢流阀；8,10—压力油管；9—手动换向阀；11,16—换向手柄；13—节流阀；15—换向阀；17—活塞；18—液压缸；19—工作台

1.2.2 液压传动系统的组成

从上述例子可以看出，液压传动是以液体作为工作介质来进行工作的，一个完整的液压传动系统由以下几部分组成。

① 液压泵（动力元件） 是将原动机所输出的机械能转换成液体压力能的元件，其作用是向液压系统提供压力油，液压泵是液压系统的心脏。

② 执行元件 把液体压力能转换成机械能以驱动工作机构的元件，执行元件包括液压缸和液压马达。

③ 控制元件 包括压力、方向、流量控制阀，是对系统中油液压力、流量、方向进行控制和调节的元件。图 1.1 中换向阀 15 即属控制元件。

④ 辅助元件 上述三个组成部分以外的其他元件，如管道、管接头、油箱、滤油器等为辅助元件。

1.2.3 液压系统的图形符号

图 1.1(a) 所示的液压系统图是一种半结构式的工作原理图。它直观性强，容易理解，但难于绘制。在实际工作中，除少数特殊情况外，一般都采用 GB/T 786.1 所规定的液压与气动图形符号来绘制，如图 1.2 所示。图形符号表示元件的功能，而不表示元件的具体结构和参数；反映各元件在油路连接上的相互关系，不反映其空间安装位置；只反映静止位置或初始位置的工作状态，不反映其过渡过程。使用图形符号既便于绘制，又可使液压系统简单明了。

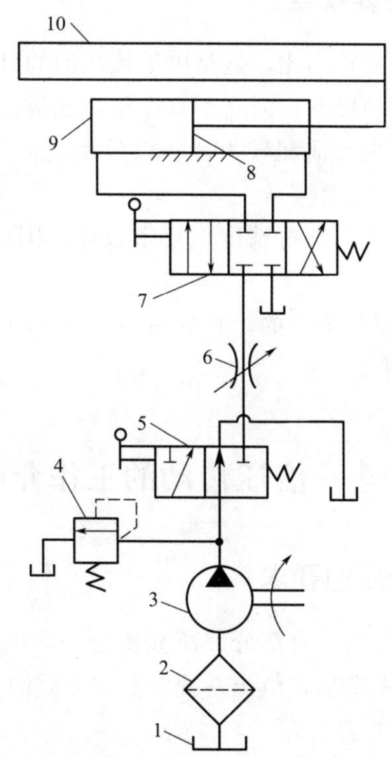

图 1.2 用图形符号表示的磨床工作台液压系统图

1—油箱；2—过滤器；3—液压泵；4—溢流阀；5—手动换向阀；6—节流阀；7—换向阀；8—活塞；9—液压缸；10—工作台

1.3 液压传动的优缺点

1.3.1 液压传动系统的主要优点

液压传动与机械传动、电气传动相比有以下主要优点。

① 在同等功率情况下，液压执行元件体积小、重量轻、结构紧凑。例如，同功率液压马达的重量为电动机的 1/6 左右。

② 液压传动的各种元件，可根据需要方便、灵活地来布置。

③ 液压装置工作比较平稳，由于重量轻，惯性小，反应快，液压装置易于实现快速启动、制动和频繁的换向。

④ 操纵控制方便，可实现大范围的无级调速（调速范围达 2000：1），可以在运行的过程中进行调速。

⑤ 一般采用矿物油为工作介质，相对运动面可自行润滑，使用寿命长。

⑥ 容易实现直线运动。

⑦ 既易于实现机器的自动化，又易于实现过载保护，当采用电液联合控制及计算机控制后，可实现大负载、高精度、远程自动控制。

⑧ 液压元件实现了标准化、系列化、通用化，便于设计、制造和使用。

1.3.2 液压传动系统的主要缺点

① 液压传动不能保证严格的传动比，这是由于液压油的可压缩性和泄漏造成的。

② 工作性能易受温度变化的影响，因此不宜在很高或很低的温度条件下工作。

③ 由于液体流动的阻力损失和泄漏较大，所以效率较低。如果处理不当，泄漏不仅污染场地，而且还可能引起火灾和爆炸事故。

④ 为了减少泄漏，液压元件在制造精度上要求较高，因此它的造价高，且对油液的污染比较敏感。

总体来讲，液压传动的优点是突出的，它的一些缺点有的现已大为改善，有的将随着科学技术的发展而进一步得到克服。

1.4 液压传动的工作介质

1.4.1 液压系统对工作介质的要求

液压工作介质一般称为液压油（有部分液压介质已不含油的成分）。液压工作介质的性能对液压系统的工作状态有很大影响，液压系统对工作介质的基本要求如下。

① 有适当的黏度和良好的黏温特性。

黏度是选择工作介质的首要因素。液压油的黏性，对减少间隙的泄漏、保证液压元件的密封性能都起着重要作用。黏度过高，各部件运动阻力增加，温升快，泵的自吸能力下降，同时，管道压力降和功率损失增大。反之，黏度过低会增加系统的泄漏，并使液压油膜支承能力下降，而导致摩擦副间产生摩擦。所以工作介质要有合适的黏度范围，同时在温度、压力变化下和剪切力作用下，油的黏度变化要小。

液压工作介质黏度用运动黏度 ν 表示。在国际单位制中 ν 的单位是 m^2/s，在实际应用中油的黏度常用 mm^2/s 表示。

黏度是液压油（液）划分牌号的依据。按 GB/T 3141 的规定，液压油（液）产品的牌号用黏度的等级表示，即用该液压油（液）在 40℃时的运动黏度中心值表示。

表 1.1 列出了常用液压油的新、旧黏度等级牌号的对照（1982 年以前的旧标准是以 50℃时的黏度值作为液压油的黏度等级牌号）。

表 1.1　常用液压油的牌号和黏度

ISO 3448—1992 黏度等级	GB/T 3141—1994 黏度等级(现牌号)	40℃的运动黏度 /(mm^2/s)	1983～1990 年的过渡牌号	1982 年以前相近的旧牌号
ISO VG15	15	13.5～16.5	N15	10
ISO VG22	22	19.8～24.2	N22	15
ISO VG32	32	28.8～35.2	N32	20
ISO VG46	46	41.4～50.6	N46	30
ISO VG68	68	61.2～74.8	N68	40
ISO VG100	100	90～110	N100	60

所有工作介质的黏度都随温度的升高而降低，黏温特性好是指工作介质的黏度随温度变化小，黏温特性通常用黏度指数表示。一般情况下，在高压或高温条件下工作时，为了获得较高的容积效率，不使油的黏度过低，应采用高牌号液压油；低温时或泵的吸入条件不好时(压力低、阻力大)，应采用低牌号液压油。

② 氧化安定性和剪切安定性好。

工作介质与空气接触，特别是在高温、高压下容易氧化、变质。氧化后酸值增加会增强腐蚀性，氧化生成的黏稠状油泥会堵塞滤油器，妨碍部件的动作以及降低系统效率。因此，要求它具有良好的氧化安定性和热安定性。

剪切安定性是指工作介质通过液压节流间隙时，要经受剧烈的剪切作用，会使一些聚合型增黏剂高分子断裂，造成黏度永久性下降，在高压、高速时，这种情况尤为严重。为延长使用寿命，要求剪切安定性好。

③ 抗乳化性、抗泡沫性好。

工作介质在工作过程中可能混入水或出现凝结水。混有水分的工作介质在泵和其他元件的长期剧烈搅拌下，易形成乳化液，使工作介质水解变质或生成沉淀物，引起工作系统的腐蚀，所以要求工作介质具有良好的抗乳化性。空气混入工作介质后会产生气泡，混有气泡的介质在液压系统内循环，会产生异常的噪声、振动，所以要求工作介质具有良好的抗泡沫性和空气释放能力。

④ 闪点、燃点要高，能防火、防爆。

⑤ 有良好的润滑性和防腐蚀性，不腐蚀金属和密封件。

⑥ 对人体无害，成本低。

1.4.2　液压工作介质的种类

液压工作介质按照 GB/T 7631.2（等效采用 ISO 6743/4）进行分类，主要有石油基液压油和难燃液压液两大类。

1.4.2.1 石油基液压油

(1) L-HL 液压油

L-HL 液压油（又称普通液压油）采用精制矿物油作基础油，加入抗氧、抗腐、抗泡、防锈等添加剂调合而成，是当前我国供需量最大的主品种，用于一般液压系统，但只适于0℃以上的工作环境。其牌号有 HL-32、HL-46、HL-68。在其代号 L-HL 中，L 代表润滑剂类，H 代表液压油，L 代表防锈、抗氧化型，最后的数字代表运动黏度。

(2) L-HM 液压油

L-HM 液压油（又称抗磨液压油，M 代表抗磨型）的基础油与普通液压油相同，除加有抗氧剂、防锈剂外，主剂是极压抗磨剂，以减少液压件的磨损。适用于－15℃以上的高压、高速工程机械和车辆液压系统。其牌号有 HM-32、HM-46、HM-68、HM-100、HM-150。

(3) L-HG 液压油

L-HG 液压油（又称液压-导轨油）的基础油与普通液压油相同，除加入了普通液压油所具有的全部添加剂外，还加有油性剂，用于导轨润滑时有良好的防爬性能。适用于机床液压和导轨润滑合用的系统。

(4) L-HV 液压油

L-HV 液压油（又称低温液压油、稠化液压油、高黏度指数液压油）用深度脱蜡的精制矿物油，加抗氧、抗腐、抗磨、抗泡、防锈、降凝和增黏等添加剂调合而成。其黏温特性好，有较好的润滑性，以保证不发生低速爬行和低速不稳定现象。适用于低温地区的户外高压系统及数控精密机床液压系统。

(5) 其他专用液压油

其他专用液压油包括航空液压油（红油）、炮用液压油、舰用液压油等。

1.4.2.2 难燃液压液

难燃液压液可分为合成型、油水乳化型和高水基型三大类。

(1) 合成型抗燃工作液

① 水-乙二醇液（L-HFC 液压液） 这种液体含有 35%～55%的水，其余为乙二醇及各种添加剂（增稠剂、抗磨剂、抗腐蚀剂等）。其优点是凝点低（－50℃），有一定的黏性，而且黏度指数高，抗燃。适用于要求防火的液压系统，使用温度范围为－18～65℃。其缺点是价格高，润滑性差，只能用于中等压力（20MPa 以下）。这种液体密度大，所以吸入困难。水-乙二醇液能使许多普通涂料软化或脱离，可换用环氧树脂或乙烯基涂料。

② 磷酸酯液（L-HFDR 液压液） 这种液体的优点是，使用的温度范围宽（－54～135℃），抗燃性好，抗氧化安定性和润滑性都很好。允许使用现有元件在高压下工作。其缺点是价格昂贵（为液压油的 5～8 倍）；有毒性；与多种密封材料（如丁腈橡胶）的相容性很差，而与丁基胶、乙丙胶、氟橡胶、硅橡胶、聚四氟乙烯等均可相容。

(2) 油水乳化型抗燃工作液（L-HFB、L-HFAE 液压液）

油水乳化液是指互不相溶的油和水，使其中的一种液体以极小的液滴均匀地分散在另一种液体中所形成的抗燃液体。分水包油乳化液和油包水乳化液两大类。

(3) 高水基型抗燃工作液（L-HFAS 液压液）

这种工作液不是油水乳化液。其主体为水，占 95%，其余 5%为各种添加剂（抗磨剂、防锈剂、抗腐剂、乳化剂、抗泡剂、极压剂、增黏剂等)。其优点是成本低，抗燃性好，不污染环境。其缺点是黏度低，润滑性差。

习题

1.1 什么是液压传动、液力传动及气压传动?

1.2 液压传动系统由哪几部分组成?试说明各组成部分的作用。

1.3 液压传动的主要优、缺点是什么?

1.4 国家标准对液压系统职能符号的绘制主要有哪些规定?

1.5 国家标准对液压油的牌号是如何规定的?

2 液压泵和液压马达

2.1 液压泵、液压马达概述

2.1.1 容积泵、马达的工作原理

液压泵和液压马达都是液压传动系统中的能量转换元件。液压泵由原动机驱动，把输入的机械能转换为油液的压力能，再以压力、流量的形式输入到系统中去，它是液压系统的动力源；液压马达则将输入的压力能转换成机械能，以转矩和转速的形式输送到执行机构做功，是液压传动系统的执行元件。

在液压传动系统中，液压泵和液压马达都是容积式的，依靠容积变化进行工作。图 2.1 所示为容积泵的工作原理，凸轮 1 旋转时，柱塞 2 在凸轮和弹簧 4 的作用下，在缸体 3 的柱塞孔内左、右往复移动，缸体与柱塞之间构成了容积可变的密封工作腔 a。柱塞向右移动时，工作腔容积变大，产生真空，油液便通过吸油阀 5 吸入；柱塞 2 向左移动时，工作腔容积变小，已吸入的油液便通过排油阀 6 排到系统中去。在工作过程中。吸油阀 5、排油阀 6 在逻辑上互逆，不会同时开启。由此可见，泵是靠密封工作腔的容积变化进行工作的。

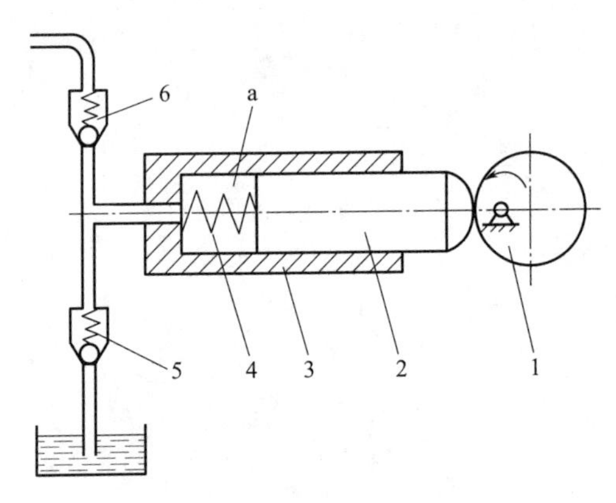

图 2.1 容积泵的工作原理

1—凸轮；2—柱塞；3—缸体；4—弹簧；5—吸油阀；6—排油阀；a—密封工作腔

液压马达是实现连续旋转运动的执行元件，从原理上讲，向容积泵中输入压力油，迫使其转轴转动，就成为液压马达，即容积泵都可作液压马达使用。但在实际中由于性能及结构对称性等要求不同，一般情况下，液压泵和液压马达不能互换。

液压泵按其在单位时间内所能输出油液体积能否调节而分为定量泵和变量泵两类；按结构形式可分为齿轮式、叶片式和柱塞式三大类；液压马达也具有相同的形式。

根据工作腔的容积变化而进行吸油和排油是容积泵的共同特点，构成容积泵必须具备以

下基本条件。

① 结构上能实现具有密封性能的可变工作容积。

② 工作腔能周而复始地增大和减小；当它增大时与吸油口相连，当它减小时与排油口相通。

③ 吸油口与排油口不能连通，即不能同时开启。

从工作过程可以看出，在不考虑泄漏的情况下，液压泵在每一工作周期中吸入或排出的油液体积只取决于工作构件的几何尺寸，如柱塞泵的柱塞直径和工作行程。

在不考虑泄漏等影响时，液压泵单位时间排出的油液体积与泵密封容积变化频率成正比，也与泵密封容积的变化量成正比；在不考虑液体的压缩性时，液压泵单位时间排出的液体体积与工作压力无关。

2.1.2 液压泵、液压马达的基本性能参数

液压泵、液压马达的基本性能参数主要是指液压泵、液压马达的压力、排量、流量、功率和效率等。

① 工作压力　指泵、马达实际工作时的压力，对泵来说，工作压力是指它的输出压力；对马达来讲，则是指它的输入压力。实际工作压力取决于相应的外负载。

② 额定压力　泵、马达在额定工况条件下按试验标准规定的连续运转的最高压力，超过此值就是过载。

③ 排量　泵、马达的轴每转一周，由其密封容腔几何体积变化所排出、吸入液体的体积，亦即在无泄漏的情况下，其轴转动一周时油液体积的有效变化量。

④ 理论流量　在单位时间内由其密封容腔几何体积变化而排出、吸入的液体体积。泵、马达的流量为其转速与排量的乘积。

⑤ 额定流量　指在正常工作条件下，按试验标准规定必须保证的流量，亦即在额定转速和额定压力下泵输出的流量。因为泵和马达存在内泄漏，油液具有压缩性，所以额定流量和理论流量是不同的。

⑥ 功率和效率　液压泵由原动机驱动，输入量是转矩和转速，输出量是液体的压力和流量。如果不考虑液压泵、液压马达在能量转换过程中的损失，则输出功率等于输入功率，它们的理论功率为

$$N=pq=2\pi T_t n \tag{2.1}$$

式中　T_t——液压泵、液压马达的理论转矩，N·m；

n——液压泵、液压马达的转速，r/min；

p——液压泵、液压马达的压力，Pa；

q——液压泵、液压马达的流量，m^3/s。

实际上，液压泵和液压马达在能量转换过程中是有能量损失的，因此输出功率小于输入功率。两者之间的差值即为功率损失，功率损失可以分为容积损失和机械损失两部分。

容积损失是因泄漏、气穴和油液在高压下压缩等造成的流量损失，对液压泵来说，输出压力增大时，泵实际输出的流量 q 减小。设泵的流量损失为 q_1，则 $q_t=q+q_1$。泵的容积损失可用容积效率 η_v 来表征。

$$\eta_v=\frac{q}{q_t}=\frac{q_t-q_1}{q_t}=1-\frac{q_1}{q_t} \tag{2.2}$$

对液压马达来说，输入液压马达的实际流量 q 必然大于它的理论流量 q_t，即 $q=q_t+q_l$，它的容积效率为

$$\eta_v=\frac{q_t}{q}=\frac{q-q_l}{q}=1-\frac{q_l}{q} \tag{2.3}$$

机械损失是指因摩擦而造成的转矩上的损失。对液压泵来说，泵的驱动转矩总是大于其理论上需要的驱动转矩，设转矩损失为 T_f，理论转矩为 T_t，则泵实际输入转矩为 $T=T_t+T_f$，用机械效率 η_m 来表征泵的机械损失。

$$\eta_m=\frac{T_t}{T}=\frac{T_t}{T_t+T_f}=\frac{1}{1+\frac{T_f}{T_t}} \tag{2.4}$$

对于液压马达来说，由于摩擦损失的存在，其实际输出转矩 T 小于理论转矩 T_t，它的机械效率为

$$\eta_m=\frac{T}{T_t}=\frac{T_t-T_f}{T_t}=1-\frac{T_f}{T_t} \tag{2.5}$$

液压泵的总效率 η 是其输出功率和输入功率之比，由式(2.1)、式(2.2)、式(2.4) 可得

$$\eta=\eta_v\eta_m \tag{2.6}$$

液压马达的总效率同样也是其输出功率和输入功率之比，可由式(2.1)、式(2.3)、式(2.5) 得到与式(2.6) 相同的表达式。这就是说，液压泵或液压马达的总效率都等于各自容积效率和机械效率的乘积。

2.2 齿轮泵

齿轮泵是一种常用的液压泵，它的主要特点是结构简单，制造方便，价格低廉，体积小，重量轻，自吸性好，对油液污染不敏感，工作可靠；其主要缺点是流量和压力脉动大，噪声大，排量不可调。齿轮泵被广泛地应用于采矿设备、冶金设备、建筑机械、工程机械、农林机械等各个行业。

齿轮泵按照其啮合形式的不同，有外啮合和内啮合两种，其中外啮合齿轮泵应用较广，而内啮合齿轮泵则多为辅助泵，下面分别介绍。

2.2.1 外啮合齿轮泵的结构及工作原理

外啮合齿轮泵的结构及工作原理如图 2.2 所示。泵主要由主动齿轮、从动齿轮、驱动轴、泵体及侧板等主要零件构成。泵体内相互啮合的主、从动齿轮 2 和 3 与两端盖及泵体一起构成密封工作容积，齿轮的啮合点将左、右两腔隔开，形成了吸、压油腔，当齿轮按图示方向旋转时，右侧吸油腔内的轮齿脱离啮合，密封工作腔容积不断增大，形成部分真空，油液在大气压力作用下从油箱经吸油管进入吸油腔，并被旋转的轮齿带入左侧的压油腔。左侧压油腔内的轮齿不断进入啮合，使密封工作腔容积减小，油液受到挤压被排往系统，这就是齿轮泵的吸油和压油过程。在齿轮泵的啮合过程中，啮合点沿啮合线，把吸油区和压油区分开。

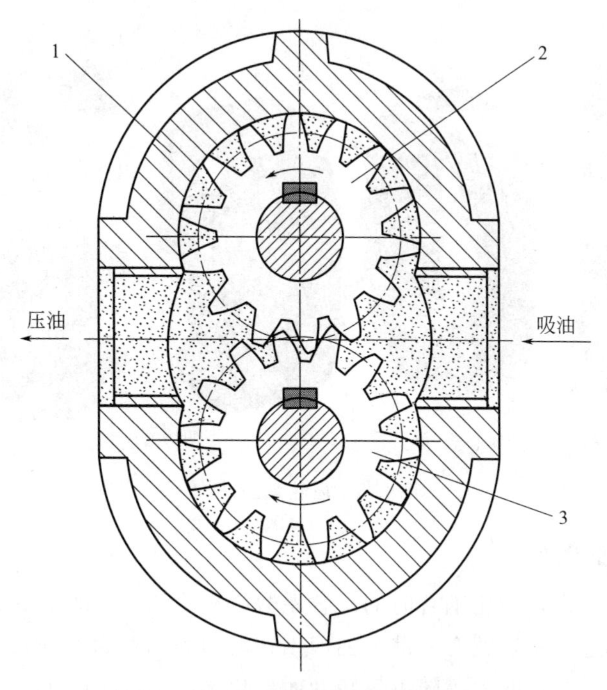

图 2.2　外啮合齿轮泵的结构及工作原理

1—泵体；2—主动齿轮；3—从动齿轮

2.2.2 齿轮泵的流量和脉动率

外啮合齿轮泵的排量可近似视为两个啮合齿轮的齿谷容积之和，若假设齿谷容积等于轮齿体积，则当齿轮齿数为 z、模数为 m、节圆直径为 d、有效齿高为 h、齿宽为 b 时，根据齿轮参数计算公式有 $d=mz$、$h=2m$，齿轮泵的排量近似为

$$V=\pi dhb=2\pi zm^2b \tag{2.7}$$

实际上，齿谷容积比轮齿体积稍大一些，并且齿数越少误差越大，因此在实际计算中用3.33～3.50来代替上式中 π 值，齿数少时取大值，则齿轮泵的排量为

$$V=(6.66\sim7)zm^2b \tag{2.8}$$

由此得齿轮泵的输出流量为

$$q=(6.66\sim7)zm^2bn\eta_v \tag{2.9}$$

实际上，由于齿轮泵在工作过程中，排量是转角的周期函数，存在排量脉动，瞬时流量也是脉动的。流量脉动会直接影响到系统工作的平稳性，引起压力脉动，使管路系统产生振动和噪声。如果脉动频率与系统的固有频率一致，还将引起共振，加剧振动和噪声。若用 q_{max}、q_{min}来表示最大、最小瞬时流量，q_0 表示平均流量，则流量脉动率为

$$\sigma=\frac{q_{max}-q_{min}}{q_0} \tag{2.10}$$

流量脉动率是衡量容积泵流量品质的一个重要指标。在容积泵中，齿轮泵的流量脉动最大，并且齿数愈少，脉动率愈大，这是外啮合齿轮泵的一个弱点。

2.2.3 齿轮泵的结构特点

如图 2.3 所示，齿轮泵因受其自身结构的影响，在结构性能上有以下特征。

图 2.3　齿轮泵的结构

2.2.3.1　困油的现象

齿轮泵要平稳地工作，齿轮啮合时的重叠系数必须大于 1，即至少有一对以上的轮齿同时啮合，因此在工作过程中，就有一部分油液困在两对轮齿啮合时所形成的封闭油腔内，如图 2.4 所示，这个密封容积的大小随齿轮转动而变化。图 2.4(a) 到图 2.4(b)，密封容积逐渐减小；图 2.4(b) 到图 2.4(c)，密封容积逐渐增大；图 2.4(c) 到图 2.4(d) 密封容积又会减小，如此产生了密封容积周期性的增大减小。受困油液受到挤压而产生瞬间高压，密封容腔的受困油液若无油道与排油口相通，油液将从缝隙中被挤出，导致油液发热，轴承等零件也受到附加冲击载荷的作用；若密封容积增大时，无油液补充，又会造成局部真空，使溶于油液中的气体分离出来，产生气穴，这就是齿轮泵的困油现象。

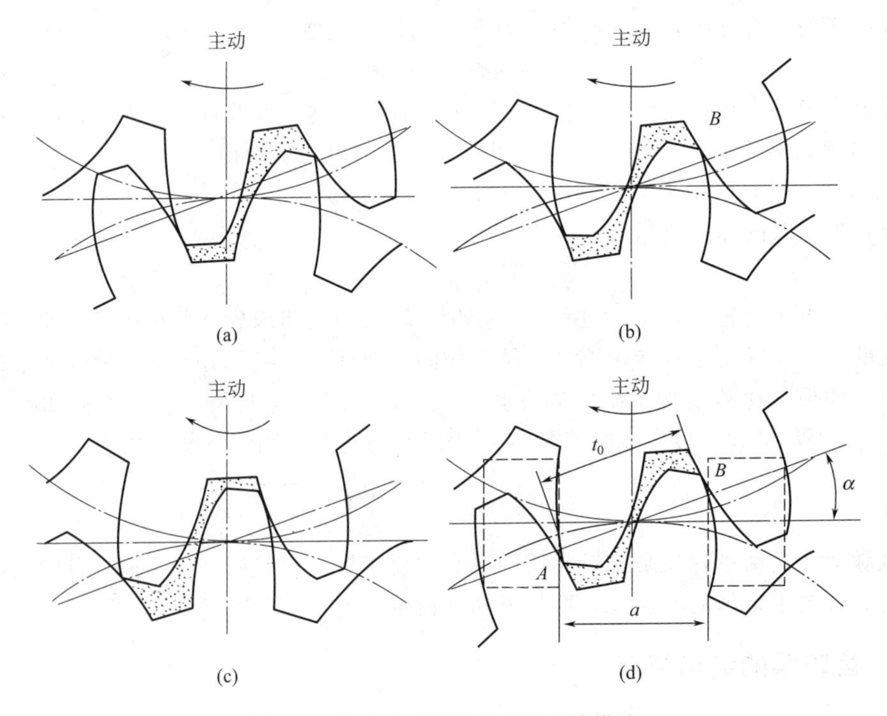

图 2.4　齿轮泵的困油现象及消除措施

困油现象使齿轮泵产生强烈的噪声，并引起振动和汽蚀，同时降低泵的容积效率，影响工作的平稳性和使用寿命。消除困油的方法，通常是在两端盖板上开卸荷槽，如图 2.4(d) 中的虚线方框所示。当封闭容积减小时，通过右边的卸荷槽与压油腔相通，而封闭容积增大时，通过左边的卸荷槽与吸油腔相通，两卸荷槽的间距必须确保在任何时候都不使吸、排油口相通。

2.2.3.2 径向不平衡力

在齿轮泵中，油液作用在齿轮外缘的压力是不均匀的，从低压腔到高压腔，压力沿齿轮旋转的方向逐齿递增，因此齿轮和轴受到径向不平衡力的作用，工作压力越高，径向不平衡力越大，径向不平衡力很大时，能使泵轴弯曲，导致齿顶压向定子的低压端，使定子偏磨，同时也加速轴承的磨损，降低轴承使用寿命。为了减小径向不平衡力的影响，常采取缩小压油口的办法，使压油腔的压力仅作用在一个齿到两个齿的范围内，同时，适当增大径向间隙，使齿顶不与定子内表面产生金属接触，并多采用滚针轴承或滑动轴承。

2.2.3.3 齿轮泵的泄漏通道及端面间隙的自动补偿

在液压泵中，运动件间的密封是靠微小间隙密封的，这些微小间隙从运动学上形成摩擦副，同时，高压腔的油液通过间隙向低压腔的泄漏是不可避免的。齿轮泵压油腔的压力油可通过三条途径泄漏到吸油腔中去：一是通过齿轮啮合线处的间隙——齿侧间隙；二是通过泵体定子环内孔和齿顶间的径向间隙——齿顶间隙；三是通过齿轮两端面和侧板间的间隙——端面间隙。在这三类间隙中，端面间隙的泄漏量最大，压力越高，由间隙泄漏的液压油就越多。因此，为了提高齿轮泵的压力和容积效率，实现齿轮泵的高压化，需要从结构上采取措施，对端面间隙进行自动补偿。

通常采用的自动补偿端面间隙装置有浮动轴套式和弹性侧板式两种，其原理都是引入压力油使轴套或侧板紧贴在齿轮端面上，压力愈高，间隙愈小，可自动补偿端面磨损和减小间隙。齿轮泵的浮动轴套是浮动安装的，轴套外侧的空腔与泵的压油腔相通，当泵工作时，浮动轴套受油压的作用而压向齿轮端面，将齿轮两侧面压紧，从而补偿了端面间隙。

2.2.4 内啮合齿轮泵的结构及工作原理

内啮合齿轮泵有渐开线齿形和摆线齿形两种，其结构及工作原理如图 2.5 所示。这两种内啮合齿轮泵工作原理和主要特点均同于外啮合齿轮泵。在渐开线齿形内啮合齿轮泵中，小齿轮和内齿轮之间要装一块月牙隔板，以便把吸油腔和压油腔隔开，如图 2.5(a) 所示；摆线齿形内啮合齿轮泵又称摆线转子泵，在这种泵中，小齿轮和内齿轮只相差一齿，因而不需设置隔板，如图 2.5(b) 所示。内啮合齿轮泵中的小齿轮是主动轮，大齿轮为从动轮，在工作时大齿轮随小齿轮同向旋转。

内啮合齿轮泵的结构紧凑，尺寸小，重量轻，运转平稳，噪声低，在高转速下工作时有较高的容积效率。但在低速、高压下工作时，压力脉动大，容积效率低，所以一般用于中、低压系统。在闭式系统中，常用这种泵作为补油泵。内啮合齿轮泵的缺点是齿形复杂，加工困难，价格较贵，且不适于高速、高压工况。

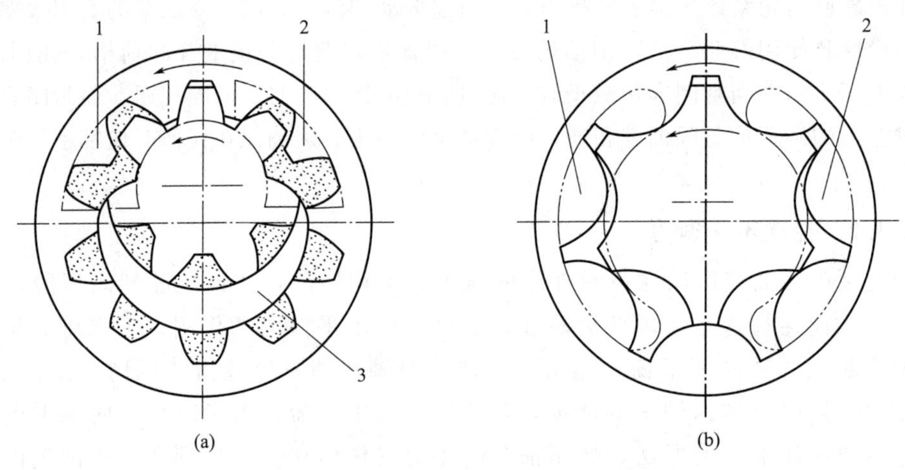

图 2.5　内啮合齿轮泵的结构及工作原理

1—吸油腔；2—压油腔；3—隔板

2.3 叶 片 泵

叶片泵有单作用式和双作用式两大类，它输出流量均匀，脉动小，噪声小，但结构较复杂，对油液的污染比较敏感。

2.3.1 单作用叶片泵

2.3.1.1 单作用叶片泵的工作原理

图 2.6 所示为单作用叶片泵的工作原理，泵由转子 2、定子 3、叶片 4 和配流盘等组成。定子的内表面是圆柱面，转子和定子之间存在着偏心，叶片在转子的槽内可灵活滑动，在转子转动时的离心力以及叶片根部油压力作用下，叶片顶部紧贴在定子内表面上，于是，两相邻叶片、配油盘、定子和转子便形成了一个密封的工作腔。当转子按图 2.6 所示方向旋转时，右侧的叶片向外伸出，密封工作腔容积逐渐增大，产生真空，油液通过吸油口 5、配油盘上的吸油窗口进入密封工作腔；左侧的叶片向里缩进，密封腔的容积逐渐缩小，密封腔中的油液排往配油盘排油窗口，经排油口 1 被输送到系统中去。这种泵在转子转一转的过程中，吸油和压油各一次，故称单作用叶片泵。从力学上讲，转子上受单方向的液压不平衡作用力，故又称非平衡式泵，其轴承负载大。若改变定子和转子间偏心距的大小，便可改变泵的排量，形成变量叶片泵。

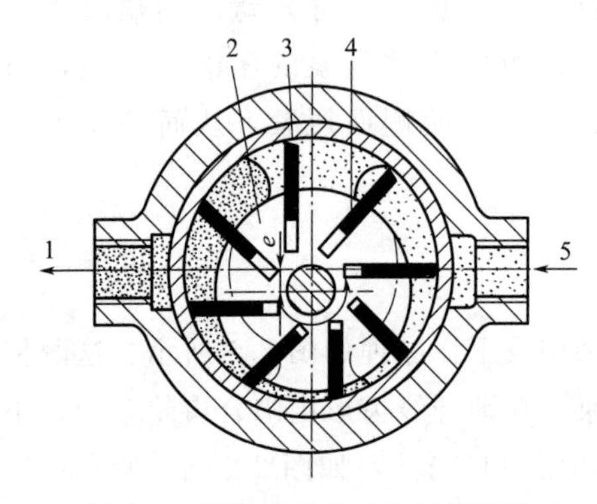

图 2.6　单作用叶片泵的工作原理

1—排油口；2—转子；3—定子；4—叶片；5—吸油口

2.3.1.2 单作用叶片泵的平均流量计算

单作用叶片泵的平均流量可以用图解法近似求出，图 2.7 所示为单作用叶片泵平均流量计算原理。假定两叶片正好位于过渡区 ab 位置，此时两叶片间的空间容积为最大，当转子沿图 2.7 所示方向旋转 π 弧度，转到定子 cd 位置时，两叶片间排出体积为 ΔV（$\Delta V=V_1-V_2$）的油液；当两叶片从 cd 位置沿图 2.7 所示方向再旋转 π 弧度，回到 ab 位置时，两叶片间又吸满了体积为 ΔV 的油液。由此可见，转子旋转一周，两叶片间排出油液体积为 ΔV。当泵有 z 个叶片时，就排出 z 个与 ΔV 相等体积的油液，若将各个体积加起来，就可以近似为环形体积，环形的大半经为 $R+e$，环形的小半径为 $R-e$，因此，单作用叶片泵的理论排量为

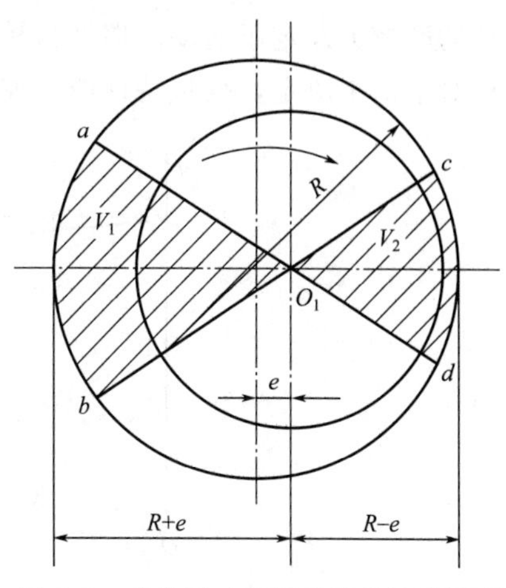

图 2.7 单作用叶片泵的流量计算原理

O_1—转子中心；R—定子半径；

e—偏心距

$$V=\pi[(R+e)^2-(R-e)^2]B=4\pi ReB \tag{2.11}$$

单作用叶片泵的流量为

$$q=Vn=4\pi ReBn\eta_v \tag{2.12}$$

单作用叶片泵的叶片底部小油室和工作油腔相通。当叶片处于吸油腔时，它和吸油腔相通，也参加吸油，当叶片处于压油腔时，它和压油腔相通，也向外压油，叶片底部的吸油和排油作用，正好补偿了工作油腔中叶片所占的体积，因此叶片对容积的影响可不考虑。

2.3.1.3 单作用叶片泵的变量原理

就变量叶片泵的变量工作原理来分，有内反馈式和外反馈式两种。

(1) 限压式内反馈变量叶片泵

内反馈式变量泵操纵力来自泵本身的排油压力，内反馈式变量叶片泵配流盘吸、排油窗口的布置如图 2.8 所示。由于存在偏角 θ，排油压力对定子环的作用力可以分解为垂直于轴线 oo_1 的分力 F_1 及与之平行的调节分力 F_2，调节分力 F_2 与调节弹簧的压缩恢复力、定子

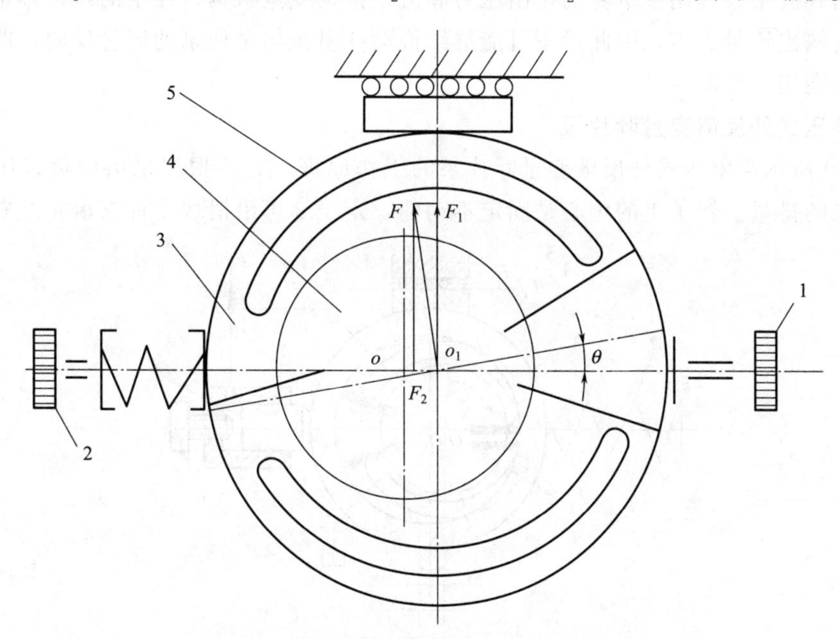

图 2.8 限压式内反馈变量叶片泵工作原理

1—最大流量调节螺钉；2—弹簧预压缩量调节螺钉；3—叶片；4—转子；5—定子

运动的摩擦力及定子运动的惯性力相平衡。定子相对于转子的偏心距、泵的排量大小可由力的相对平衡来决定，变量特性曲线如图 2.9 所示。

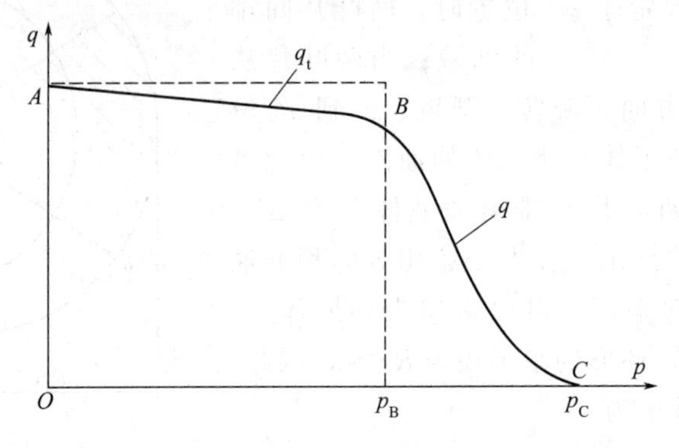

图 2.9 变量特性曲线

当泵的工作压力所形成的调节分力 F_2 小于弹簧预紧力时，泵的定子环对转子的偏心距保持在最大值，不随工作压力的变化而变，由于泄漏，泵的实际输出流量随其压力增加而稍有下降，如图 2.9 中 AB。当泵的工作压力超过 p_B 后，调节分力 F_2 大于弹簧预紧力，随工作压力的增加，F_2 增加，使定子环向减小偏心距的方向移动，泵的排量开始下降。当工作压力到达 p_C 时，与定子环的偏心量对应的泵的理论流量等于它的泄漏量，泵的实际排出流量为零，此时泵的输出压力为最大。

改变调节弹簧的预紧力可以改变泵的特性曲线，增加调节弹簧的预紧力使 p_B 点向右移，BC 线则平行右移。更换调节弹簧，改变弹簧刚度，可改变 BC 段的斜率，调节弹簧刚度增加，BC 线变平坦，调节弹簧刚度减弱，BC 线变陡。调节最大流量调节螺钉，可以调节曲线 A 点在纵坐标上的位置。

内反馈式变量泵利用泵本身的排出压力和流量推动变量机构，在泵的理论排量接近零工况时，泵的输出流量为零，因此便不可能继续推动变量机构来使泵的流量反向，所以内反馈式变量泵仅能用于单向变量。

(2) 限压式外反馈变量叶片泵

图 2.10 所示为限压式外反馈变量叶片泵的工作原理，它能根据泵出口负载压力的大小自动调节泵的排量。转子 1 的中心是固定不动的，定子 3 可沿滑块滚针支承 4 左右移动。定

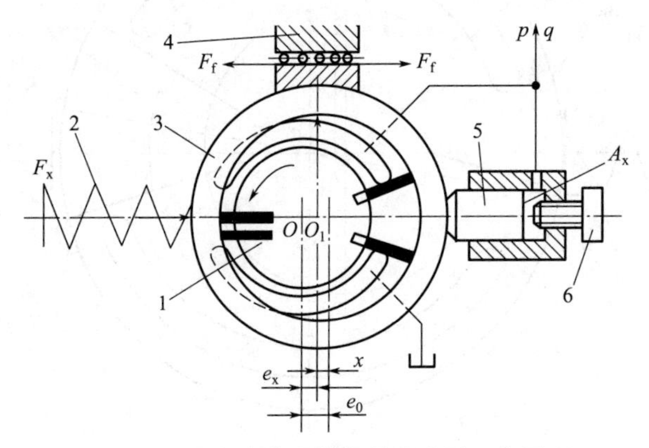

图 2.10 限压式外反馈变量叶片泵工作原理

1—转子；2—弹簧；3—定子；4—滑块滚针支承；5—反馈柱塞；6—流量调节螺钉

子右边有反馈柱塞5，它的油腔与泵的压油腔相通。设反馈柱塞的受压面积为 A_x，则作用在定子上的反馈力 pA_x 小于作用在定子上的弹簧力 F_x 时，弹簧2把定子推向最右边。柱塞和流量调节螺钉6用以调节泵的原始偏心距 e_0，进而调节流量，此时偏心距达到预调值 e_0，泵的输出流量最大。当泵的压力升高到 $pA_x>F_x$ 时，反馈力克服弹簧预紧力，推定子左移距离 x，偏心距减小，泵输出流量随之减小。压力愈高，偏心距愈小，输出流量也愈小。当压力达到使泵的偏心所产生的流量全部用于补偿泄漏时，泵的输出流量为零，不管外负载再怎样加大，泵的输出压力不会再升高。

对限压式外反馈变量叶片泵的变量特性分析如下。

设泵转子和定子间的最大偏心距为 e_{max}，此时弹簧的预压缩量为 x_0，弹簧刚度为 k_x，泵的偏心距预调值为 e_0，当压力逐渐增大，使定子开始移动时压力为 p_0，则有

$$p_0A_x=k_x(x_0+e_{max}-e_0) \tag{2.13}$$

当泵压力为 p 时，定子移动了 x 距离，亦即弹簧压缩量增加 x，这时的偏心距为

$$e=e_0-x \tag{2.14}$$

如忽略泵在滑块滚针支承处的摩擦力 F_f，泵定子的受力方程为

$$p_0A_x=k_x(x_0+e_{max}-e_0+x) \tag{2.15}$$

由式(2.13)得

$$p_0=\frac{k_x}{A_x}(x_0+e_{max}-e_0) \tag{2.16}$$

泵的实际输出流量为

$$q=k_qe-k_1p \tag{2.17}$$

式中　k_q——泵的流量增益；

　　　k_1——泵的泄漏系数。

当 $pA_x<F_x$ 时，定子处于最右端位置，弹簧的总压缩量等于其预压缩量，定子偏心距为 e_0，泵的流量为

$$q=k_qe_0-k_1p \tag{2.18}$$

而当 $pA_x>F_x$ 时，定子左移，泵的流量减小。由式(2.14)、式(2.15)、式(2.17)得

$$q=k_q(x_0+e_{max})-\frac{k_q}{k_x}\left(A_x+\frac{k_x+k_1}{k_q}\right)p \tag{2.19}$$

限压式外反馈变量叶片泵的静态特性曲线参见图2.9，不变量的 AB 段与式(2.18)相对应，压力增加时，实际输出流量因压差泄漏而减少；BC 段是泵的变量段，与式(2.19)相对应，这一区段内泵的实际流量随着压力增大而迅速下降，叶片泵处于变量工况，B 点称为曲线的拐点，拐点处的压力 $p_b=p_0$，主要由弹簧预紧力确定，并可由式(2.16)算出。

限压式变量叶片泵对既要实现快速行程，又要实现保压和工作进给的执行元件来说是一种合适的油源；快速行程需要大的流量，负载压力较低，正好使用其 AB 段曲线部分；保压和工作进给时负载压力升高，需要流量减小，正好使用其 BC 段曲线部分。

2.3.2　双作用叶片泵

2.3.2.1　双作用叶片泵的工作原理

图2.11所示为双作用叶片泵的工作原理，与单作用叶片泵相似，不同之处只在于定子内表面是由两段长半径圆弧、两段短半径圆弧和四段过渡曲线组成，且定子和转子是同心

的。在图 2.11 中，当转子顺时针方向旋转时，密封工作腔的容积在左上角和右下角处逐渐增大，为吸油区，在左下角和右上角处逐渐减小，为压油区；吸油区和压油区之间有一段封油区，将吸油区和压油区隔开。这种泵的转子每转一转，每个密封工作腔完成吸油和压油动作各两次，所以称为双作用叶片泵。泵的两个吸油区和两个压油区是径向对称的，作用在转子上的压力径向平衡，所以又称为平衡式叶片泵。

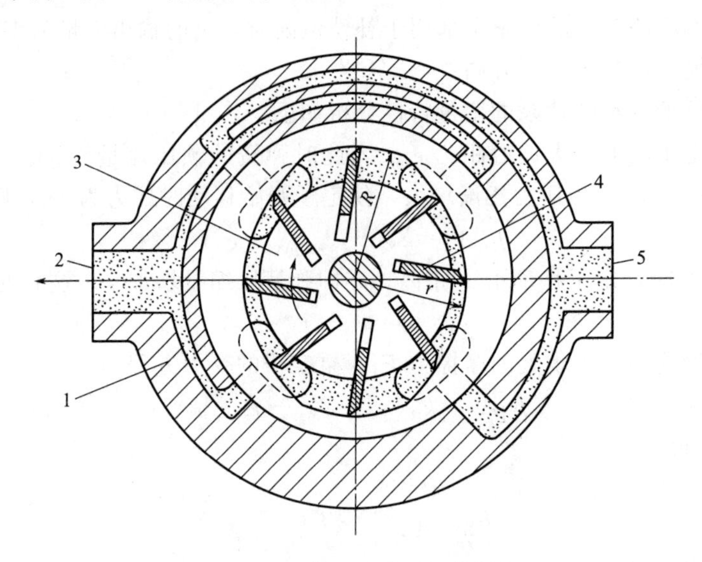

图 2.11　双作用叶片泵工作原理

1—定子；2—压油口；3—转子；4—叶片；5—吸油口

2.3.2.2　双作用叶片泵的平均流量计算

双作用叶片泵平均流量的计算方法和单作用叶片泵相同，也可近似化为环形体积来计算。图 2.12 所示为双作用叶片泵平均流量的计算原理。当两叶片从 ab 位置转 cd 位置时，排出体积为 M 的油液；从 cd 位置转到 ef 位置时，吸进了体积为 M 的油液；从 ef 位置转到 gh 位置时又排出了体积为 M 的油液；再从 gh 位置转回到 ab 位置时又吸进了体积为 M 的油液。这样转子转一周，两叶片间吸油两次，排油两次，每次体积为 M，当叶片数为 z 时，转子转一周，所有叶片的排量为 $2z$ 个 M 体积，若不计叶片几何尺度，此值正好为环行体积的两倍。所以，双作用叶片泵的理论排量为

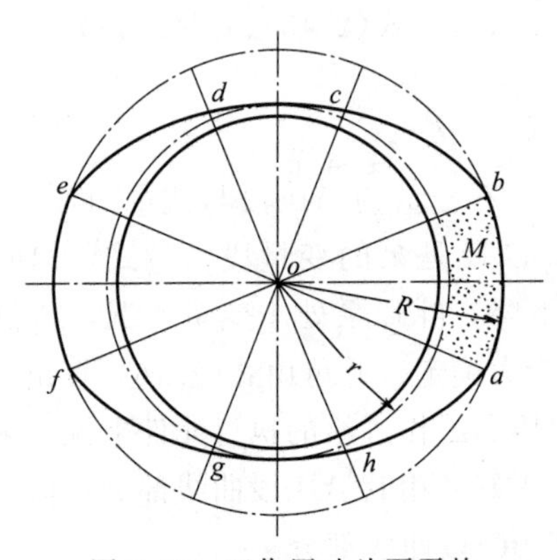

图 2.12　双作用叶片泵平均流量计算原理

$$V=2\pi(R^2-r^2)B \tag{2.20}$$

式中　R——定子长半径；

r——定子短半径；

B——转子厚度。

双作用叶片泵的平均实际流量为

$$q=2\pi(R^2-r^2)Bn\eta_v \tag{2.21}$$

式(2.21) 是不考虑叶片几何尺寸时的平均流量计算公式。一般双作用叶片泵，在叶片底部都通以压力油，并且在设计中保证高、低压腔叶片底部总容积变化为零，也就是说叶片底部容积不参加泵的吸油和排油。因此在排油腔，叶片缩进转子槽的容积变化，对泵的流量

有影响，在精确计算叶片泵的平均流量时，还应考虑叶片体积对流量的影响。每转不参加排油的叶片总体积为

$$V_{b}=\frac{2(R-r)}{\cos\phi}Bbz \tag{2.22}$$

式中 b——叶片厚度；

z——叶片数；

ϕ——叶片相对于转子半径的倾角。

则双作用叶片泵精确流量计算公式为

$$q=\left[2\pi(R^{2}-r^{2})-\frac{2(R-r)}{\cos\phi}bz\right]Bn\eta_{v} \tag{2.23}$$

对于特殊结构的双作用叶片泵，如双叶片结构、带弹簧式叶片泵，其叶片底部和单作用叶片泵一样也参加泵的吸油和排油，其平均流量计算方法仍采用式(2.21)。

2.3.2.3 双作用叶片泵的高压化趋势

随着技术的发展，经不断改进，双作用叶片泵的最高工作压力已达到 20～30MPa。这是因为双作用叶片泵转子上的径向力基本上是平衡的，因此不像高压齿轮泵和单作用叶片泵那样，工作压力的提高会受到径向承载能力的限制。叶片泵采用浮动配流盘对端面间隙进行补偿后，泵在高压下也能保持较高的容积效率，叶片泵工作压力提高的主要限制条件是叶片和定子内表面的磨损，

为了解决定子和叶片的磨损问题，要采取措施减小在吸油区叶片对定子内表面的压紧力，目前采取的主要结构措施有以下几种。

(1) 双叶片结构

如图 2.13 所示，各转子槽内装有两个经过倒角的叶片。叶片底部不和高压油腔相通，两叶片的倒角部分构成从叶片底部通向头部的 V 形油道，因而作用在叶片底部和头部的油压相等，合理设计叶片头部的形状，使叶片头部承压面积略小于叶片底部承压面积。这个承压面积的差值就形成叶片对定子内表面的接触力。也就是说，这个推力是能够通过叶片头部的形状来控制的，以便既保证叶片与定子紧密接触，又不致使接触应力过大。同时，槽内两个叶片可以相互滑动，以保证在任何位置，两个叶片的头部和定子内表面紧密接触。

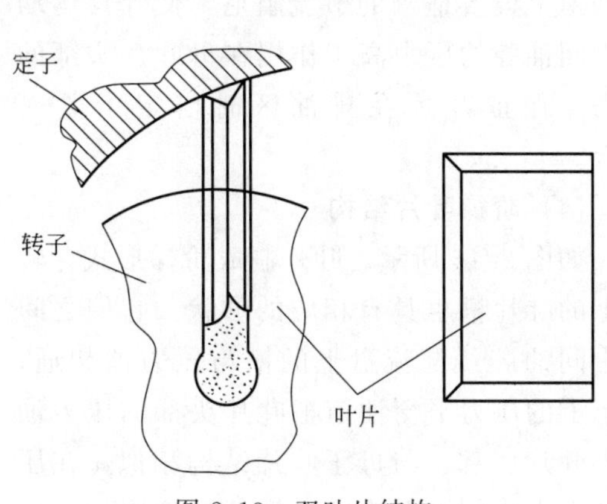

图 2.13 双叶片结构

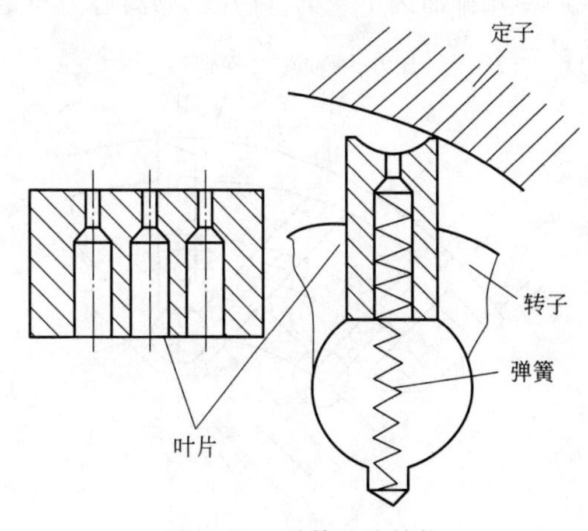

图 2.14 弹簧叶片结构

(2) 弹簧叶片结构

与双叶片结构类似的还有弹簧叶片结构。如图 2.14 所示，叶片在头部及两侧开有半圆形槽，在叶片的底面上开有三个弹簧孔。通过叶片头部和底部相连的小孔及侧面的半圆形槽使叶片底面与头部连通，这样，叶片在转子槽中滑动时，头部和底部的压力完全平衡。叶片和定子内表面的接触压力仅为叶片的离心力、惯性力和弹簧力，故接触力较小。弹簧在工作过程中频繁受交变压缩，易引起疲劳损坏，但这种结构可以原封不动地作为液压马达使用，这是其他叶片泵结构所不具备的优点。

(3) 母子叶片结构

如图 2.15 所示，在转子叶片槽中装有母叶片和子叶片，母、子叶片能自由地相对滑动，为了使母叶片和定子的接触压力适当，必须正确选择子叶片和母叶片的宽度尺寸之比。转子上的压力平衡孔使母叶片的头部和底部液压力相等，泵的排油压力经过配流盘、转子槽通到母、子叶片之间的中间压力腔，如不考虑离心力、惯性力，由图 2.15 可知，叶片作用在定子上的力为

$$F=bt(p_2-p_1) \tag{2.24}$$

式(2.24) 中符号的意义如图 2.15 所示，在吸油区，$p_1=0$，则 $F=p_2tb$；在排油区，$p_1=p_2$，故 $F=0$。由此可见，只要适当地选择 t 和 b 的大小，就能控制接触应力，一般取子叶片的宽度 b 为母叶片宽度的 1/4～1/3。

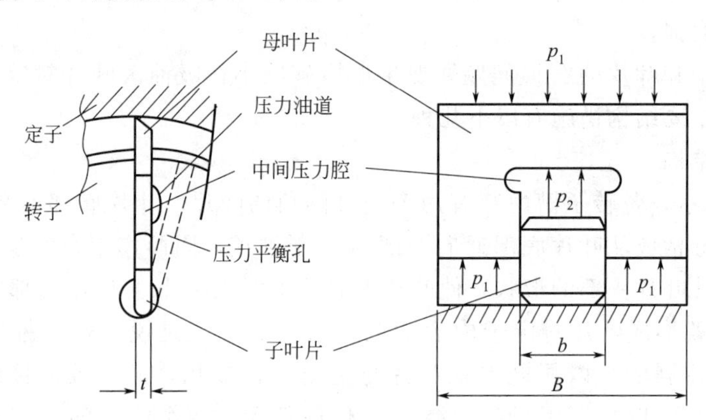

图 2.15　母子叶片结构

在排油区 $F=0$，叶片仅靠离心力与定子接触。为防止叶片的脱空，在连通中间压力腔的油道上设置适当的节流阻尼，使叶片运动时中间油腔的压力高于作用在母叶片头部的压力，保证叶片在排油区时与定子紧密贴合。

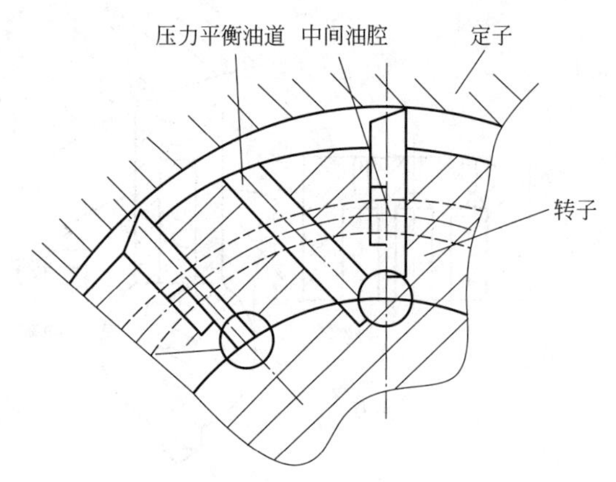

图 2.16　阶梯叶片结构

(4) 阶梯叶片结构

如图 2.16 所示，叶片制成阶梯形式，转子上的叶片槽也具有相应的形状。它们之间的中间油腔经配流盘上的槽与压力油相通，转子上的压力平衡油道把叶片头部的压力油引入叶片底部，与母子叶片结构相似，在压力油引入中间油腔之前，设置节流阻尼，使

叶片向内缩进时，此腔保持足够的压力，保证叶片紧贴定子内表面。这种结构由于叶片及槽的形状较为复杂，加工工艺性较差，应用较少。

2.3.3 单作用叶片泵与双作用叶片泵的特点比较

2.3.3.1 单作用叶片泵的特点

(1) 存在困油现象

配流盘的吸、排油窗口间的密封角略大于两相邻叶片间的夹角，单作用叶片泵的定子不存在与转子同心的圆弧段，因此当上述被封闭的容腔发生变化时，会产生与齿轮泵相类似的困油现象，通常通过配流盘排油窗口边缘开三角形卸荷槽的方法来消除困油现象。

(2) 叶片沿旋转方向向后倾斜

叶片仅靠离心力紧贴定子表面，考虑到叶片上还受哥氏力和摩擦力的作用，为了使叶片所受的合力与叶片的滑动方向一致，保证叶片更容易地从叶片槽中滑出，叶片槽常加工成沿旋转方向向后倾斜。

(3) 叶片根部的容积不影响泵的流量

由于叶片头部和底部同时处在排油区或吸油区中，所以叶片厚度对泵的流量没有多大影响。

(4) 转子承受径向液压力

单作用叶片泵转子上的径向液压力不平衡，轴承负荷较大。这使泵的工作压力和排量的提高均受到限制。

2.3.3.2 双作用叶片泵的特点

(1) 定子过渡曲线

定子内表面的曲线由四段圆弧和四段过渡曲线组成，泵的动力学特性很大程度上受过渡曲线的影响。理想的过渡曲线不仅应使叶片在槽中滑动时的径向速度变化均匀，而且应使叶片转到过渡曲线和圆弧段交接点处的加速度突变不大，以减小冲击和噪声，同时，还应使泵的瞬时流量的脉动最小。

(2) 叶片安放角

设置叶片安放角有利于叶片在槽内滑动，为了保证叶片顺利地从叶片槽中滑出，减小叶片的压力角，根据过渡曲线的动力学特性，双作用叶片泵转子的叶片槽常制成沿旋转方向向前倾斜一个安放角 θ，当叶片有安放角时，叶片泵就不允许反转。

(3) 端面间隙的自动补偿

为了提高压力，减少端面泄漏，采取的间隙自动补偿措施是将配流盘的外侧与压油腔连通，使配流盘在液压推力作用下压向转子。泵的工作压力愈高，配流盘就会愈贴紧转子，对转子端面间隙进行自动补偿。

2.4 柱 塞 泵

柱塞泵是通过缸体在缸体孔内往复运动时密封工作容积的变化来实现吸油和排油的。由于柱塞与缸体孔均为圆柱表面，滑动表面配合精度高，所以这类泵的特点是泄漏小，容积效率高，可以在高压下工作。

2.4.1 斜盘式轴向柱塞泵

轴向柱塞泵可分为斜盘式和斜轴式两大类，图 2.17 所示为斜盘式轴向柱塞泵的工作原理。泵由斜盘 1、柱塞 2、缸体 3、配流盘 4 等主要零件组成，斜盘 1 和配流盘 4 是不动的，传动轴 5 带动缸体 3、柱塞 2 一起转动，柱塞 2 靠机械装置或在低压油作用下压紧在斜盘上。当传动轴按图 2.17 所示方向旋转时，柱塞 2 在其沿斜盘自下而上回转的半周内逐渐向缸体外伸出，使缸体孔内密封工作腔容积不断增加，产生局部真空，从而将油液经配流盘 4 上的吸油窗口 a 吸入；柱塞在其自上而下回转的半周内又逐渐向里推入，使密封工作腔容积不断减小，将油液从配流盘 4 上的排油窗口 b 向外排出。缸体每转一转，每个柱塞往复运动一次，完成一次吸、排油动作。改变斜盘的倾角 γ，就可以改变密封工作容积的有效变化量，实现泵的变量。

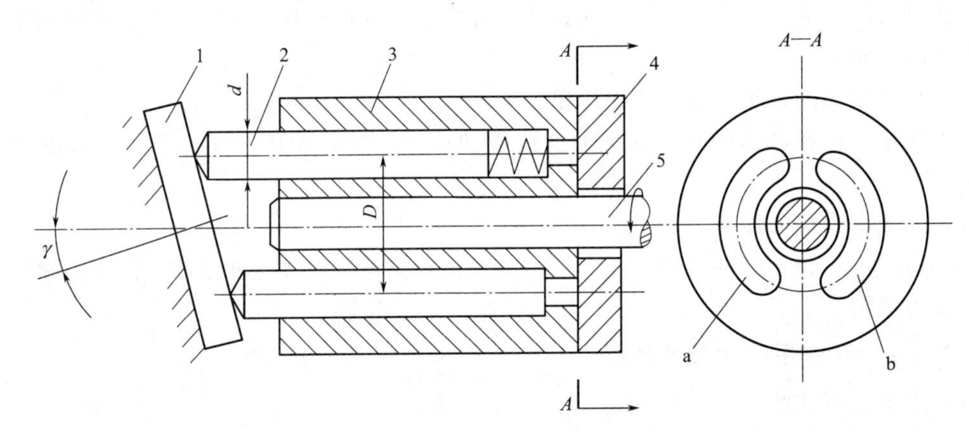

图 2.17　斜盘式轴向柱塞泵的工作原理

1—斜盘；2—柱塞；3—缸体；4—配流盘；5—传动轴；a—吸油窗口；b—排油窗口

2.4.1.1 斜盘式轴向柱塞泵的排量和流量

如图 2.17 所示，若柱塞数目为 z，柱塞直径为 d，柱塞孔分布圆直径为 D，斜盘倾角为 γ，则泵的排量为

$$V=\frac{\pi}{4}d^2 zD\tan\gamma \tag{2.25}$$

泵的输出流量为

$$q=\frac{\pi}{4}d^2 zDn\eta_v\tan\gamma \tag{2.26}$$

实际上，柱塞泵的排量是转角的函数，其输出流量是脉动的，就柱塞数而言，柱塞数为奇数时的脉动率比偶数时小，且柱塞数越多，脉动越小，故柱塞泵的柱塞数一般都为奇数，从结构工艺性和脉动率综合考虑，常取 $z=7$ 或 $z=9$。

2.4.1.2 斜盘式轴向柱塞泵的结构特点

(1) 端面间隙的自动补偿

由图 2.17 可见，使缸体紧压配流盘端面的作用力，除机械装置提供预密封的推力外，还有柱塞孔底部台阶面上所受的液压力，此液压力比弹簧力大得多，而且随泵工作压力的增大而增大。由于缸体始终受液压力紧贴着配流盘，就使端面间隙得到了自动补偿。

(2) 滑靴的静压支承结构

在斜盘式轴向柱塞泵中，若各柱塞以球形头部直接接触斜盘而滑动，这种泵称为点接触式轴向柱塞泵。点接触式轴向柱塞泵在工作时，由于柱塞球头与斜盘平面理论上为点接触，因而接触应力大，极易磨损。一般轴向柱塞泵都在柱塞头部装一滑靴，如图 2.18 所示，滑靴是按静压支承原理设计的，缸体中的压力油经过柱塞球头中间小孔流入滑靴油室，使滑靴和斜盘间形成液体润滑，改善了柱塞头部和斜盘的接触情况，有利于提高轴向柱塞泵的压力和其他参数，使其在高压、高速下工作。

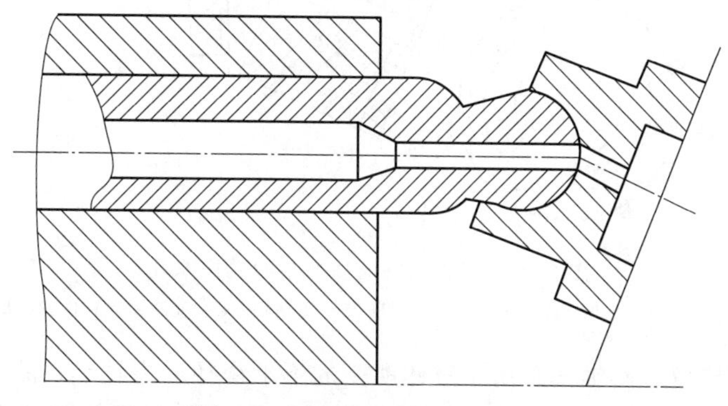

图 2.18 滑靴的静压支承原理

(3) 变量机构

在斜盘式轴向柱塞泵中，通过改变斜盘倾角 γ 的大小就可调节泵的排量，变量机构的结构形式是多种多样的，这里以手动伺服变量机构为例说明变量机构的工作原理。

图 2.19 所示为手动伺服变量机构简图，该机构由壳体 1、活塞 2 和伺服阀组成。活塞 2 的内腔构成了伺服阀的阀体，并有 c、d 和 e 三个孔道分别沟通壳体 1 下腔 a、上腔 b 和油箱。泵上的斜盘通过拨叉机构与活塞 2 下端铰接，利用活塞 2 的上下移动来改变斜盘倾角 γ。当用手柄使伺服阀芯 3 向下移动时，上面的阀口打开，a 腔中的压力油经孔道 c 通向 b 腔，活塞因上腔有效面积大于下腔有效面积而移动，活塞 2 移动时又使伺服阀上的阀口关闭，最终使活塞 2 自行停止运动。同理，当手柄使伺服阀芯 3 向上移动时，下面的阀口大开，b 和 c 接通油箱，活塞 2 在 a 腔压力油的作用下向上移动，并在该阀口关闭时自行停止运动。变量控制机构就是这样依照伺服阀的动作来实现其控制的。

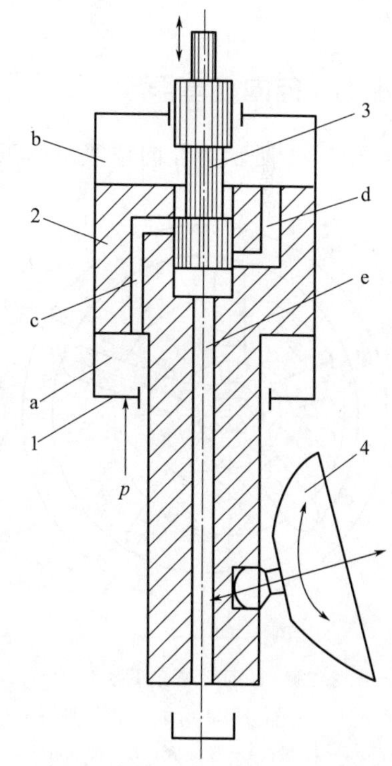

图 2.19 手动伺服变量机构简图

1—变量活塞壳体；2—变量活塞；3—伺服阀芯；4—斜盘及变量头组件

2.4.2 斜轴式轴向柱塞泵

图 2.20 所示为斜轴式轴向柱塞泵的工作原理。传动轴 5 的轴线相对于缸体 3 有倾角 γ，柱塞 2 与传动轴圆盘之间用相互铰接的连杆 4 相连。当传动轴 5 沿图

2.20 所示方向旋转时，连杆 4 就带动柱塞 2 连同缸体 3 一起绕缸体轴线旋转，柱塞 2 同时也在缸体的柱塞孔内作往复运动，使柱塞孔底部的密封腔容积不断发生增大和缩小的变化，通过配流盘 1 上的窗口 a 和 b 实现吸油和排油。

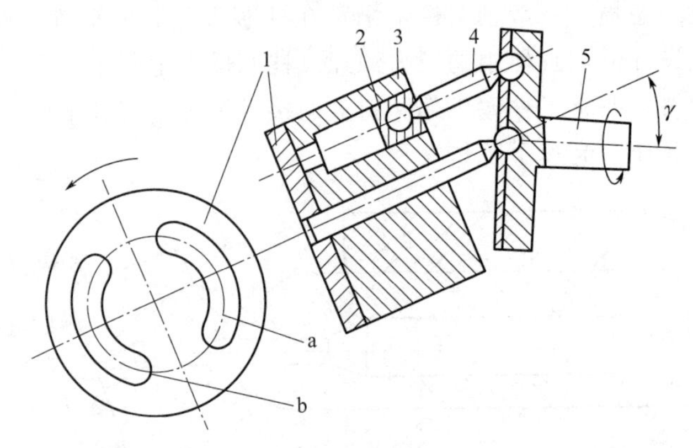

图 2.20　斜轴式轴向柱塞泵的工作原理

1—配流盘；2—柱塞；3—缸体；4—连杆；5—传动轴；a—吸油窗口；b—排油窗口

与斜盘式泵相比较，斜轴式泵由于缸体所受的不平衡径向力较小，故结构强度较高，可以有较高的设计参数，其缸体轴线与驱动轴的夹角 γ 较大，变量范围较大；但外形尺寸较大，结构也较复杂。目前，斜轴式轴向柱塞泵的使用相当广泛。

在变量形式上，斜盘式轴向柱塞泵靠斜盘摆动变量，斜轴式轴向柱塞泵则为摆缸变量，因此后者的变量系统响应较慢。关于斜轴泵的排量和流量可参照斜盘泵的计算方法计算。

2.4.3　径向柱塞泵

图 2.21 所示为径向柱塞泵的工作原理，径向柱塞泵的柱塞径向布置在缸体上，在转子 2 上径向均匀分布着数个柱塞孔，孔中装有柱塞 4，转子 2 的中心与定子 1 的中心之间有一个偏心量 e。在固定不动的配流轴 3 上，相对于柱塞孔的部位有相互隔开的上下两个配流窗口，该配流窗口又分别通过所在部位的两个轴向孔与泵的吸、排油口连通。当转子 2 旋转时，柱塞 4 在离心力及机械回程力作用下，其头部与定子 1 的内表面紧紧接触，由于转子 2 与定子 1 存在偏心，所以柱塞 4 在随转子转动时，又在柱塞孔内作径向往复滑动。当转子 2 按图 2.21 所示箭头方向旋转时，上半周的柱塞均向外滑动，柱塞孔的密封容积增大，通过轴向孔吸油；下半周的柱塞均向里滑动，柱塞孔内的密封工作容积缩小，通过配流盘向外排油。

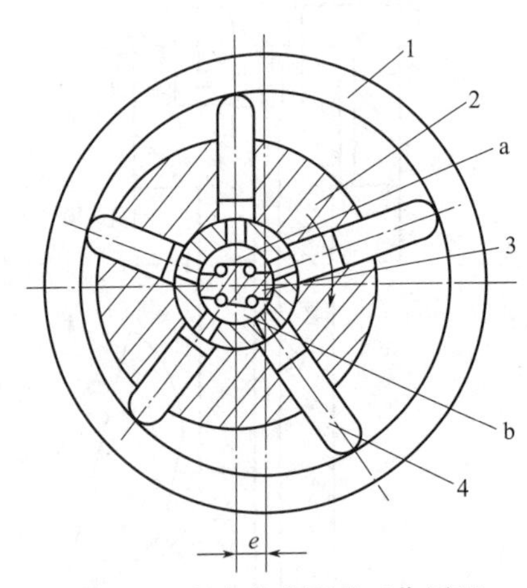

图 2.21　径向柱塞泵的工作原理

1—定子；2—转子；3—配流轴；4—柱塞；a—吸油腔；b—排油腔

当移动定子，改变偏心量 e 的大小时，泵的排量就发生改变；当移动定子使偏心量从正值变为负值时，泵的吸、排油口就互相调换，因此径向柱塞泵可以是单向或双向变量泵，为了流量脉动率尽可能小，通常采用奇数柱塞数。

径向柱塞泵的径向尺寸大，结构较复杂，自吸能力差，并且配流轴受到径向不平衡液压力的作用，易于磨损，这些都限制了它的速度和压力的提高。最近发展起来的带滑靴连杆-柱塞组件的非点接触径向柱塞泵，改变了这一状况，出现了低噪声、耐冲击的高性能径向柱塞泵，并在凿岩机械、冶金机械等领域获得应用，代表了径向柱塞泵发展的趋势。径向柱塞泵的流量可参照轴向柱塞泵和单作用叶片泵的计算方法计算。

泵的平均排量为

$$V=\frac{\pi}{4}d^2 2ez=\frac{\pi}{2}d^2 ez \tag{2.27}$$

泵的输出流量为

$$q=\frac{\pi}{2}d^2 ezn\eta_v \tag{2.28}$$

2.5 液压马达

液压马达和液压泵在结构上基本相同，并且也是靠密封容积的变化进行工作的。常见的液压马达也有齿轮式、叶片式和柱塞式等几种主要形式；按转速、转矩范围分，可有高速马达和低速大扭矩马达之分。马达和泵在工作原理上是互逆的，当向泵输入压力油时，其轴输出转速和转矩就成为马达。但由于两者的任务和要求有所不同，故在实际结构上只有少数泵能作马达使用。下面首先对液压马达的主要性能参数作一些介绍。

2.5.1 液压马达的主要性能参数

(1) 工作压力和额定压力

马达入口油液的实际压力称为马达的工作压力，马达入口压力和出口压力的差值称为马达的工作压差。在马达出口直接接油箱的情况下，为便于定性分析问题，通常近似认为马达的工作压力等于工作压差。

马达在正常工作条件下，按试验标准规定连续运转的最高压力称为马达的额定压力。马达的额定压力也受泄漏和零件强度的制约，超过此值时就会过载。

(2) 流量和排量

马达入口处的流量称为马达的实际流量。马达密封腔容积变化所需要的流量称为马达的理论流量。实际流量和理论流量之差即为马达的泄漏量。

马达轴每转一周，由其密封容腔有效体积变化而排出的液体体积称为马达的排量。

(3) 容积效率和转速

因马达实际存在泄漏，由实际流量 q 计算转速 n 时，应考虑马达的容积效率 η_v。当液压马达的泄漏流量为 q_l，马达的实际流量为 $q=q_t+q_l$，则液压马达的容积效率为

$$\eta_v=\frac{q_t}{q}=1-\frac{q_l}{q} \tag{2.29}$$

马达的输出转速等于理论流量 q_t 与排量 V 的比值，即

$$n=\frac{q_t}{V}=\frac{q}{V}\eta_v \tag{2.30}$$

(4) 转矩和机械效率

因马达实际存在机械摩擦，故实际输出转矩应考虑机械效率。若液压马达的转矩损失为T_f，马达的实际转矩为$T=T_t-T_f$，则液压马达的机械效率为

$$\eta_m=\frac{T}{T_t}=1-\frac{T_f}{T_t} \tag{2.31}$$

设马达的出口压力为零，入口工作压力为p，排量为V，则马达的理论输出转矩与泵有相同的表达形式，即

$$T_t=\frac{pV}{2\pi} \tag{2.32}$$

马达的实际输出转矩为

$$T=\frac{pV}{\pi}\eta_m \tag{2.33}$$

(5) 功率和总效率

马达的输入功率为

$$N_i=pq \tag{2.34}$$

马达的输出功率为

$$N_o=2\pi nT \tag{2.35}$$

马达的总效率为

$$\eta=\frac{N_o}{N_i}=\frac{2\pi nT}{pq}=\eta_v\eta_m \tag{2.36}$$

由式(2.36)可见，液压马达的总效率也同于液压泵的总效率，等于机械效率与容积效率的乘积。

2.5.2 高速液压马达

一般来说，额定转速高于500r/min的液压马达属于高速液压马达。

高速液压马达的基本形式有齿轮式、叶片式和轴向柱塞式等。它们的主要特点是转速高，转动惯量小，便于启动、制动、调速和换向，通常高速马达的输出转矩不大，最低稳定转速较高，只能满足高速小扭矩工况。下面以图2.22所示的轴向柱塞马达为例，说明高速马达的工作原理，其他形式高速马达可进行类似分析。如图2.22所示，当压力油输入液压马达时，处于压力腔的柱塞2被顶出，压在斜盘1上，设斜盘1作用在柱塞2上的反力为F_N，F_N可分解为轴向分力F_a和垂直于轴向的分力F_r。其中，轴向分力F_a和作用在柱塞

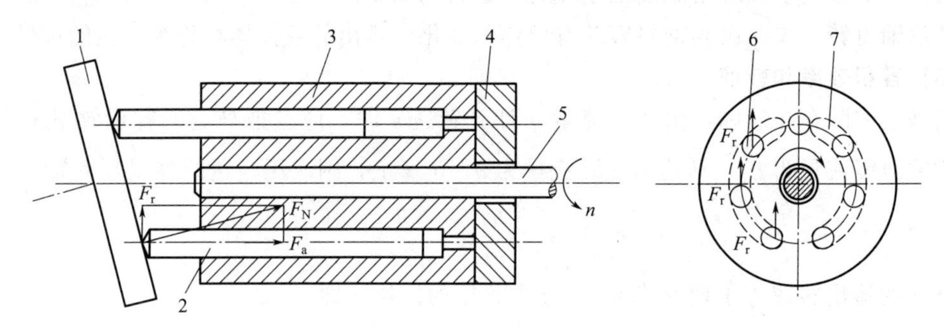

图2.22 轴向柱塞马达工作原理

1—斜盘；2—柱塞；3—缸体；4—配流盘；5—主轴；6—吸油窗口；7—排油窗口

后端的液压力相平衡，垂直于轴向的分力 F_r 使缸体 3 产生转矩。当液压马达的进、出油口互换时，马达将反向转动，当改变马达斜盘倾角时，马达的排量便随之改变，从而可以调节输出转速或转矩。

从图 2.22 可以看出，当压力油输入液压马达后，所产生的轴向分力为

$$F_a=\frac{\pi}{4}d^2p \tag{2.37}$$

使缸体 3 产生转矩的垂直分力为

$$F_r=F_a\tan\gamma=\frac{\pi}{4}d^2p\tan\gamma \tag{2.38}$$

单个柱塞产生的瞬时转矩为

$$T_i=F_rR\sin\alpha=\frac{\pi}{4}d^2pR\tan\gamma\sin\varphi_i \tag{2.39}$$

液压马达总的输出转矩为

$$T=\sum_{i=1}^{N}T_i=\frac{\pi}{4}d^2pR\tan\gamma\sum_{i=1}^{N}\sin\varphi_i \tag{2.40}$$

式中 R——柱塞在缸体上的分布圆半径；

d——柱塞直径；

φ_i——柱塞的方位角；

N——压力腔半圆内的柱塞数。

可以看出，液压马达总的输出转矩等于处在马达压力腔半圆内各柱塞瞬时转矩的总和。由于柱塞的瞬时方位角呈周期性变化，液压马达总的输出转矩也周期性变化，所以液压马达输出的转矩是脉动的，通常只计算马达的平均转矩。

2.5.3 低速大扭矩液压马达

低速大扭矩液压马达是相对于高速马达而言的，通常这类马达在结构形式上多为径向柱塞式。其特点是：最低转速低，大约在 5～10r/min；输出转矩大，可达几万牛顿米；径向尺寸大，转动惯量大。由于上述特点，它可以与工作机构直接连接，不需要减速装置，使传动结构大为简化。低速大扭矩液压马达广泛用于起重、运输、建筑、矿山和船舶等机械上。

低速大扭矩液压马达的基本形式有三种，它们分别是曲柄连杆马达、静力平衡马达和多作用内曲线马达。下面分别予以介绍。

2.5.3.1 曲柄连杆低速大扭矩液压马达

曲柄连杆式低速大扭矩液压马达应用较早，国外称为斯达发（Staffa）液压马达。我国的同类型号为 JMZ 型，其额定压力为 16MPa，最高压力为 21MPa。

图 2.23 所示为曲柄连杆式液压马达的工作原理。马达由壳体、曲柄、连杆、活塞组件、曲轴及配流轴组成，壳体 1 内沿圆周呈放射状均匀布置了五个缸体，形成星形壳体。缸体内装有活塞 2，活塞 2 与连杆 3 通过球铰连接，连杆大端制成鞍形圆柱瓦面紧贴在曲轴 4 的偏心圆上，其圆心为 o'，它与曲轴旋转中心 o 的偏心矩 $oo'=e$。液压马达的配流轴 5 与曲轴 4 通过十字键连接在一起，随曲轴一起转动，马达的压力油经过配流轴通道，由配流轴分配到对应的活塞油缸。在图 2.23 中，油缸的①、②、③腔通压力油，活塞受到压力油的作用；

在其余的活塞油缸中，油缸①处于过渡状态，与排油窗口接通的是油缸④、⑤。根据曲柄连杆机构运动原理，受油压作用的柱塞就通过连杆对偏心圆中心 o' 作用一个力 N，推动曲轴绕旋转中心 o 转动，对外输出转速和转矩，如果进、排油口对换，液压马达反向旋转。随着驱动轴、配流轴转动，配流状态交替变化。在曲轴旋转过程中，位于高压侧的油缸容积逐渐增大，而位于低压侧的油缸容积逐渐减小，因此在工作时高压油不断进入液压马达，然后由低压腔不断排出。

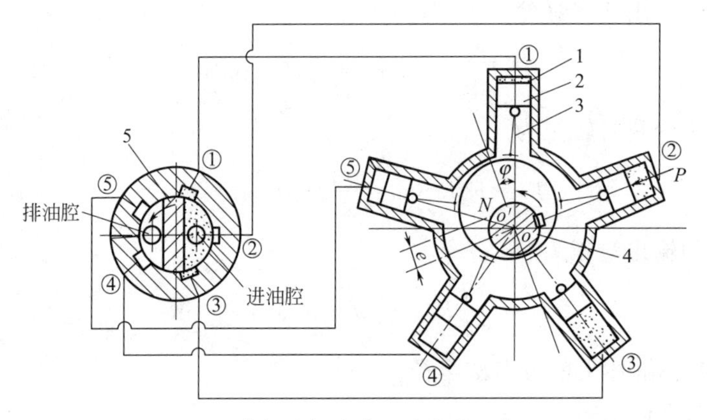

图 2.23　曲柄连杆式液压马达的工作原理

1—壳体；2—活塞；3—连杆；4—曲轴；5—配流轴

总之，由于配流轴过渡密封间隔的方位和曲轴的偏心方向一致，并且同时旋转，所以配流轴颈的进油窗口始终对着偏心线 oo' 的一边的两个或三个油缸，吸油窗口对着偏心线 oo' 另一边的其余油缸，总的输出转矩是所有柱塞对曲轴中心所产生的转矩的叠加，该转矩使旋转运动得以持续下去。

以上讨论的是壳体固定，轴旋转的情况，如果将轴固定，进、排油直接通到配流轴中，就能达到外壳旋转的目的，构成了车轮马达。

2.5.3.2　静力平衡低速大扭矩液压马达

静力平衡低速大扭矩马达也称无连杆马达，是从曲柄连杆式液压马达改进、发展而来的，它的主要特点是取消了连杆，并且在主要摩擦副之间实现了油压静力平衡，所以改善了工作性能。国外把这类马达称为罗斯通（Roston）马达，国内也有不少产品，并已经在船舶机械、挖掘机以及石油钻探机械上使用。

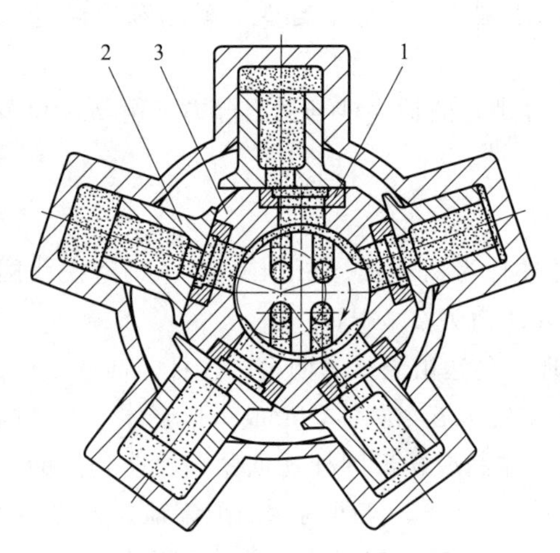

图 2.24　静力平衡式液压马达的工作原理

1—压力环；2—空心柱塞；3—五星轮

这种液压马达的工作原理用图 2.24 来说明，液压马达的偏心轴与曲轴的形式相类似，既是输出轴，又是配流轴，五星轮 3 套在偏心轴的凸轮上，在它的五个平面中各嵌装一个压力环 1，压力环的上平面与空心柱塞 2 的底面接触，柱塞中间装有弹簧以防止液压马达启动或空载运转时柱塞底面与压力环脱开，高压油经配流轴中心孔道通到曲轴的偏心配流部分，然后经五星轮中的径向孔、压力环、柱塞底部的贯通孔而进入油缸的工作腔内，在图 2.24 所示位置时，配流轴上方的三个油缸通高压油，下方的两个油缸通低压回油。

在这种结构中，五星轮取代了曲柄连杆式液压马达中的连杆，压力油经过配流轴和五星轮再到空心柱塞中去，液压马达的柱塞与压力环，五星轮与曲轴之间可以大致做到静压平衡，在工作过程中，这些零件又要起密封和传力作用。由于是通过油压直接作用于偏心轴而产生输出转矩，因此称其为静力平衡液压马达。事实上，只有当五星轮上液压力达到完全平衡，使五星轮处于“悬浮”状态时，液压马达的转矩才是完全由液压力直接产生的，否则五星轮与配流轴之间仍然有机械接触的作用力及相应的摩擦力矩存在。

2.5.3.3 多作用内曲线低速大扭矩液压马达

多作用内曲线低速大扭矩液压马达的结构形式很多，就使用方式而言，有轴转、壳转与直接装在车轮的轮毂中的车轮式液压马达等形式。而从内部的结构来看，根据不同的传力方式、柱塞部件的结构可有多种形式，但是液压马达的主要工作过程是相同的。现以图 2.25 为例来说明其基本工作原理。

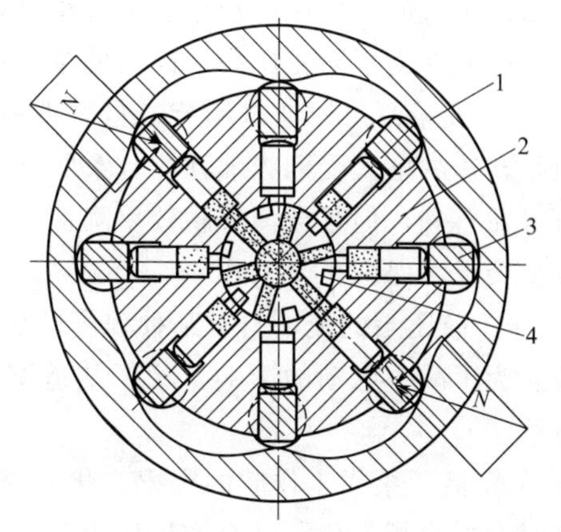

图 2.25 多作用内曲线式液压马达的工作原理

1—定子；2—转子；3—柱塞；4—配流轴

液压马达由定子 1（也称凸轮环）、转子 2、配流轴 4 与柱塞组等主要部件组成，定子 1 的内壁由若干段均布的、形状完全相同的曲面组成，每一相同形状的曲面又可分为对称的两边，其中允许柱塞副向外伸的一边称为进油工作段，与它对称的另一边称为排油工作段，每个柱塞在液压马达每转中往复的次数就等于定子曲面数 x，将 x 称为该液压马达的作用次数；在转子的径向有 z 个均匀分布的柱塞缸孔，每个缸孔的底部都有一配流窗口，并与它的中心配流轴 4 相配合的配流孔相通。配流轴 4 中间有进油和回油的孔道，其配流窗口位置与导轨曲面的进油工作段和回油工作段的位置相对应，所以在配流轴圆周上有 $2x$ 个均布配流窗口。柱塞组以很小的间隙置于转子 2 的柱塞缸孔中。作用在柱塞上的液压力经滚轮传递到定子的曲面上。

来自液压泵的高压油首先进入配流轴，经配流轴窗口进入处于工作段的各柱塞缸孔中，使相应的柱塞组的滚轮顶在定子曲面上，在接触处，定子曲面给柱塞组一反力 N，该反力作用在定子曲面与滚轮接触处的公法面上，法向反力 N 可分解为径向力 F_r 和圆周力 F_a，F_r 与柱塞底面的液压力以及柱塞组的离心力等相平衡，而 F_a 所产生的驱动力矩则克服负载力矩使转子 2 旋转。柱塞所作的运动为复合运动，即随转子 2 旋转的同时并在转子的柱塞缸孔内作往复运动，定子和配流轴是不转的。而对应于定子曲面回油段的柱塞作相反方向运动，通过配流轴回油，当柱塞组经定子曲面工作段过渡到回油段的瞬间，供油和回油通道被闭死。

若将液压马达的进、出油方向对调，液压马达将反转；若将驱动轴固定，则定子、配流轴和壳体将旋转，通常称为壳转工况，变为车轮马达。

除了上述几种典型低速大扭矩马达外，还有摆线马达等介于高速马达和低速马达中间的液压马达，此处不赘述。

2.6 液压泵及液压马达的工作特点

2.6.1 液压泵的工作特点

① 液压泵的吸油腔压力过低将会产生吸油不足，异常噪声，甚至无法工作。因此，除了在泵的结构设计上尽可能减小吸油管路的液阻外，为了保证泵的正常运行，应使泵的安装高度不超过允许值，避免吸油滤油器及管路形成过大的压降，限制泵的使用转速在额定转速以内。

② 液压泵的工作压力取决于外负载，若负载为零，则泵的工作压力为零。随着排油量的增加，泵的工作压力根据负载大小自动增加，泵的最高工作压力主要受结构强度和使用寿命的限制。为了防止压力过高而使泵、系统受到损害，液压泵的出口常常要采取限压措施。

③ 变量泵可以通过调节排量来改变流量，定量泵只有用改变转速的办法来调节流量，但是转速的增大受到吸油性能、泵的使用寿命、效率等的限制。例如，工作转速低时，虽然对寿命有利，但是会使容积效率降低，并且对于需要利用离心力来工作的叶片泵来说，转速过低会无法保证正常工作。

④ 液压泵的流量具有某种程度的脉动性质，其脉动情况取决于泵的形式及结构设计参数。为了减小脉动的影响，除了从造型上考虑外，必要时可在系统中设置蓄能器或液压滤波器。

⑤ 液压泵靠工作腔的容积变化来吸、排油，如果工作腔处在吸、排油之间的过渡密封区时存在容积变化，就会产生压力急剧升高或降低的困油现象，从而影响容积效率，产生压力脉动、噪声及工作构件上的附加动载荷，这是液压泵设计中需要注意的一个共性问题。

2.6.2 液压马达的工作特点

① 在一般工作条件下，液压马达的进、出口压力都高于大气压，因此不存在液压泵那样的吸入性能问题，但是，如果液压马达可能在泵工况下工作，它的进油口应有最低压力限制，以免产生汽蚀。

② 马达应能正、反运转，因此就要求液压马达在设计时具有结构上的对称性。

③ 液压马达的实际工作压差取决于负载力矩的大小，当被驱动负载的转动惯量大、转速高，并要求急速制动或反转时，会产生较高的液压冲击，为此，应在系统中设置必要的安全阀、缓冲阀。

④ 由于内部泄漏不可避免，因此将马达的排油口关闭而进行制动时，仍会有缓慢的滑转，所以需要长时间精确制动时，应另行设置防止滑转的制动器。

⑤ 某些形式的液压马达必须在回油口具有足够的背压才能保证正常工作，并且转速越高所需背压也越大，背压的增高意味着油源的压力利用率低，系统的损失大。

小结

液压泵是液压系统的动力源。构成液压泵的基本条件是：具有可变的密封容积，协调的配油机构及高、低压腔相互隔离的结构。液压泵和液压马达的主要性能参数有排量、流量、压力、功率和效率。排量为几何参数，而流量则为排量和转速的乘积；实际工作压力取决于外负载；液压功率为泵输出流量和工作压力的乘积；容积效率和机械效率分别反映了液压泵和液压马达的容积损失和机械损失。液压泵和液压马达根据结构形式的不同，主要分为齿轮式、叶片式、柱塞式三大类，要掌握各类泵、马达的工作原理、排量与流量的计算方法，了解其结构特点。柱塞泵是目前性能比较完善、压力和效率最高的液压泵；高性能叶片泵以脉动小、噪声小而见长；齿轮泵最大的特点是抗污染，可用于环境比较恶劣的工作条件下。液压马达是液压系统中的重要执行元件之一，从原理上讲，液压马达是液压泵的逆工况。要注意了解低速大扭矩马达（曲柄连杆式马达、静力平衡式马达、多作用内曲线式马达）的结构特点与应用场合。

习题

2.1　要提高齿轮泵的压力必须解决哪些关键问题？通常都采取哪些措施？

2.2　叶片泵能否实现正、反转？说出理由并进行分析。

2.3　简述齿轮泵、液片泵、柱塞泵的优缺点及应用场合。

2.4　齿轮泵的模数 $m=4$mm，齿数 $z=9$，齿宽 $B=18$mm，在额定压力下，转速 $n=2000$r/min 时，泵的实际输出流量 $Q=30$L/min，求泵的容积效率。

2.5　YB63 型叶片泵的最高压力 $P_{max}=6.3$MPa，叶片宽度 $B=24$mm，叶片厚度 $\delta=2.25$mm，叶片数 $z=12$，叶片倾角 $\theta=13°$，定子曲线长径 $R=49$mm，短径 $r=43$mm，泵的容积效率 $\eta_v=0.90$，机械效率 $\eta_m=0.90$，泵轴转速 $n=960$r/min，试求：(1) 叶片泵的实际流量是多少？(2) 叶片泵的输出功率是多少？

2.6　斜盘式轴向柱塞泵的斜盘倾角 $\beta=20°$，柱塞直径 $d=22$mm，柱塞分布圆直径 $D=68$mm，柱塞数 $z=7$，机械效率 $\eta_m=0.90$，容积效率 $\eta_v=0.97$，泵转速 $n=1450$r/min，泵输出压力 $p=28$MPa，试计算：(1) 平均理论流量；(2) 实际输出的平均流量；(3) 泵的输入功率。

2.7　某液压泵的工作压力为 10.0MPa，转速为 1450.0r/min，排量为 46.2mL/r，容积效率为 0.95，总效率为 0.9。求泵的实际输出功率和驱动该泵所需的电机功率。

3 液 压 缸

3.1 液压缸的类型及特点

液压缸可按运动方式、作用方式、结构形式的不同进行分类，其常见种类如下。

3.1.1 活塞式液压缸

活塞式液压缸可分为双杆式和单杆式两种结构形式，其安装又有缸筒固定和活塞杆固定两种方式。

3.1.1.1 双活塞杆液压缸

双活塞杆液压缸的活塞两端都带有活塞杆，分为缸体固定和活塞杆固定两种安装形式，如图 3.1 所示。

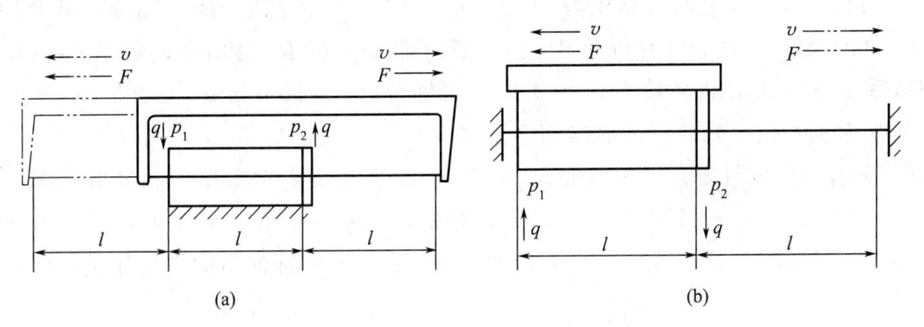

图 3.1 双活塞杆液压缸安装方式简图

因为双活塞杆液压缸的两活塞杆直径相等，所以当输入流量和油液压力不变时，其往返运动速度和推力相等。缸的运动速度 v 和推力 F 分别为

$$v=\frac{q}{A}=\frac{4q\eta_{\mathrm{v}}}{\pi(D^2-d^2)} \tag{3.1}$$

$$F=\frac{\pi}{4}(D^2-d^2)(p_1-p_2)\eta_{\mathrm{m}} \tag{3.2}$$

式中 p_1——缸的进油压力；

p_2——缸的回油压力；

η_{v}——缸的容积效率；

η_{m}——缸的机械效率；

D——活塞直径；

d——活塞杆直径；

q——输入流量；

A——活塞有效工作面积。

这种液压缸常用于要求往返运动速度相同的场合。

3.1.1.2 单活塞杆液压缸

单活塞杆液压缸的活塞仅一端带有活塞杆，活塞双向运动可以获得不同的速度和输出力，其计算简图如图3.2所示。

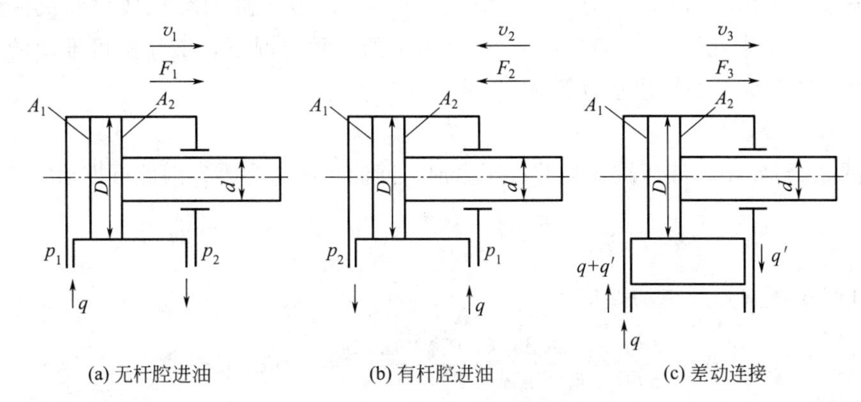

图3.2 双作用单活塞杆液压缸计算简图

① 当无杆腔进油时［图3.2(a)］，活塞的运动速度 v_1 和推力 F_1 分别为

$$v_1=\frac{q}{A_1}\eta_v=\frac{4q}{\pi D^2}\eta_v \tag{3.3}$$

$$F_1=(p_1A_1-p_2A_2)\eta_m=\frac{\pi}{4}[D^2p_1-(D^2-d^2)p_2]\eta_m \tag{3.4}$$

② 当有杆腔进油时［图3.2(b)］，活塞的运动速度 v_2 和推力 F_2 分别为

$$v_2=\frac{q}{A_2}\eta_v=\frac{4q}{\pi(D^2-d^2)}\eta_v \tag{3.5}$$

$$F_2=(p_2A_2-p_1A_1)\eta_m=\frac{\pi}{4}[(D^2-d^2)p_1-D^2p_2]\eta_m \tag{3.6}$$

式中符号意义同式(3.1)、式(3.2)。

比较上述各式，可以看出 $v_1>v_1$，$F_1>F_2$；液压缸往复运动时的速度比为

$$\psi=\frac{v_2}{v_1}=\frac{D^2}{D^2-d^2} \tag{3.7}$$

式(3.7)表明，当活塞杆直径越小时速度比越接近1，在两个方向上的速度差值就越小。

③ 液压缸差动连接时［图3.2(c)］，活塞的运动速度 v_3 为

$$v_3=\frac{q}{A_1-A_2}\eta_v=\frac{4q}{\pi d^2}\eta_v \tag{3.8}$$

在忽略两腔连通油路压力损失的情况下，差动连接液压缸的推力 F_3 为

$$F_3=p_1(A_1-A_2)\eta_m=\frac{\pi}{4}d^2p_1\eta_v \tag{3.9}$$

当单活塞杆液压缸两腔同时通入压力油时，由于无杆腔有效作用面积大于有杆腔有效作用面积，使活塞向右的作用力大于向左的作用力，因此活塞向右运动，活塞杆向外伸出；与

此同时，又将有杆腔的油液挤出，使其流进无杆腔，从而加快了活塞杆的伸出速度，单活塞杆液压缸的这种连接方式被称为差动连接。差动连接时，液压缸的有效作用面积是活塞杆的横截面积，工作台运动速度比无杆腔进油时的速度大，而输出力则减小。差动连接是在不增加液压泵容量和功率的条件下，实现快速运动的有效办法。

④ 差动液压缸计算举例。

【例 3.1】 已知单活塞杆液压缸的缸筒内径 $D=100\text{mm}$，活塞杆直径 $d=70\text{mm}$，进入液压缸的流量 $q=25\text{L/min}$，压力 $p_1=2\text{MPa}$、$p_2=0$，液压缸的容积效率和机械效率分别为 0.98、0.97，试求在图 3.2(a)、(b)、(c) 所示的三种工况下，液压缸可推动的最大负载和运动速度各是多少？并给出运动方向。

解

① 在图 3.2(a) 中，液压缸无杆腔进压力油，回油腔压力为零，因此可推动的最大负载为

$$F_1=\frac{\pi}{4}D^2p_1\eta_m=\frac{\pi}{4}\times0.1^2\times2\times10^6\times0.97=15237\ (\text{N})$$

液压缸向左运动，其运动速度为

$$v_1=\frac{4q\eta_v}{\pi D^2}=\frac{4\times25\times10^{-3}\times0.98}{\pi\times0.1^2\times60}=0.052\ (\text{m/s})$$

② 在图 3.2(b) 中，液压缸为有杆腔进压力油，无杆腔回油压力为零，可推动的负载为

$$F_2=\frac{\pi}{4}(D^2-d^2)p_1\eta_m=\frac{\pi}{4}\times(0.1^2-0.07^2)\times2\times10^6\times0.97=7771\ (\text{N})$$

液压缸向左运动，其运动速度为

$$v_2=\frac{4q\eta_v}{\pi(D^2-d^2)}=\frac{4\times25\times10^{-3}\times0.98}{\pi\times(0.1^2-0.07^2)\times60}=0.102\ (\text{m/s})$$

③ 在图 3.2(c) 中，液压缸差动连接，可推动的负载为

$$F_3=\frac{\pi}{4}d^2p_1\eta_m=\frac{\pi}{4}\times0.07^2\times2\times10^6\times0.97=7462.2\ (\text{N})$$

液压缸向左运动，其运动速度为

$$v_3=\frac{4q\eta_v}{\pi d^2}=\frac{4\times25\times10^{-3}\times0.98}{\pi\times0.07^2\times60}=0.106\ (\text{m/s})$$

3.1.2 柱塞式液压缸

前面所讨论的活塞式液压缸的应用非常广泛，但这种液压缸由于缸孔加工精度要求很高，当行程较长时，加工难度大，使制造成本增加。在生产实际中，某些场合所用的液压缸并不要求双向控制，柱塞式液压缸正是满足了这种使用要求的一种价格低廉的液压缸。

如图 3.3(a) 所示，柱塞式液压缸由缸筒、柱塞、导套、密封圈和压盖等零件组成，柱塞和缸筒内壁不接触，因此缸筒内孔不需精加工，工艺性好，成本低。柱塞式液压缸是单作用的，它的回程需要借助自重或弹簧等其他外力来完成，如果要获得双向运动，可将两柱塞式液压缸成对使用［图 3.3(b)］。柱塞式液压缸的柱塞端面是受压面，其面积大小决定了柱塞式液压缸的输出速度和推力，为保证柱塞式液压缸有足够的推力和稳定性，一般柱塞较粗，重量较大，水平安装时易产生单边磨损，故柱塞式液压缸适于垂直安装使用。为减轻柱

塞的重量，有时制成空心柱塞。

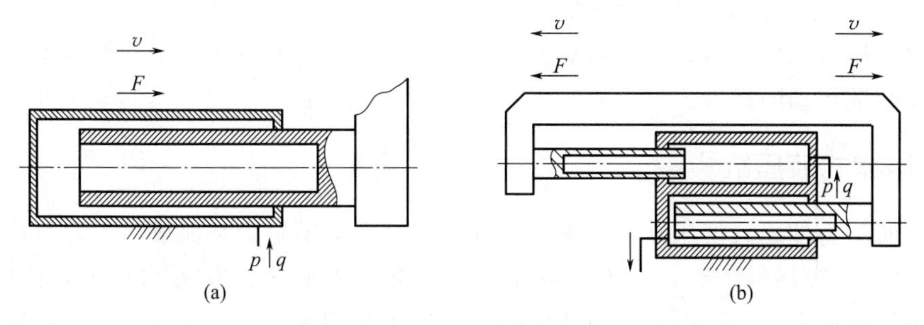

图 3.3　柱塞式液压缸

柱塞式液压缸结构简单，制造方便，常用于工作行程较长的场合，如大型拉床、矿用液压支架等。

3.1.3　摆动式液压缸

摆动式液压缸（图 3.4）能实现小于 360°的往复摆动运动，由于它可直接输出转矩，故又称为摆动液压马达，主要有单叶片式和双叶片式两种结构形式。

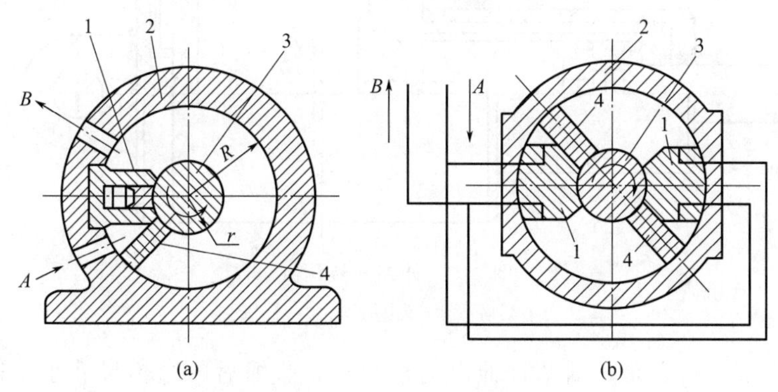

图 3.4　摆动式液压缸

1—定子块；2—缸体；3—摆动轴；4—叶片

图 3.4(a) 所示为单叶片摆动式液压缸，主要由定子块 1、缸体 2、摆动轴 3、叶片 4、左右支承盘和左右盖板等主要零件组成。两个工作腔之间的密封靠叶片和隔板外缘所嵌的框形密封件来保证，定子块固定在缸体上，叶片和摆动轴固连在一起，当两油口相继通以压力油时，叶片即带动摆动轴作往复摆动，当考虑到机械效率时，单叶片缸的摆动轴输出转矩为

$$T=\frac{b}{8}(D^2-d^2)(p_1-p_2)\eta_m \tag{3.10}$$

根据能量守恒原理，结合式(3.10) 得输出角速度为

$$\omega=\frac{8q\eta_v}{b(D^2-d^2)} \tag{3.11}$$

式中　D——缸体内孔直径；

d——摆动轴直径；

b——叶片宽度。

单叶片摆动式液压缸的摆角一般不超过 280°，双叶片摆动式液压缸的摆角一般不超过

150°。当输入压力和流量不变时，双叶片摆动式液压缸摆动轴输出转矩是相同参数单叶片缸的两倍，而摆动角速度则是单叶片缸的一半。

摆动式液压缸结构紧凑，输出转矩大，但密封困难，一般只用于中、低压系统中往复摆动、转位或间歇运动的地方。

3.1.4 伸缩式液压缸

图 3.5 所示为伸缩式液压缸，它由两级（或多级）活塞缸套装而成，主要组成零件有缸体 3、活塞 2、套筒活塞 1 等。缸体两端有进、出油口 A 和 B。当 A 口进油，B 口回油时，先推动一级活塞向右运动，由于一级活塞的有效作用面积大，所以运动速度低而推力大。一级活塞右行至终点时，二级活塞在压力油的作用下继续向右运动，因其有效作用面积小，所以运动速度快，但推力小。套筒活塞 1 既是一级活塞，又是二级活塞的缸体，有双重作用（多级时，前一级缸的活塞就是后一级缸的缸套）。若 B 口进油，A 口回油，则二级活塞先退回至终点，然后一级活塞才退回。

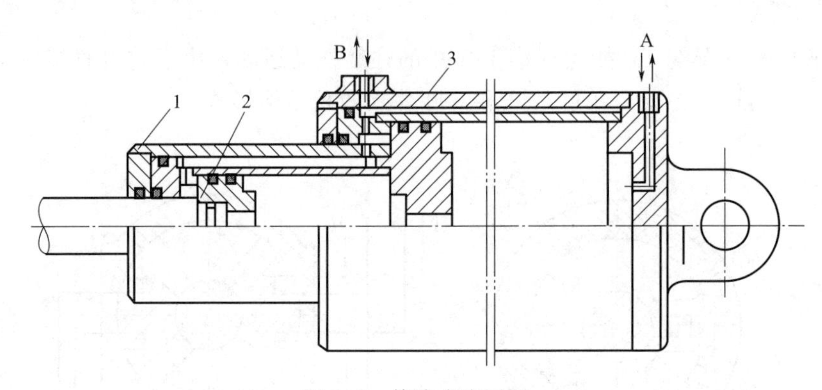

图 3.5 伸缩式液压缸

1—套筒活塞；2—活塞；3—缸体

伸缩式液压缸的特点是，活塞杆伸出的行程长，收缩后的结构尺寸小，适用于翻斗汽车、起重机的伸缩臂等。

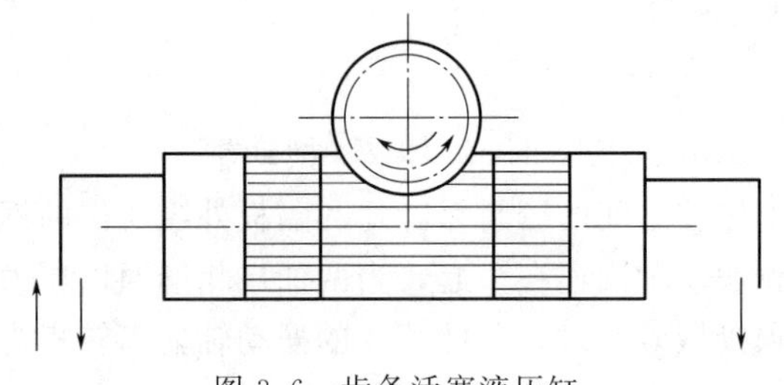
图 3.6 齿条活塞液压缸

3.1.5 齿条活塞液压缸

齿条活塞液压缸由带有齿条杆的双作用活塞缸和齿轮齿条机构组成，如图 3.6 所示，活塞往复移动经齿条、齿轮机构变成齿轮轴往复转动，它多用于自动线、组合机床等转位或分度机构中。

3.2 液压缸的设计计算

液压缸一般来说是标准件，但有时也需要自行设计。本节主要介绍液压缸主要尺寸的计算及强度、刚度的验算方法。

液压缸的设计是在对所设计的液压系统进行工况分析、负载计算和确定了其工作压力的基础上进行的。首先根据使用要求确定液压缸的类型，再按负载和运动要求确定液压缸的主要结构尺寸，必要时需进行强度验算，最后进行结构设计。

液压缸的主要尺寸包括液压缸的内径 D、缸的长度 L、活塞杆直径 d。主要根据液压缸的负载、活塞运动速度和行程等因素来确定上述参数。

3.2.1 液压缸工作压力的确定

液压缸要承受的负载包括有效工作负载、摩擦阻力和惯性力等。液压缸的工作压力按负载确定。对于不同用途的液压设备，由于工作条件不同，采用的压力范围也不同。设计时，液压缸的工作压力可按负载大小及液压设备类型参考表 3.1、表 3.2 来确定。

表 3.1 液压缸的公称压力 MPa

0.63	1.0	1.6	2.5	4.0	6.3	10.0	16.0	25.0	31.5	40.0

表 3.2 各类液压设备常用的工作压力 MPa

设备类型	一般机床	一般冶金设备	农业机械、小型工程机械	液压机、重型机械、轧机、起重运输机械
工作压力	1～6.3	6.3～16	10～16	20～32

3.2.2 液压缸主要尺寸的确定

液压缸内径 D 和活塞杆直径 d 可根据最大总负载和选取的工作压力来定，对单杆缸而言，无杆腔进油并不考虑机械效率时，由式(3.4) 可得

$$D=\sqrt{\frac{4F_1}{\pi(p_1-p_2)}-\frac{d^2p_2}{p_1-p_2}} \tag{3.12}$$

有杆腔进油并不考虑机械效率时，由式(3.6) 可得

$$D=\sqrt{\frac{4F_2}{\pi(p_1-p_2)}-\frac{d^2p_1}{p_1-p_2}} \tag{3.13}$$

一般情况下，选取回油背压 $p_2=0$，上面两式便可简化，即无杆腔进油时

$$D=\sqrt{\frac{4F_1}{\pi p_1}} \tag{3.14}$$

有杆腔进油时

$$D=\sqrt{\frac{4F_2}{\pi p_1}+d^2} \tag{3.15}$$

式(3.15) 中的杆径 d 可根据工作压力选取，见表 3.3；当液压缸的往复速度比有一定要求时，由式(3.7) 得杆径为

$$d=D\sqrt{\frac{\psi-1}{\psi}} \tag{3.16}$$

推荐的液压缸速度比见表 3.4。

表 3.3 液压缸工作压力与活塞杆直径

液压缸工作压力 p/MPa	≤5	5～7	>7
推荐活塞杆直径 d	(0.5～0.55)D	(0.6～0.7)D	0.7D

表 3.4 液压缸往复速度比推荐值

液压缸工作压力 p/MPa	≤10	1.25～20	>20
往复速度比 ψ	1.33	1.46～2	2

计算所得的液压缸内经 D 和活塞杆直径 d 应圆整为标准系列。

液压缸的缸筒长度由活塞最大行程、活塞长度、活塞杆导向套长度、活塞杆密封长度和特殊要求的长度确定。其中活塞长度为 $(0.6\sim1.0)D$；导向套长度为 $(0.6\sim1.5)d$。为减少加工难度，一般液压缸的缸筒长度不应大于内径的 20～30 倍。

3.2.3 液压缸的校核

3.2.3.1 缸筒壁厚的验算

中、高压液压缸一般用无缝钢管制作缸筒，大多属薄壁筒，即 $\delta/D\leqslant0.08$，此时，可根据材料力学中薄壁圆筒的计算公式验算缸筒的壁厚：

$$\delta\geqslant\frac{p_{\max}D}{2[\sigma]} \tag{3.17}$$

当 $\delta/D\geqslant0.3$ 时，可用下式校核缸筒壁厚：

$$\delta\geqslant\frac{D}{2}\left(\sqrt{\frac{[\sigma]+0.4p_{\max}}{[\sigma]-1.3p_{\max}}}-1\right) \tag{3.18}$$

当液压缸采用铸造缸筒时，壁厚由铸造工艺确定，这时应按厚壁圆筒计算公式验算壁厚。

当 δ/D 在 0.08～0.3 之间时，可用下式校核缸筒壁厚

$$\delta\geqslant\frac{p_{\max}D}{2.3[\sigma]-3p_{\max}} \tag{3.19}$$

式中 $p_{\max}$——缸筒内的最高工作压力；

$[\sigma]$——缸筒材料的许用应力。

3.2.3.2 液压缸稳定性验算

活塞杆长度根据液压缸最大行程 L 而定。对于工作行程中受压的活塞杆，当活塞杆长度 L 与其直径 d 之比大于 15 时，应对活塞杆进行稳定性验算，关于稳定性验算的内容可查阅液压设计手册。

3.3 液压缸的结构设计

3.3.1 液压缸的典型结构

图 3.7 所示为单活塞杆液压缸结构。

液压缸一般由后端盖、缸筒、活塞杆、活塞组件、前端盖等主要部分组成；为防止油液向液压缸外泄或由高压腔向低压腔泄漏，在缸筒与端盖、活塞与活塞杆、活塞与缸筒、活塞杆与前端盖之间均设置有密封装置，在前端盖外侧，还装有防尘装置；为防止活塞快速退回到行程终端时撞击后缸盖，液压缸端部还设有缓冲装置；有时还需设置排

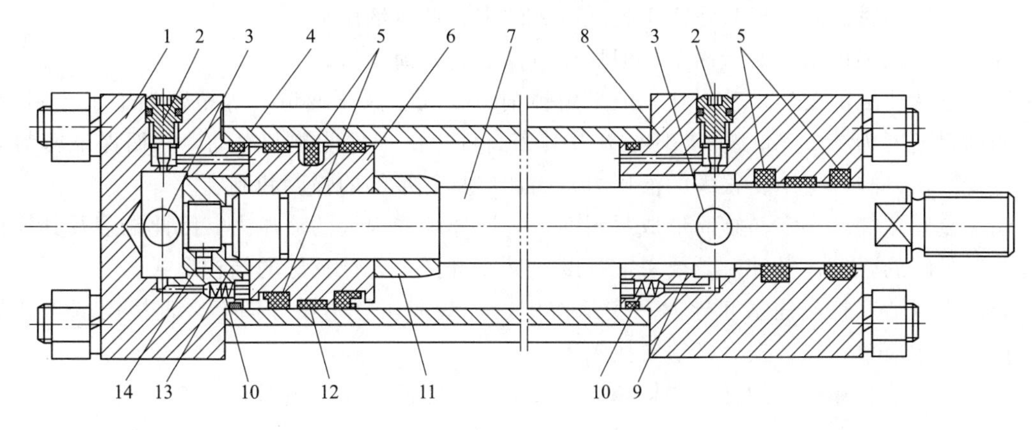

图 3.7　单活塞杆液压缸结构

1—后端盖；2—缓冲节流阀；3—进、出油口；4—缸筒；5—密封件；6—活塞；7—活塞杆；8—前端盖；9—导向套；10—单向阀；11—缓冲套；12—导向环；13—无杆端缓冲套；14—螺钉

气装置。

进行液压缸设计时，根据工作压力、运动速度、工作条件、加工工艺及装拆检修等方面的要求，往往要综合考虑液压缸的各部分结构。

3.3.2　缸筒与端盖的连接

常见的缸体与缸盖的连接结构如图 3.8 所示。

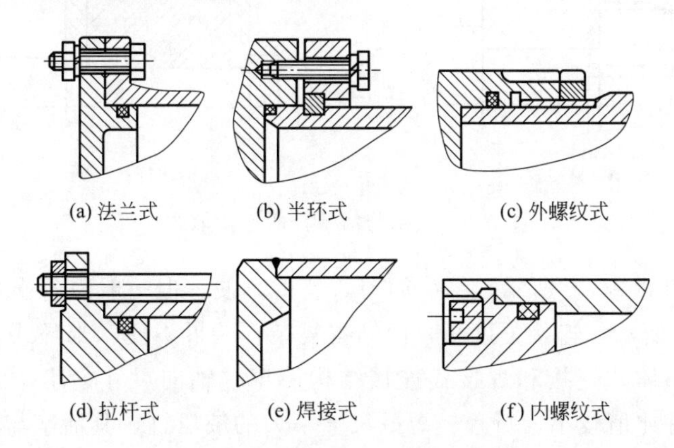

图 3.8　缸体与缸盖的连接结构

法兰式连接结构简单，加工方便，连接可靠，但是要求缸筒端部有足够的壁厚，用以安装螺栓或旋入螺钉。缸筒端部一般用铸造、镦粗或焊接方式制成粗大的外径，它是常用的一种连接形式。

半环式连接分为外半环连接和内半环连接两种连接形式，半环式连接工艺性好，连接可靠，结构紧凑，但削弱了缸筒强度。半环式连接应用十分普遍，常用于无缝钢管缸筒与端盖的连接中。

螺纹式连接有外螺纹连接和内螺纹连接两种，其特点是体积小，重量轻，结构紧凑，但缸筒端部结构较复杂，这种连接形式一般用于要求外形尺寸小、重量轻的场合。

拉杆式连接结构简单，工艺性好，通用性强，但端盖的体积和重量较大，拉杆受力后会拉伸变长，影响密封效果。只适用于长度不大的中、低压液压缸。

焊接式连接强度高，制造简单，但焊接时易引起缸筒变形。

缸筒是液压缸的主体，其内孔一般采用镗削、铰孔、滚压或珩磨等精密加工工艺制造，要求表面粗糙度为 0.1～0.4μm，使活塞及其密封件、支承件能顺利滑动，从而保证密封效果，减少磨损；缸筒要承受很大的液压力，因此应具有足够的强度和刚度。

端盖装在缸筒两端，与缸筒形成封闭油腔，同样承受很大的液压力，因此端盖及其连接件都应有足够的强度。设计时既要考虑强度，又要选择工艺性较好的结构形式。

导向套对活塞杆或柱塞起导向和支承作用，有些液压缸不设导向套，直接用端盖孔导向，这种结构简单，但磨损后必须更换端盖。

缸筒、端盖和导向套的材料选择和技术要求可参考液压设计手册。

3.3.3 活塞组件

活塞组件由活塞、密封件、活塞杆和连接件等组成。随液压缸的工作压力、安装方式和工作条件的不同，活塞组件有多种结构形式。

3.3.3.1 活塞与活塞杆的连接形式

如图 3.9 所示，活塞与活塞杆的连接最常用的有螺纹式连接和半环式连接，除此之外还有整体式结构、焊接式结构、锥销式结构等。

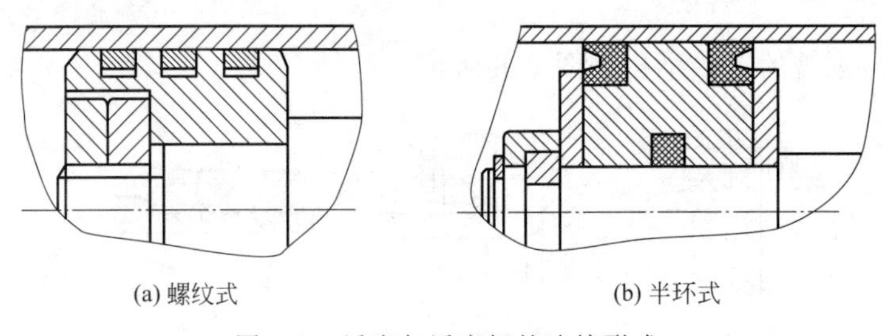

(a) 螺纹式　　(b) 半环式

图 3.9 活塞与活塞杆的连接形式

螺纹式连接如图 3.9(a) 所示，结构简单，装拆方便，但一般需备螺母防松装置；半环式连接如图 3.9(b) 所示，连接强度高，但结构复杂，装拆不便，半环式连接多用于高压和振动较大的场合；整体式连接和焊接式连接结构简单，轴向尺寸紧凑，但损坏后需整体更换，对活塞与活塞杆比值较小、行程较短或尺寸不大的液压缸，其活塞与活塞杆可采用整体式或焊接式连接；锥销式连接加工容易，装配简单，但承载能力小，且需要有必要的防止脱落措施，在轻载情况下可采用锥销式连接。

3.3.3.2 活塞组件的密封

密封装置主要用来防止液压油的泄漏。对密封装置的基本要求是具有良好的密封性能，并随压力的增加能自动提高密封性，除此以外，摩擦阻力要小，耐油，抗腐蚀，耐磨，寿命长，制造简单，拆装方便。油缸主要采用密封圈密封，密封圈有 O 形、V 形、Y 形及组合式等多种，其材料为耐油橡胶、尼龙、聚氨酯等。

(1) O 形密封圈

O 形密封圈的截面为圆形，主要用于静密封。O 形密封圈安装方便，价格便宜，可在 −40～120℃的温度范围内工作，但与唇形密封圈相比，运动阻力较大，用于运动密封时容易产生扭转，故一般不单独用于油缸运动密封（可与其他密封件组合使用）。

O形圈密封的结构原理如图3.10所示。O形圈装入密封槽后，其截面受到压缩后变形。在无液压力时，靠O形圈的弹性对接触面产生预接触压力，实现初始密封，当密封腔充入压力油后，在液压力的作用下，O形圈挤向槽一侧，密封面上的接触压力上升，提高了密封效果。任何形状的密封圈在安装时，必须保证适当的预压缩量，过小不能密封，过大则摩擦力增大，且易于损坏，因此安装密封圈的沟槽尺寸和表面精度必须按有关手册给出的数据严格保证。在动密封中，当压力大于10MPa时，O形圈就会被挤入间隙中而损坏，为此需在O形圈低压侧设置聚四氟乙烯或尼龙制成的挡圈，其厚度为1.25～2.5mm，双向受高压时，两侧都要加挡圈。

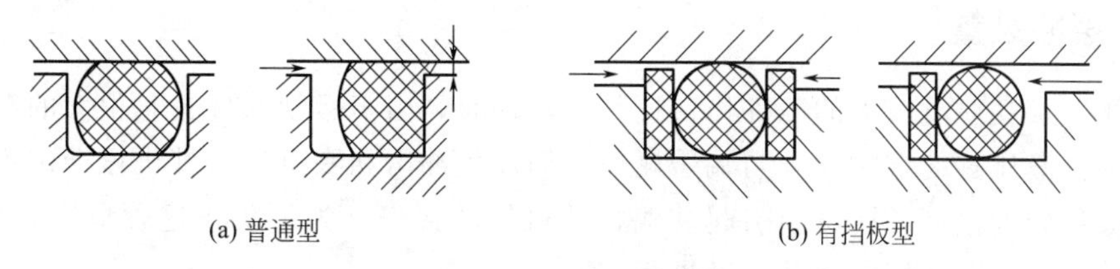

(a) 普通型　　(b) 有挡板型

图3.10　O形密封圈

（2）V形密封圈

V形圈的截面为V形，如图3.11所示，V形密封装置由压环、V形圈和支承环组成。当工作压力高于10MPa时，可增加V形圈的数量，提高密封效果。安装时，V形圈的开口应面向压力高的一侧。

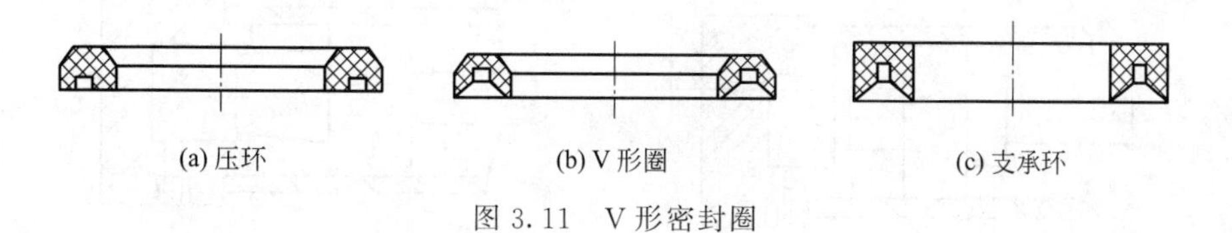

(a) 压环　　(b) V形圈　　(c) 支承环

图3.11　V形密封圈

V形圈密封性能良好，耐高压，寿命长，通过调节压紧力，可获得最佳的密封效果，但V形密封装置的摩擦阻力及结构尺寸较大，主要用于活塞杆的往复运动密封，它适宜在工作压力为$p>50$MPa、温度为－40～80℃的条件下工作。

（3）Y(Y_x)形密封圈

Y形密封圈的截面为Y形，属唇形密封圈。它是一种密封性、稳定性和耐压性较好，摩擦阻力小，寿命较长的密封圈，故应用也很普遍。Y形圈主要用于往复运动的密封，根据截面长宽比例的不同，Y形圈可分为宽断面和窄断面两种形式，图3.12所示为宽断面Y形密封圈。

Y形圈的密封作用依赖于它的唇边对偶合面的紧密接触，并在压力油作用下产生较大的接触压力，达到密封目的。当液压力升高时，唇边与偶合面贴得更紧，接触压力更高，密封性能更好。

Y形圈安装时，唇口端面应对着液压力高的一侧，当压力变化较大，滑动速度较高时，要使用支承环，以固定密封圈，如图3.12(b)所示。

宽断面Y形圈一般适用于工作压力$p<20$MPa的场合；窄断面Y形圈一般适用于工作压力$p<32$MPa的场合。

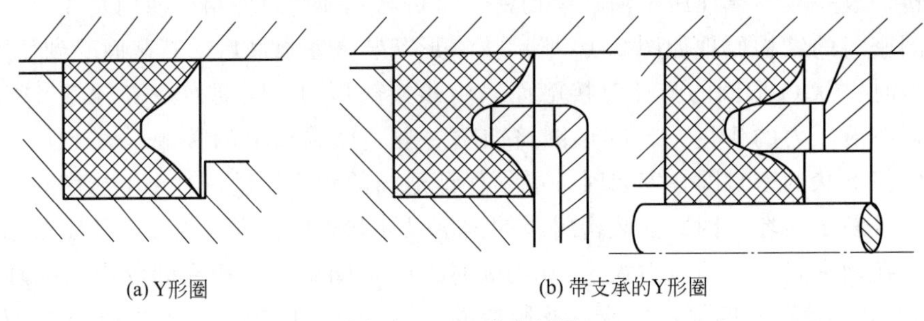

(a) Y形圈　　(b) 带支承的Y形圈

图 3.12　Y 形密封圈

3.3.4 缓冲装置

当液压缸带动质量较大的部件作快速往复运动时，由于运动部件具有很大的动能，因此当活塞运动到液压缸终端时，会与端盖碰撞，而产生冲击和噪声。这种机械冲击不仅引起液压缸的有关部分的损坏，而且会引起其他相关机械的损伤。为了防止这种危害，保证安全，应采取缓冲措施，对液压缸运动速度进行控制。

图 3.13 所示为液压缸节流缓冲的几种形式：当活塞移至其端部，缓冲柱塞开始插入缸端的缓冲孔时，活塞与缸端之间形成封闭空间，该腔中受困挤的剩余油液只能从节流小孔或缓冲柱塞与孔槽之间的节流环缝中挤出，从而造成背压迫使运动柱塞降速制动，实现缓冲。目前普遍采用在缸进、出口设单向节流阀［图 3.13(d)］的方式，可调节缓冲效果。

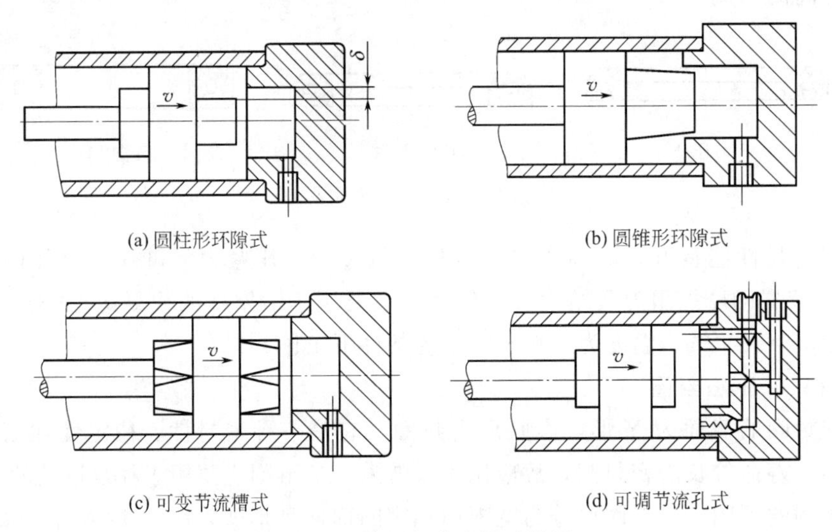

(a) 圆柱形环隙式　　(b) 圆锥形环隙式

(c) 可变节流槽式　　(d) 可调节流孔式

图 3.13　液压缸节流缓冲装置

3.3.5 排气装置

液压传动系统往往会混入空气，使系统工作不稳定，产生振动、爬行或前冲等现象，严重时会使系统不能正常工作。因此，设计液压缸时，必须考虑空气的排除。

对于要求不高的液压缸，往往不设计专门的排气装置，而是将油口布置在缸筒两端的最高处，这样也能使空气随油液排往油箱，再从油箱溢出。对于速度稳定性要求较高的液压缸和大型液压缸，常在液压缸的最高处设置专门的排气装置，如排气塞、排气阀等。当松开排气塞或排气阀的锁紧螺钉后，低压往复运动几次，带有气泡的油液就会排出，空气排完后拧紧螺钉，液压缸便可正常工作。

小结

液压缸用于实现往复直线运动和摆动，是液压系统中应用最广泛的一种液压执行元件。液压缸有时需专门设计。设计液压缸的主要内容为：根据需要的推力计算液压缸内径及活塞杆直径等主要参数；对缸壁厚度、活塞杆直径、螺纹连接的强度及油缸的稳定性等进行必要的校核；确定各部分结构，其中包括密封装置、缸筒与缸盖的连接、活塞结构以及缸筒的固定形式等，进行工作图设计。

习题

3.1　液压缸与液压马达在功能特点上有何异同？

3.2　为什么伸缩套筒式液压缸活塞伸出的顺序是从大到小，而缩回的顺序是从小到大？

3.3　活塞与缸体、活塞杆与端盖之间的密封形式有几种？各应用于什么场合？

3.4　单活塞杆液压缸差动连接时，有杆腔与无杆腔相比谁的压力高？为什么？

3.5　如何实现液压缸的排气和缓冲？

3.6　要使差动连接单活塞杆液压缸快进速度是快退速度的 2 倍，则活塞与活塞杆直径之比应为多少？

3.7　已知单杆液压缸缸筒内径 $D=100$ mm，活塞杆直径 $d=50$ mm，工作压力 $p_1=$ 2MPa，流量 $q_v=10$L/min，回油压力 $p_2=0.5$MPa。试求活塞往返运动时的推力和速度。

4 液压辅助元件

4.1 滤 油 器

4.1.1 对过滤器的要求

液压油中往往含有颗粒状杂质，会造成液压元件相对运动表面的磨损、滑阀卡滞、节流孔口堵塞，使系统工作可靠性大为降低。在系统中安装一定精度的滤油器，是保证液压系统正常工作的必要手段。过滤器的过滤精度是指滤芯能够滤除的最小杂质颗粒的大小，以直径 d 作为公称尺寸表示，按精度可分为粗过滤器（$d<100\mu m$）、普通过滤器（$d<10\mu m$）、精过滤器（$d<5\mu m$）、特精过滤器（$d<1\mu m$）。对过滤器的基本要求如下。

① 能满足液压系统对过滤精度的要求，即能阻挡一定尺寸的杂质进入系统。

② 滤芯应有足够强度，不会因压力而损坏。

③ 通流能力大，压力损失小。

④ 易于清洗或更换滤芯。

各种液压系统的过滤精度要求见表 4.1。

表 4.1 各种液压系统的过滤精度要求

系统类别	润滑系统	传动系统			伺服系统
工作压力/MPa	0～2.5	<14	14～32	>32	≤21
精度 $d/\mu m$	≤100	25～50	≤25	≤10	≤5

4.1.2 过滤器的类型及特点

按滤芯的材料和结构形式，滤油器可分为网式滤油器、线隙式滤油器，纸质滤芯式滤油器、烧结式滤油器及磁性滤油器等。按滤油器安放的位置不同，还可以分为吸滤器、压滤器和回油过滤器，考虑到泵的自吸性能，吸油滤油器多为粗滤器。

(1) 网式滤油器

图 4.1 所示为网式滤油器，其滤芯以铜网为过滤材料，在周围开有很多孔的塑料或金属筒形骨架上，包着一层或两层铜丝网，其过滤精度取决于铜网层数和网孔的大小。这种滤油器结构简单，通流能力大，清洗方便，但过滤精度低，一般用于液压泵的吸油口。

(2) 线隙式滤油器

线隙式滤油器如图 4.2 所示，用钢线或铝线密绕在筒形骨架的外部来组成滤芯，依靠金属丝间的微小间隙滤除混入液体中的杂质。其结构简单，通流能力大，过滤精度比网式滤油器高，但不易清洗，多为回油过滤器。

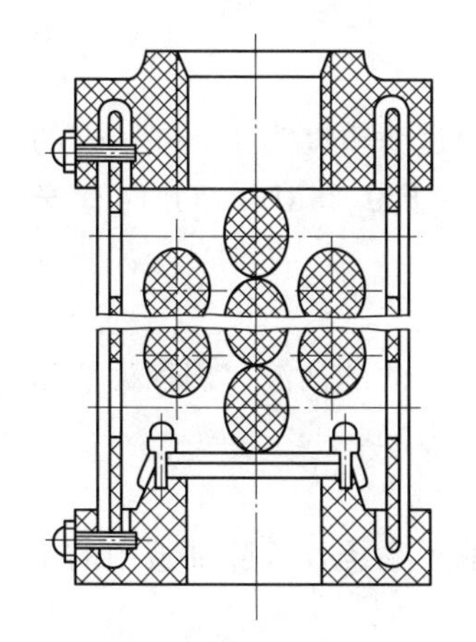

图 4.1　网式滤油器

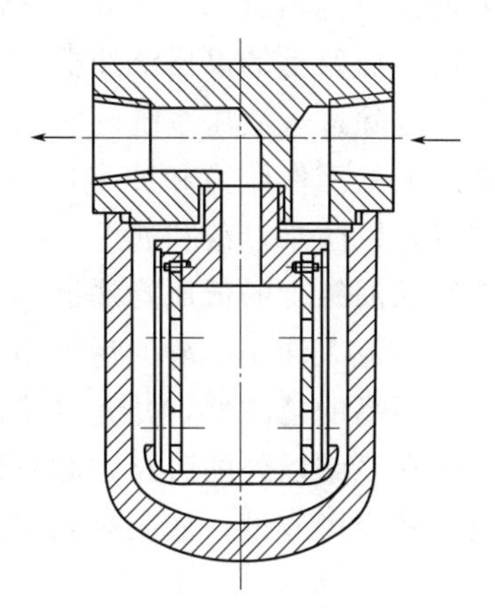

图 4.2　线隙式滤油器

(3) 纸质滤芯式滤油器

纸质滤芯式滤油器如图 4.3 所示，其滤芯为平纹或波纹的酚醛树脂或木浆微孔滤纸制成的纸芯，将纸芯围绕在带孔的镀锡铁做成的骨架上，以增大强度。为增加过滤面积，纸芯一般做成折叠形。其过滤精度较高，一般用于油液的精过滤，但堵塞后无法清洗，必须经常更换滤芯。

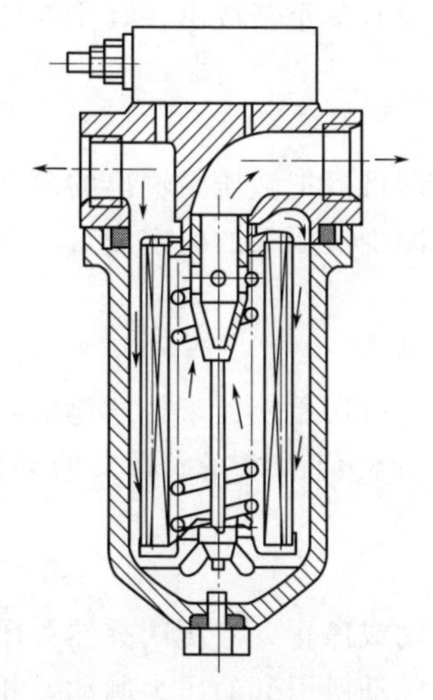

图 4.3　纸质滤芯式滤油器

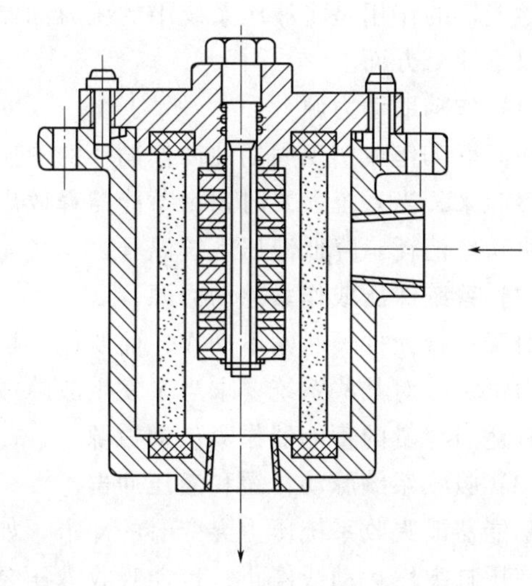

图 4.4　烧结式滤油器

(4) 烧结式滤油器

烧结式滤油器如图 4.4 所示，其滤芯用金属粉末烧结而成，利用颗粒间的微孔来阻挡油液中的杂质通过。其滤芯能承受高压，抗腐蚀性好，过滤精度高，适用于要求精滤的高压、高温液压系统。

4.1.3 过滤器的安装

(1) 泵入口的吸油粗滤器

用来保护泵，使其不致吸入较大的机械杂质，根据泵的要求，可用粗的或普通精度的滤油器，为了不影响泵的吸油性能，防止发生气穴现象，滤油器的过滤能力应为泵流量的两倍以上，压力损失不得超过 0.01～0.035MPa。

(2) 泵出口油路上的高压滤油器

主要用来滤除进入液压系统的污染杂质，一般采用过滤精度为 10～15μm 的滤油器。它应能承受油路上的工作压力和冲击压力，其压力降应小于 0.35MPa，并应有安全阀或堵塞状态发信装置，以防泵过载和滤芯损坏。

(3) 系统回油路上的低压滤油器

可滤去油液流入油箱以前的污染物，为液压泵提供清洁的油液。因回油路压力很低，可采用滤芯强度不高的精滤器，并允许滤油器有较大的压力降。

(4) 安装在系统以外的旁路过滤系统

大型液压系统可专设一液压泵和滤油器构成的滤油子系统，滤除油液中的杂质，以保护主系统。

安装滤油器时应注意，一般滤油器只能单向使用，即进、出口不可互换。

4.2 蓄 能 器

4.2.1 蓄能器的作用

蓄能器的作用是将液压系统中的压力油储存起来，在需要时又重新放出。其主要作用表现在以下几个方面。

(1) 作辅助动力源

在间歇工作或实现周期性动作循环的液压系统中，蓄能器可以把液压泵输出的多余压力油储存起来。当系统需要时，由蓄能器释放出来。这样可以减少液压泵的额定流量，从而减小电机功率消耗，降低液压系统温升。

(2) 系统保压或作紧急动力源

对于执行元件长时间不动作，而要保持恒定压力的系统，可用蓄能器来补偿泄漏，从而使压力恒定。对某些系统要求当泵发生故障或停电时，执行元件应继续完成必要的动作时，需要有适当容量的蓄能器作紧急动力源。

(3) 吸收系统脉动，缓和液压冲击

蓄能器能吸收系统压力突变时的冲击，如液压泵突然启动或停止，液压阀突然关闭或开启，液压缸突然运动或停止；也能吸收液压泵工作时的流量脉动所引起的压力脉动，相当于油路中的平滑滤波（在泵的出口处并联一个反应灵敏而惯性小的蓄能器）。

4.2.2 蓄能器的结构形式

如图 4.5 所示，蓄能器通常有重力式、弹簧式和充气式等几种。目前常用的是利用气体压缩和膨胀来储存、释放液压能的充气式蓄能器。

(1) 活塞式蓄能器

活塞式蓄能器中的气体和油液由活塞隔开，其结构如图 4.6 所示。活塞的上部为压缩空气，气体经阀门充入，其下部经油孔 a 通向液压系统，活塞随下部压力油的储存和释放而在缸筒内来回滑动。这种蓄能器结构简单、寿命长，它主要用于大体积和大流量。但因活塞有一定的惯性和 O 形密封圈存在较大的摩擦力，所以反应不够灵敏。

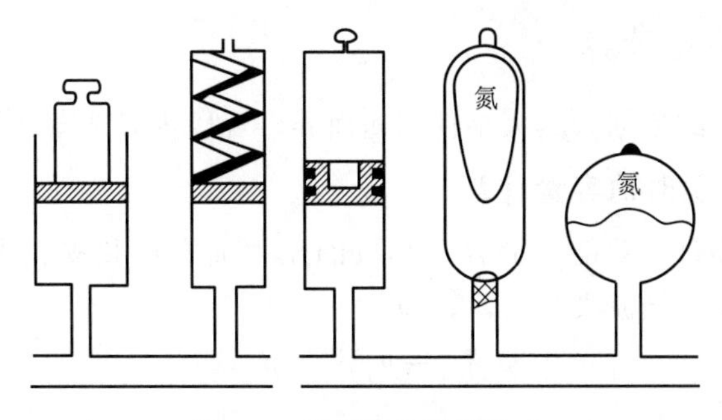

图 4.5　蓄能器的结构形式

(2) 皮囊式蓄能器

皮囊式蓄能器中气体和油液用皮囊隔开，其结构如图 4.7 所示。皮囊用耐油橡胶制成，固定在耐高压的壳体的上部，皮囊内充入惰性气体，壳体下端的提升阀由弹簧加菌形阀构成，压力油由此通入，并能在油液全部排出时，防止皮囊膨胀挤出油口。这种结构使气、液密封可靠，并且因皮囊惯性小而克服了活塞式蓄能器响应慢的弱点，因此其应用范围非常广泛，其弱点是工艺性较差。

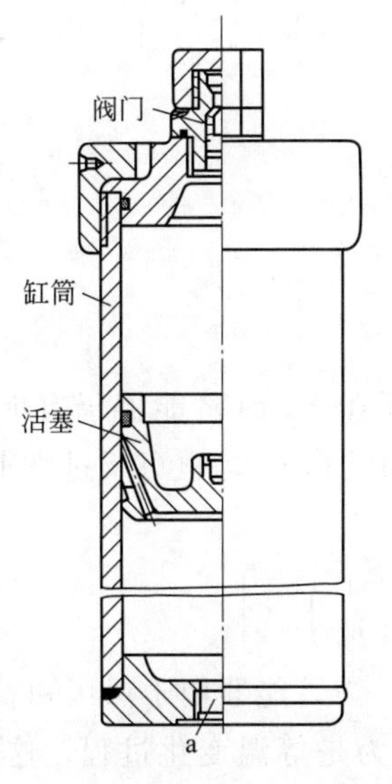

图 4.6　活塞式蓄能器

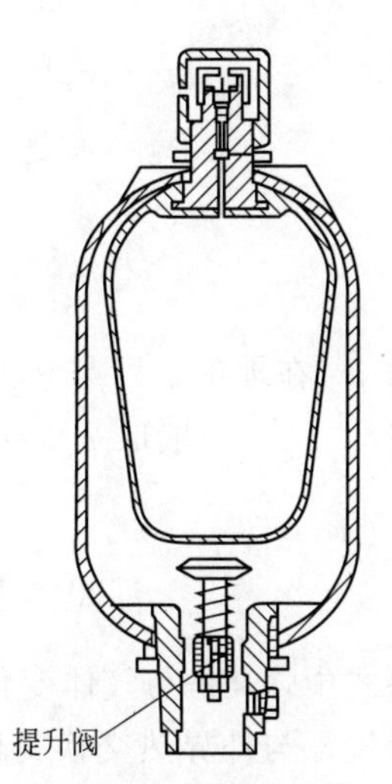

图 4.7　皮囊式蓄能器

(3) 薄膜式蓄能器

薄膜式蓄能器利用薄膜的弹性来储存、释放压力能，主要用于体积和流量较小的情况，如用作减振器、缓冲器等。

(4) 弹簧式蓄能器

弹簧式蓄能器利用弹簧的压缩和伸长来储存、释放压力能，它的结构简单，反应灵敏，但容量小，可用于小容量、低压回路起缓冲作用，不适用于高压或高频的工作场合。

(5) 重力式蓄能器

重力式蓄能器主要用于冶金等大型液压系统的恒压供油，其缺点是反应慢，结构庞大，现在已很少使用。

4.2.3 蓄能器的容量计算

容量是选用蓄能器的依据，其大小视用途而异，现以皮囊式蓄能器为例加以说明。

4.2.3.1 作动力源时的容量计算

当蓄能器作动力源时，蓄能器储存和释放的压力油容量和皮囊中气体体积的变化量相等，而气体状态的变化遵循波义耳定律，即

$$p_0V_0^n=p_1V_1^n=p_2V_2^n \tag{4.1}$$

式中 p_0——皮囊的充气压力；

V_0——皮囊的充气体积，由于此时皮囊充满壳体内腔，故 V_0 亦即蓄能器容量；

p_1——系统最高工作压力，即泵对蓄能器充油结束时的压力；

V_1——皮囊被压缩后相应于 p_1 时的气体体积；

p_2——系统最低工作压力，即蓄能器向系统供油结束时的压力；

V_2——气体膨胀后相应于 p_2 时的气体体积。

体积差 $\Delta V=V_2-V_1$ 为供给系统油液的有效体积，将它代入式(4.1)，使可求得蓄能器容量 V_0，即

$$V_0=\left(\frac{p_2}{p_0}\right)^{1/n}\quad V_2=\left(\frac{p_2}{p_0}\right)^{1/n}\quad(V_1+\Delta V)=\left(\frac{p_2}{p_0}\right)^{1/n}\left[\left(\frac{p_2}{p_0}\right)^{1/n}V_0+\Delta V\right]$$

由上式得

$$V_0=\frac{\Delta V\left(\frac{p_2}{p_0}\right)^{1/n}}{1-\left(\frac{p_2}{p_1}\right)^{1/n}} \tag{4.2}$$

充气压力 p_0 在理论上可与 p_2 相等，但是为保证在 p_2 时蓄能器仍有能力补偿系统泄漏，则应使 $p_0<p_2$，一般取 $p_0=(0.8\sim0.85)p_2$，如已知 V_0，也可反过来求出储能时的供油体积，即

$$\Delta V=V_0p_0^{1/n}\left[\left(\frac{1}{p_2}\right)^{1/n}-\left(\frac{1}{p_1}\right)^{1/n}\right] \tag{4.3}$$

在以上各式中，n 是与气体变化过程有关的指数。当蓄能器用于保压和补充泄漏时，气体压缩过程缓慢，与外界热交换得以充分进行，可认为是等温变化过程，这时取 $n=1$；而当蓄能器作辅助或应急动力源时，释放液体的时间短，气体快速膨胀，热交换不充分，这时可视为绝热过程，取 $n=1.4$。在实际工作中，气体状态的变化在绝热过程和等温过程之间，因此 $n=1\sim1.4$。

4.2.3.2 用来吸收冲击时的容量计算

当蓄能器用于吸收冲击时，其容量的计算与管路布置、液体流态、阻尼及泄漏大小等因素有关，准确计算比较困难。一般按经验公式计算缓冲最大冲击力时所需要的蓄能器最小容量，即

$$V_0=\frac{0.004qp_1(0.0164L-t)}{p_1-p_2} \tag{4.4}$$

式中 p_1——允许的最大冲击，$\mathrm{kgf/cm^2}$；

p_2——阀口关闭前管内压力，kgf/cm^2；

V_0——用于冲击的蓄能器的最小容量，L；

L——发生冲击的管长，即压力油源到阀口的管道长度，m；

t——阀口关闭的时间，s，突然关闭时取 $t=0$。

4.3 油　箱

4.3.1 油箱的基本功能

油箱的基本功能是：储存工作介质；散发系统工作中产生的热量；分离油液中混入的空气；沉淀污染物及杂质。

按油面是否与大气相通，可分为开式油箱与闭式油箱。开式油箱广泛用于一般的液压系统；闭式油箱则用于水下和高空无稳定气压的场合，这里仅介绍开式油箱。

4.3.2 油箱的容积与结构

在初步设计时，油箱的有效容量可按下述经验公式确定：

$$V=mq_p \tag{4.5}$$

式中 V——油箱的有效容量；

q_p——液压泵的流量；

m——经验系数，低压系统 $m=2\sim4$，中压系统 $m=5\sim7$，中高压或高压系统 $m=6\sim12$。

对功率较大且连续工作的液压系统，必要时还要进行热平衡计算，以此确定油箱容量。

根据图 4.8 所示的油箱结构分述设计要点如下。

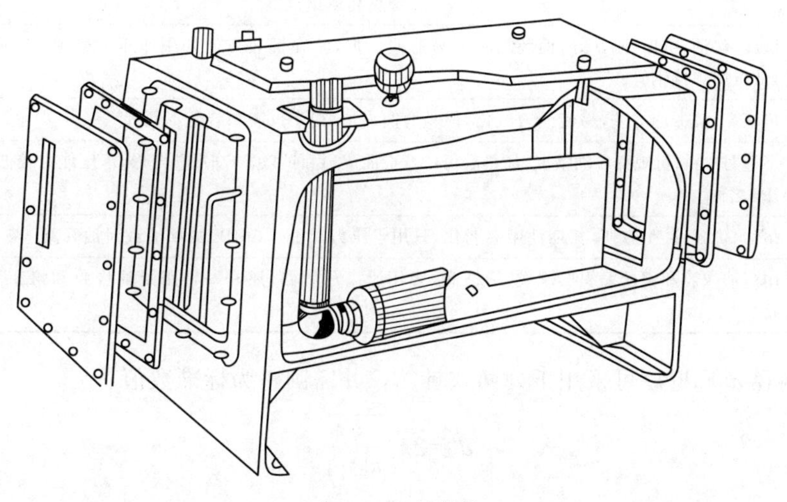

图 4.8 油箱结构

① 泵的吸油管与系统回油管之间的距离应尽可能远些，管口都应插于最低液面以下，但离油箱底要大于管径的 2～3 倍，以免吸空和飞溅起泡，吸油管端部所安装的滤油器，离箱壁要有 3 倍管径的距离，以便四面进油。回油管口应截成 45°斜角，以增大回流截面，并

使斜面对着箱壁，以利散热和沉淀杂质。

② 在油箱中设置隔板，以便将吸、回油隔开，迫使油液循环流动，利于散热和沉淀。

③ 设置空气滤清器与液位计。空气滤清器的作用是使油箱与大气相通，保证泵的自吸能力，滤除空气中的灰尘杂物，有时兼作加油口，它一般布置在顶盖上靠近油箱边缘处。

④ 设置放油口与清洗窗口。将油箱底面做成斜面，在最低处设放油口，平时用螺塞或放油阀堵住，换油时将其打开放走油污。为了便于换油时清洗油箱，大容量的油箱一般均在侧壁设清洗窗口。

⑤ 最高油面只允许达到油箱高度的80%，油箱底脚高度应在150mm以上，以便散热、搬移和放油，油箱四周要有吊耳，以便起吊装运。

⑥ 油箱正常工作温度应在15～65℃之间，必要时应安装温度控制系统，或设置加热器和冷却器。

4.4 管　　件

管件包括管道、管接头和法兰等，其作用是保证油路的连通，并便于拆卸、安装；根据工作压力、安装位置确定管件的连接结构；与泵、阀等连接的管件应由其接口尺寸决定管径。

4.4.1 管道

管道的种类和适用场合见表4.2。

表4.2　管道的种类和适用场合

种类	特点和适用范围
钢管	价廉、耐油、抗腐、刚性好，但装配时不易弯曲成形，常在拆装方便处用作压力管道，中压以上用无缝钢管，低压用焊接钢管
紫铜管	价格高，抗振能力差，易使油液氧化，但易弯曲成形，用于仪表和装配不便处
尼龙管	半透明材料，可观察流动情况，加热后可任意弯曲成形和扩口，冷却后即定形，承压能力较低，一般在2.8～8MPa之间
塑料管	耐油、价廉、装配方便，长期使用会老化，只用于压力低于0.5MPa的回油或泄油管路
橡胶管	用耐油橡胶和钢丝编织层制成，价格高，多用于高压管路；还有一种用耐油橡胶和帆布制成，用于回油管路

管道的内径 d 和壁厚可采用下列两式计算，并需圆整为标准数值：

$$d=2\sqrt{\frac{q}{\pi[v]}} \tag{4.6}$$

$$\delta=\frac{pdn}{2[\sigma_b]} \tag{4.7}$$

式中　$[v]$——允许流速，推荐值吸油管为0.5～1.5m/s，回油管为1.5～2m/s，压力油管为2.5～5m/s，控制油管为2～3m/s，橡胶软管应小于4m/s；

n——安全系数，对于钢管，$p\leqslant 7$MPa时 $n=8$；7MPa$<p\leqslant 17.5$MPa时 $n=6$，

$p>17.5\text{MPa}$ 时 $n=4$。

$[\sigma_b]$——管道材料的抗拉强度，可由材料手册查出。

管道应尽量短，最好横平竖直，拐弯少，为避免管道皱折，减少压力损失，管道装配的弯曲半径要足够大，管道悬伸较长时要适当设置管夹。

管道尽量避免交叉，平行管距要大于 100mm，以防接触振动，并便于安装管接头。

软管直线安装时要有 30%左右的余量，以适应油温变化、受拉和振动的需要。弯曲半径要大于 9 倍软管外径，弯曲处到管接头的距离至少等于 6 倍软管外径。

4.4.2 管接头

管接头是管道和管道、管道和其他元件，如泵、阀、集成块等的可拆卸连接件。管接头与其他元件之间可采用普通细牙螺纹连接或锥螺纹连接，如图 4.9 所示。

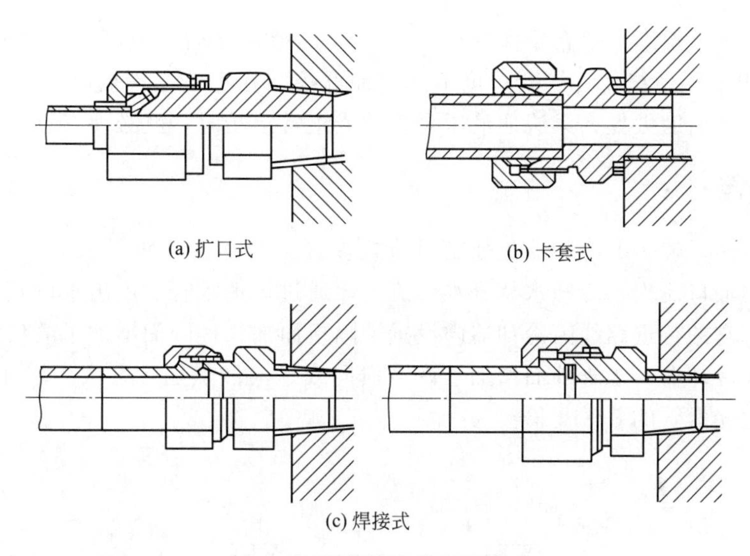

图 4.9 硬管接头的连接形式

(1) 硬管接头

按管接头和管道的连接方式分，有扩口式管接头、卡套式管接头和焊接式管接头三种。扩口式管接头适用于紫铜管、薄钢管、尼龙管和塑料管等低压管道的连接，拧紧接头螺母，通过管套使管子压紧密封。卡套式管接头拧紧接头螺母后，卡套发生弹性变形便将管子夹紧，它对轴向尺寸要求不严，装拆方便，但对连接用管道的尺寸精度要求较高。焊接式管接头接管与接头体之间的密封方式有球面、锥面接触密封和平面加 O 形圈密封两种。前者有自位性，安装要求低，耐高温，但密封可靠性稍差，适用于工作压力不高的液压系统；后者密封性好，可用于高压系统。

此外还有二通、三通、四通、铰接等数种形式的管接头，供不同情况下选用，具体可查阅有关手册。

(2) 胶管接头

胶管接头有扩口式和扣压式两种，随管径和所用胶管钢丝层数的不同，工作压力在 6～40MPa 之间。图 4.10 为扣压式胶管接头，扩口式胶管接头与其类似，可参见液压工程手册。

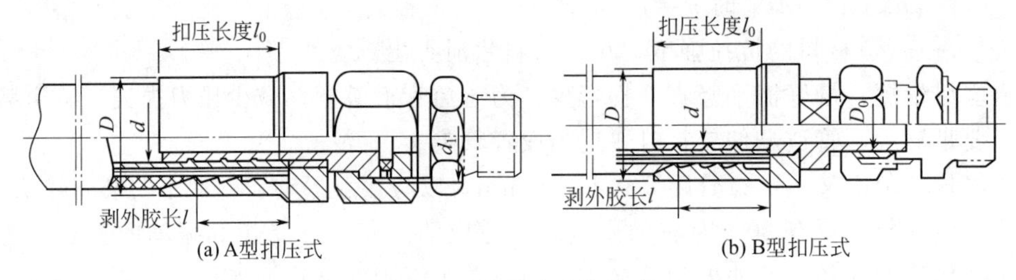

图 4.10　扣压式胶管接头

4.5 热交换器

液压系统的工作温度一般希望保持在 30～50℃的范围之内，最高不超过 65℃，最低不低于 15℃，如果液压系统靠自然冷却仍不能使油温控制在上述范围内时，就必须安装冷却器；反之，如环境温度太低，无法使液压泵启动或正常运转时，就必须安装加热器。

4.5.1 冷却器

液压系统中用得较多的冷却器是强制对流式多管头冷却器，如图 4.11 所示，油液从进油口流入，从出油口流出，冷却水从进水口流入，通过多根水管后由出水口流出，油液在水管外部流动时，它的行进路线因冷却器内设置了隔板而加长，因而增加了散热效果。近来出现一种翅片管式冷却器，水管外面增加了许多横向或纵向散热翅片，大大增加了散热面积，其散热面积可达光滑管的 8～10 倍。

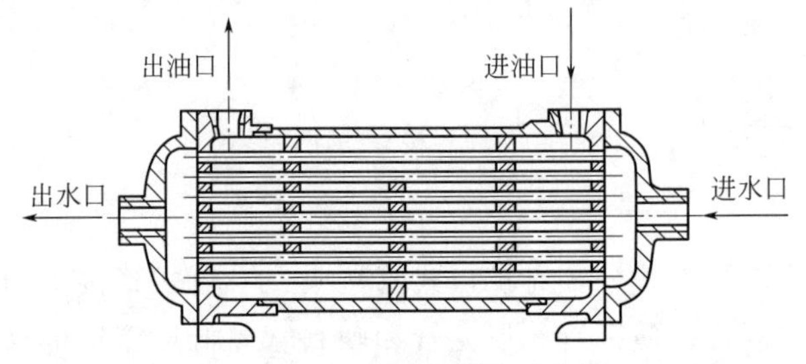

图 4.11　对流式多管头冷却器

当液压系统散热量较大时，可使用化工行业中的水冷式板式换热器，它可及时地将油液中的热量散发出去，其参数及使用方法见相应的产品样本。

一般冷却器的最高工作压力在 1.6MPa 以内，使用时应安装在回油管路或低压管路上，所造成的压力将失一般为 0.01～0.1MPa。

4.5.2 加热器

液压系统的加热一般采用电加热器，这种加热器的安装方式如图 4.12 所示，它用法兰水平安装在油箱侧壁上，发热部分全部浸在油液内，加热器应安装在油液流动处，以利于热量的交换。由于油液是热的不良导体，单个加热器的功率容量不能太大，以免其周围油液的温度过高而发生变质现象。

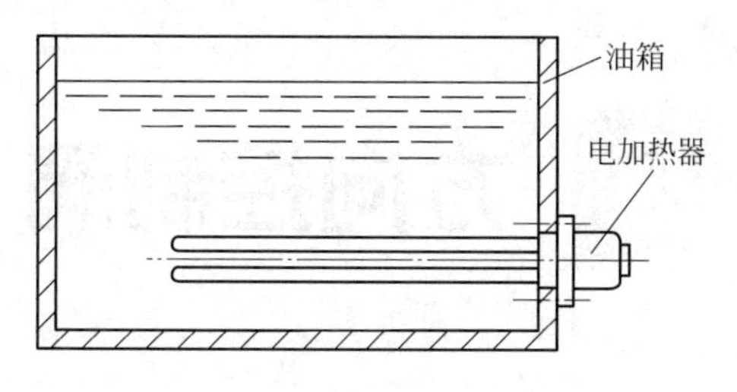

图 4.12　加热器的安装

小结

滤油器是液压传动系统最重要的保护元件，通过过滤油液中的杂质来确保液压元件及系统不受污染物的侵袭，按使用场合可分为高压滤油器和低压滤油器，按过滤精度可分为粗滤器和精滤器，过滤器材料也多种多样，本章介绍了纸质、网式、线隙式及烧结式滤油器的结构。蓄能器在大型及高精度液压系统中占有重要的地位，通常用于吸收脉动、冲击及作为液压系统的辅助油源，在结构上有皮囊式、膜片式、重力式、弹簧式及活塞式，蓄能器在工作时基本上是处于动态工况，往往关心的也是其动态特性。管件是液压系统各元件间传递流体动力的纽带，根据输送流体的压力、流量及使用场合选用不同的管件。热交换器包括加热器和冷却器，它们的功能是使液压传动介质处在设定的温度范围内，提高传动质量。油箱作为一非标辅件，根据不同情况进行设计，主要用于传动介质的储存、供应、回收、沉淀、散热等。

习题

4.1　举例说明常用油管的种类及使用范围。

4.2　如何正确选用油管的内径和壁厚？

4.3　过滤器有哪几种类型？安装过滤器时应考虑哪些问题？

4.4　蓄能器有哪些用途？安装和使用蓄能器时应考虑哪些问题？

4.5　安装、使用油箱时应注意哪些问题？

5 方向控制阀

液压控制阀（简称液压阀）是液压系统中的控制元件，用来控制液压系统中流体的压力、流量及流动方向，从而使之满足各类执行元件不同动作的要求。不论何种液压系统，都是由一些完成一定功能的基本液压回路组成的，而液压回路主要由各种液压控制阀按一定需要组合而成。对于实现相同目的的液压回路，由于选择的液压控制阀不同或组合方式不同，回路的性能也不完全相同。因此，熟悉各种液压控制阀的性能、基本回路的特点，对于设计和分析液压系统极为重要。

液压阀按其作用可分为方向控制阀、压力控制阀和流量控制阀三大类，相应地可由这些阀组成三种基本回路：方向控制回路、压力控制回路和调速回路。按控制方式的不同，液压阀又可分为普通液压控制阀、伺服控制阀、比例控制阀。根据安装形式不同，液压阀还可分为管式、板式和插装式等若干种。各种类型的液压阀的基本工作参数都是额定压力和额定流量，不同的额定压力和额定流量使每种液压阀具有多种规格。本章及以下两章将介绍液压控制阀及其应用。

本章仅涉及方向控制阀和方向控制回路。方向控制阀是用来改变液压系统中各油路之间液流通断关系的阀类，如单向阀、换向阀及压力表开关等。

5.1 阀口特性与阀芯的运动阻力

5.1.1 阀口流量公式及流量系数

对于各种滑阀、锥阀、球阀、节流孔口，通过阀口的流量均可用下式表示：

$$q=C_q A_0 \sqrt{2\Delta p/\rho} \tag{5.1}$$

式中 C_q——流量系数；

A_0——阀口通流面积；

Δp——阀口前后压差；

ρ——液体密度。

(1) 滑阀的流量系数

设滑阀［图 5.1(a)］开口长度为 x，阀芯与阀体（或阀套）内孔的径向间隙为 Δ，则阀口通流面积 A_0 为

$$A_0=W\sqrt{x^2+\Delta^2} \tag{5.2}$$

式中 W——面积梯度，表示阀口通流面积随阀芯位移的变化率。

对于孔口为全周边的圆柱滑阀，$W=\pi d$（d 为阀芯直径）。若为理想滑阀（即 $\Delta=0$），

则有 $A_0=\pi dx$。对于孔口为部分周长时（如孔口形状为圆形、方形、弓形、阶梯形、三角形、曲线形等），为了避免阀芯受侧向作用力，都是沿圆周均布几个尺寸相同的阀口，此时只需将相应的通流面积 A_0 的计算式代入式(5.1)，即可相应地算出通过阀口的流量。

式(5.1) 中的流量系数 C_q 与雷诺数 Re 有关。当 $Re>260$ 时，C_q 为常数。若阀口为锐边，则 $C_q=0.6\sim0.65$；若阀口有不大的圆角或很小的倒角，则 $C_q=0.8\sim0.9$。

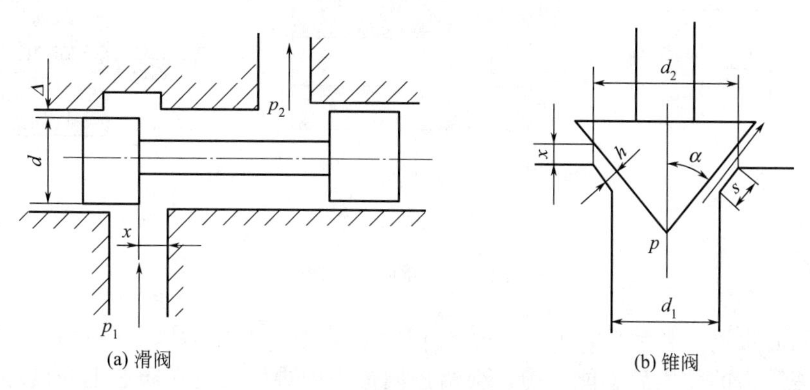

(a) 滑阀　　(b) 锥阀

图 5.1　滑阀与锥阀阀口

(2) 锥阀的流量系数

如图 5.1(b) 所示，具有半锥角 α 且倒角宽度为 s 的锥阀阀口，其阀座平均直径为 $d_m=(d_1+d_2)/2$，当阀口开度为 x 时，阀芯与阀座间通流间隙高度为 $h=x\sin\alpha$。在平均直径 d_m 处，阀口的通流面积为

$$A_0=\pi d_m x\sin\alpha\left(1-\frac{x}{2d_m}\sin 2\alpha\right) \tag{5.3}$$

一般，$x\ll d_m$，则

$$A_0=\pi d_m x\sin\alpha \tag{5.4}$$

锥阀阀口流量系数 $C_q=0.77\sim0.82$。

5.1.2　节流边与液压桥路

(1) 阀口与节流边

液压阀中，各种控制阀口都是可变节流口。为了讨论问题的方便，约定以箭头斜向上表示正作用节流边（正作用节流边是指 x 增大时，阀口开大）；以箭头斜向下表示反作用节流边（反作用节流边是指 x 增大时，阀口关小）。

如图 5.2 所示，阀中的可变节流口可以视为由两条作相对运动的边线构成，因此可变节流口可以视为一对节流边。其中固定不动的节流边在阀体上，可以移动的节流边则在阀芯上。这一对节流边之间的距离就是阀的开度 Δx。

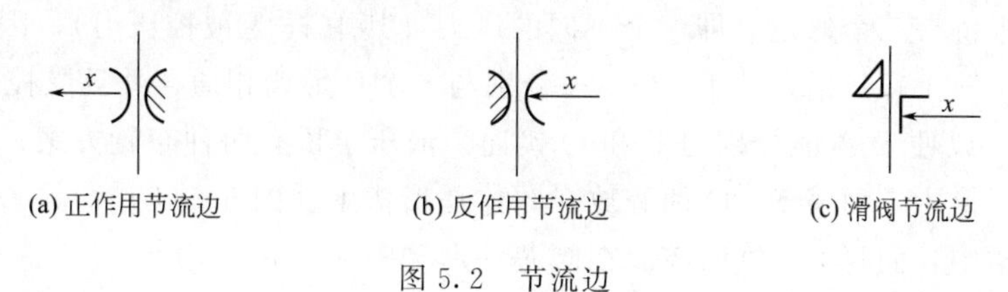

(a) 正作用节流边　　(b) 反作用节流边　　(c) 滑阀节流边

图 5.2　节流边

阀体的节流边是在阀体孔中挖一个环形槽（或方孔、圆孔）后形成的［图 5.3(b)］，阀芯的节流边也是在阀芯中间挖出一个环形槽后形成的［图 5.3(a)］，阀芯环形槽与阀体环形槽相配合就可以形成一个可变节流口（即阀口）。若进油道与阀芯环形槽相通，那么出油道必须与阀体的环形槽相通，阀口正好将两个通道隔开［图 5.3(c)］。

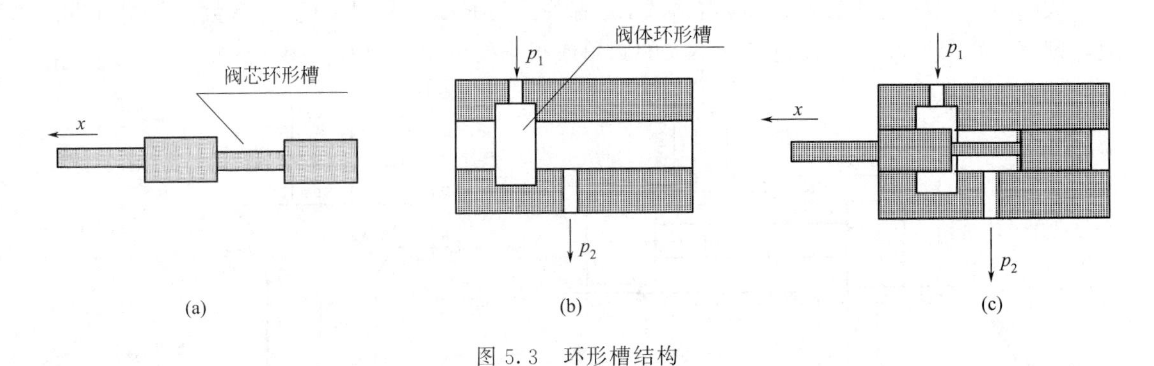

图 5.3　环形槽结构

如果在阀芯上不开环形槽，而是直接利用阀芯的轴端面作为阀芯节流边［图 5.4(a)］，则阀芯受到液压力的作用后不能平衡，会给控制带来困难。通过在阀芯上开设环形槽，形成图 5.4(b) 所示平衡活塞，则阀芯上所承受的液压力大部分可以得到平衡，施以较小的轴向力即可驱动阀芯。

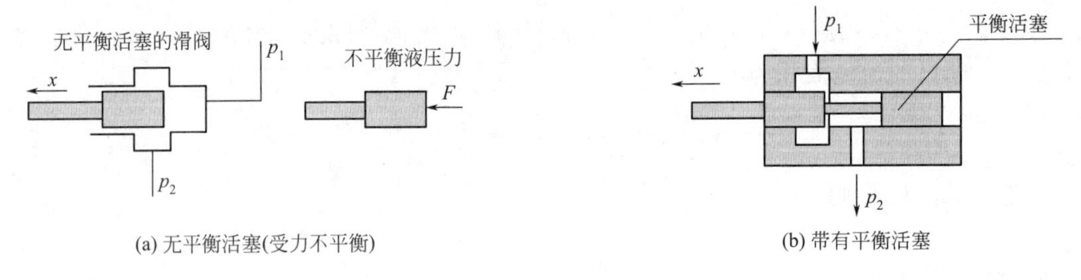

图 5.4　阀芯的平衡活塞

(2) 液压半桥与三通阀

利用阀口（节流边）的有效组合，可以构成类似于电桥的液压桥路。液压桥路也有半桥和全桥之分。液压全桥有 A、B 两个控制油口，用于控制具有两个工作腔的双作用液压缸或双向液压马达；液压半桥只有一个控制油口 A（或 B），只能用于控制有一个工作腔的单作用液压缸或单向液压马达。

图 5.5(a) 所示液压半桥是由一个进油阀口和一个回油阀口构成的，它有三个通道——进油通道 P、回油通道 O（或 T）和控制通道 A，并且进、回油阀口是反向联动布置的，即一个阀口增大时，另一个阀口减小。三通换向阀就是液压半桥。

由于液压半桥有三个通道（即三个不同的压力，其中 A 为被控压力），因此必须在阀芯和阀体上共开出三个环形槽，让 P、O、A 分别与三个环形槽相通，并且受控压力 A 要放在 P 和 O 的中间，以便于 A 能分别与 P 和 O 接通。液压半桥有两种布置方案；一种方案是将 A 放在阀芯环形槽中，而将 P、O 两腔放在阀体环形槽中［图 5.5(b)］；另一种方案是将 A 放在阀体环形槽中，而将 P、O 两腔放在阀芯环形槽中［图 5.5(c)］。

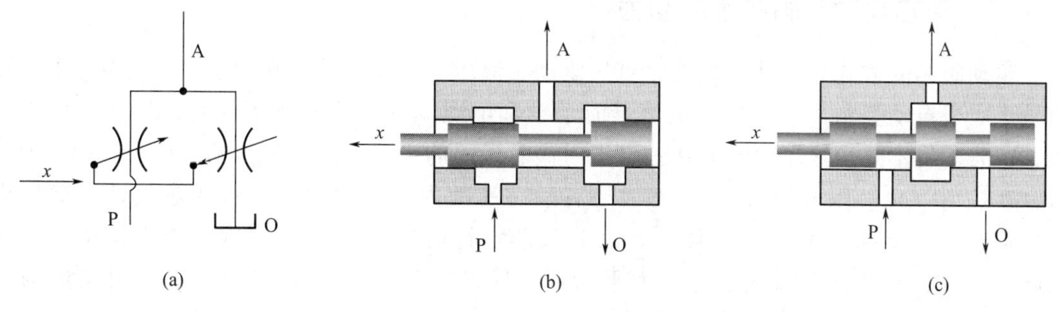

图 5.5　液压半桥的结构

(3) 液压全桥与四通阀

图 5.6(a) 所示全桥回路有四个控制阀口，由两个半桥构成。四通换向阀就是液压全桥。在全桥中，左半桥有 P、A、O 三个压力通道，右半桥有 P、B、O 三个压力通道，如果把 P 布置在中间，则两个半桥可共用一个 P 通道。因此全桥应该有 O_1、A、P、T、O_2 五个通道。相应地，阀芯和阀体应共有五个环形槽。液压全桥有两种布置方案：一种方案如图 5.6(b) 所示，将 A、B 通道布置在阀体环形槽中，将 O_1、P、O_2 通道布置在阀芯环形槽中，这种方案的四通阀称为四台肩式四通阀；另一种方案如图 5.6(c) 所示，将阀芯槽与阀体槽所对应的油口对换，让 A、B 通道布置在阀芯环形槽中，O_1、P、O_2 通道布置在阀体环形槽中，这种方案的四通阀称为三台肩式四通阀。

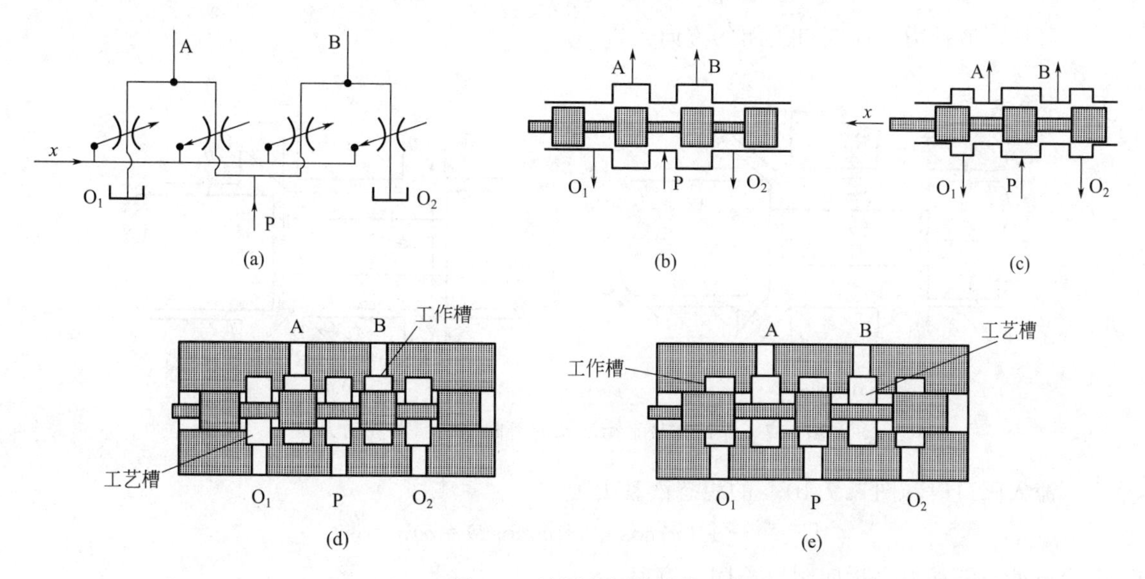

图 5.6　液压全桥的结构

上述四通阀中的各环形槽用于构成阀口节流边，称为工作环形槽。在实际阀的结构中除工作环形槽外，还加工有其他与工作原理无关的环形沟槽，这些环形沟槽不构成节流边（不构成阀口），仅起油道作用。图 5.6(d) 所示为阀体中加工有三个工艺槽的四台肩式四通阀，图 5.6(e) 所示为阀体中加工有两个工艺槽的三台肩式四通阀。工艺槽的作用是增加阀腔的通流面积，防止油孔加工时所形成的毛刺对阀芯运动产生卡滞。阀体 O_1、A、P、B、O_2 各油口对应处均有环形沟槽，要注意分辨它们之中谁是构成阀口的工作槽。

5.1.3 阀芯驱动与阀芯运动阻力

驱动阀芯的方式有手动、机动、电磁驱动、液压驱动等多种。其中手动最简单，电磁驱动易于实现自动控制，但高压、大流量时手动和电磁驱动方式常常无法克服巨大的阀芯阻力，这时不得不采用液压驱动方式。稳态时阀芯运动的主要阻力为液压不平衡力、稳态液动力、摩擦力（含液压卡紧力），动态时还有瞬态液动力、惯性力等。若阀芯设计时静压力不平衡，高压下阀芯可能无法移动，因此阀芯设计时应尽可能采取静压力平衡措施，如在阀芯上设置平衡活塞。阀芯静压力平衡后，阀芯的稳态液动力和液压卡紧力又成为主要矛盾，高压、大流量时阀芯稳态液动力和液压卡紧力可达数百至数千牛，手动时感到十分吃力。

(1) 作用在圆柱滑阀上的稳态液动力

液流经过阀口时，由于流动方向和流速的改变，阀芯上会受到附加的作用力。

在阀口开度一定的稳定流动情况下，液动力为稳态液动力。当阀口开度发生变化时，还有瞬态液动力作用。限于篇幅，这里仅研究稳态液动力。

稳态液动力可分解为轴向分力和径向分力。由于一般将阀体的油腔对称地设置在阀芯的周围，因此沿阀芯的径向分力互相抵消了，只剩下沿阀芯轴线方向的稳态液动力。

对于某一固定的阀口开度 x 来说，根据动量定理（参考图 5.7 中虚线所示的控制体积）可求得流出阀口时［图 5.7(a)］的稳态液动力为

$$F_s=-\rho q(v_2\cos\theta-v_1\cos 90°)=-\rho q v_2\cos\theta \tag{5.5}$$

可见，液动力指向阀口关闭的方向。

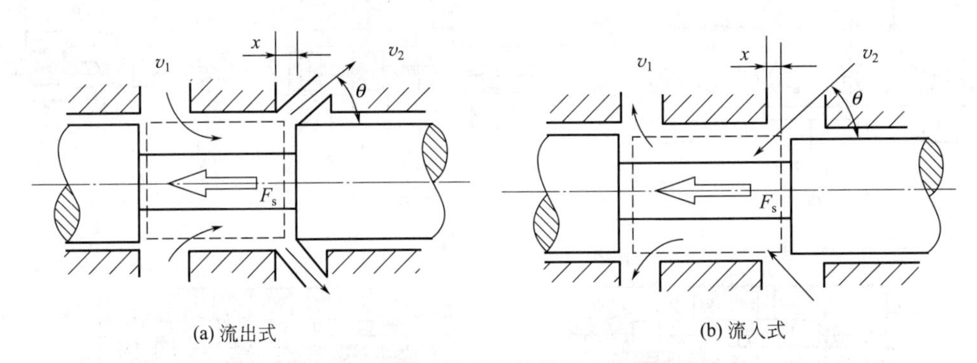

(a) 流出式 (b) 流入式

图 5.7 作用在带平衡活塞的滑阀上的稳态液动力

流入阀口时［图 5.7(b)］的稳态液动力为

$$F_s=-\rho q(v_1\cos 90°-v_2\cos\theta)=\rho q v_2\cos\theta \tag{5.6}$$

可见，液动力仍指向阀口关闭的方向。

考虑到 $v_2=C_v\sqrt{\frac{2}{\rho}\Delta p}$，$q=C_q W x\sqrt{\frac{2}{\rho}\Delta p}$，所以上式又可写为

$$F_s=\pm(2C_qC_vW\cos\theta)x\Delta p \tag{5.7}$$

考虑到阀口的流速较高，雷诺数较大，流量系数 C_q 可取为常数，且令液动力系数 $K_2=2C_qC_vW\cos\theta$＝常数，则上式又可写为

$$F_s=\pm K_s x\Delta p \tag{5.8}$$

当压差 Δp 一定时，由式(5.8) 可知，稳态液动力与阀口开度 x 成正比。此时液动力相

当于刚度为 $K_s\Delta p$ 的液压弹簧的作用。因此，$K_s\Delta p$ 被称为液动力刚度。

稳态液动力的方向这样判定：对带平衡活塞的完整阀腔而言，无论液流方向如何，其方向总是力图使阀口趋于关闭。

(2) 作用在锥阀上的稳态液动力

① 外流式锥阀［图 5.8(a)］上作用的稳态轴向液动力　假定锥阀入口处的流速为 v_1、压力为 p_s，锥阀出口处的流速为 v_2、压力为大气压（$p_2=0$），锥阀口的开口量为 x，半锥角为 α，阀口处的过流面积为 $A_0=\pi d_m x\sin\alpha$，$d_m=(d_1+d_2)/2$。考虑到锥阀开度不大，则可认为液流射流角 $\theta=\alpha$；一般倒角宽度 s 取得很小，故有 $d_m\approx d_1\approx d_2$。在稳定流动时，不计液体的静压力 p_sA，利用动量定理可得出作用在锥阀上的轴向稳态液动力为

$$F_s=-\rho q v_2\cos\theta=-C_q C_v \pi d_m x p_s \sin 2\alpha \tag{5.9}$$

此力的方向使阀芯趋于关闭。

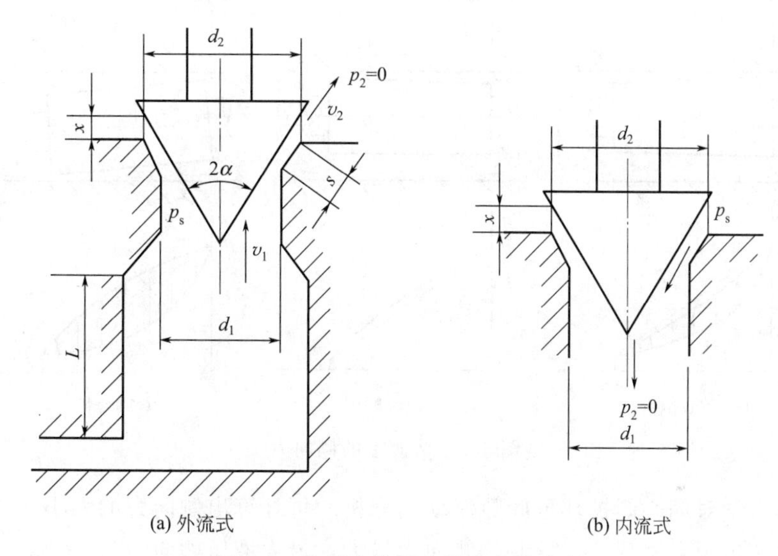

(a) 外流式　　(b) 内流式

图 5.8　作用在锥阀上的稳态液动力

② 内流式锥阀［图 5.8(b)］上作用的稳态轴向液动力　设 $p_2=0$，按上述相同方法导出其稳态轴向推力为

$$F_s=\rho q v_2\cos\theta=C_q C_v \pi d_m x p_s \sin 2\alpha \tag{5.10}$$

此力的方向使阀芯进一步开启，是一个不稳定因素。故在先导型溢流阀的主阀芯上，常用在锥阀下端加尾碟（防振尾）的办法来保证使作用其上的液动力指向阀口关闭的方向，以增加主阀芯工作的稳定性。

(3) 作用在滑阀上的液压卡紧力

如果阀芯与阀孔都是完全精确的圆柱形，而且径向间隙中不存在任何杂质，径向间隙处处相等，就不会存在因泄漏而产生的径向不平衡力。但事实上，阀芯或阀孔的几何形状及相对位置均有误差，使液体在流过阀芯与阀孔间隙时产生了径向不平衡力，称之为侧向力。由于这个侧向力的存在，从而引起阀芯移动时的轴向摩擦阻力，称之为卡紧力。如果阀芯的驱动力不足以克服这个阻力，就会发生卡紧现象。

阀芯上的侧向力如图 5.9 所示，图中 p_1 和 p_2 分别为高、低压腔的压力。图 5.9(a) 所示为阀芯因加工误差而带有倒锥（锥部大端在高压腔），同时阀芯与阀孔轴心线平行但不重

合而向上有一个偏心距 e。如果阀芯不带锥度，在缝隙中压力呈三角形分布（图中点画线所示）。现因阀芯有倒锥，高压端的缝隙小，压力下降较快，故压力分布呈凹形，如图 5.9(a) 中实线所示；而阀芯下部间隙较大，缝隙两端的相对差值较小，所以 B 比 A 凹得较小。这样，阀芯上就受到一个不平衡的侧向力，且指向偏心一侧，直到两者接触为止。图 5.9(b) 所示为阀芯带有顺锥（锥部大端在低压腔），这时阀芯如有偏心，也会产生侧向力，但此力恰好是使阀芯恢复到中心位置，从而避免了液压卡紧。图 5.9(c) 所示为阀芯（或阀体）因弯曲等原因而倾斜时的情况，由图可见，该情况的侧向力较大。

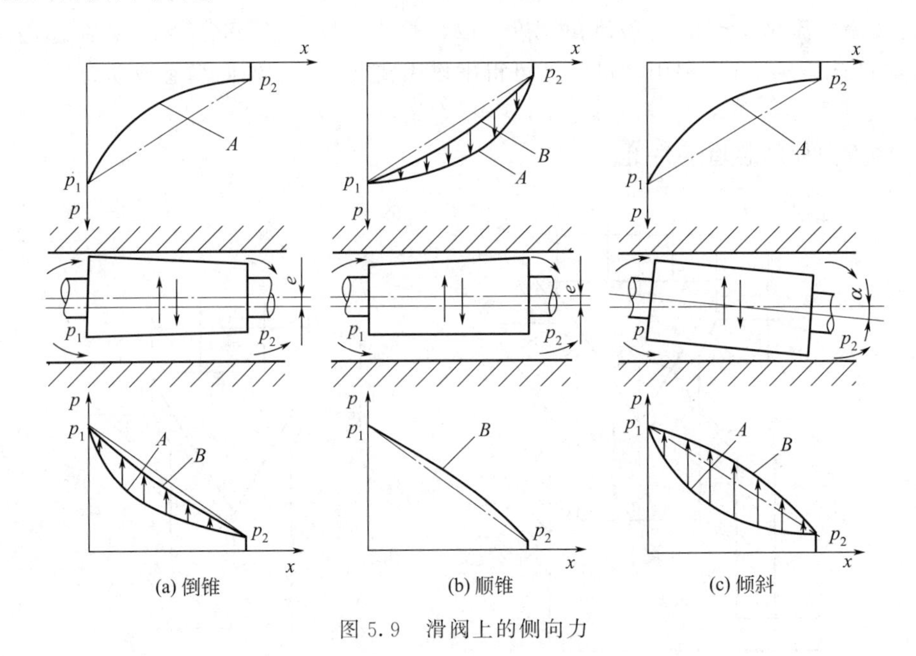

图 5.9　滑阀上的侧向力

根据流体力学对偏心渐扩环形间隙流动的分析，可计算出侧向力的大小。当阀芯完全偏向一边时，阀芯出现卡紧现象，此时的侧向力最大。最大液压侧向力为

$$F_{max}=0.27ld(p_1-p_2) \tag{5.11}$$

则移动滑阀需要克服的液压卡紧力为

$$F_t\leqslant 0.27fld(p_1-p_2) \tag{5.12}$$

介质为液压油时，取摩擦因数 $f=0.04\sim0.08$。

为了减小液压卡紧力，可采取以下措施。

① 在倒锥时，尽可能地减小，即严格控制阀芯或阀孔的锥度，但这将给加工带来困难。

② 在阀芯凸肩上开均压槽。均压槽可使同一圆周上各处的压力油互相沟通，并使阀芯在中心定位。开了均压槽后，引入液压卡紧力修正系数 K，可将式(5.12) 修正为

$$F_t\leqslant 0.27Kfld(p_1-p_2) \tag{5.13}$$

开一条均压槽时，$K=0.4$；开三条等距槽时，$K=0.063$；开七条槽时，$K=0.027$。槽的深度和宽度至少为间隙的 10 倍，通常取宽度为 0.3～0.5mm，深度为 0.8～1mm。槽的边缘应与孔垂直，并呈锐缘，以防脏物挤入间隙。槽的位置尽可能靠近高压腔；如果没有明显的高压腔，则可均匀地开在阀芯表面上。开均压槽虽会减小封油长度，但因减小了偏心环形缝隙的泄漏，所以开均压槽反而使泄漏量减少。

③ 采用顺锥。

④ 在阀芯的轴向加适当频率和振幅的颤振。

⑤ 精密过滤油液。

5.2 单 向 阀

5.2.1 普通单向阀

单向阀又称止回阀，主要作用是控制油液的单向流动。对单向阀的主要性能要求是：正向流动时压力损失要小；反向不通时密封性要好；动作灵敏，工作时无撞击和噪声。

(1) 单向阀的工作原理和图形符号

图 5.10 所示为单向阀的工作原理和图形符号。当液流由 A 腔流入时，克服弹簧力将阀芯顶开，于是液流由 A 流向 B；当液流反向流入时，阀芯在液压力和弹簧力的作用下关闭阀口，使液流截止，液流无法流向 A 腔。单向阀实质上是利用流向所形成的压力差使阀芯开启或关闭。

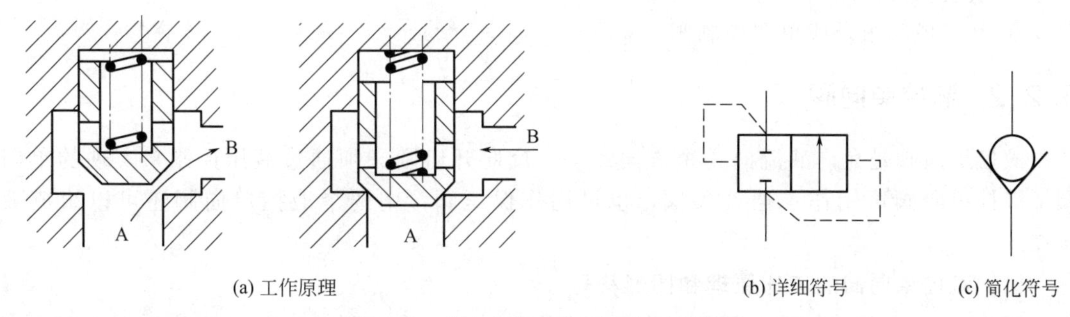

(a) 工作原理　(b) 详细符号　(c) 简化符号

图 5.10　单向阀的工作原理和图形符号

(2) 典型结构与主要用途

单向阀的典型结构如图 5.11 所示。按进出口流道的布置形式，单向阀可分为直通式和直角式两种。直通式单向阀进口和出口流道在同一轴线上；而直角式单向阀进、出口流道则

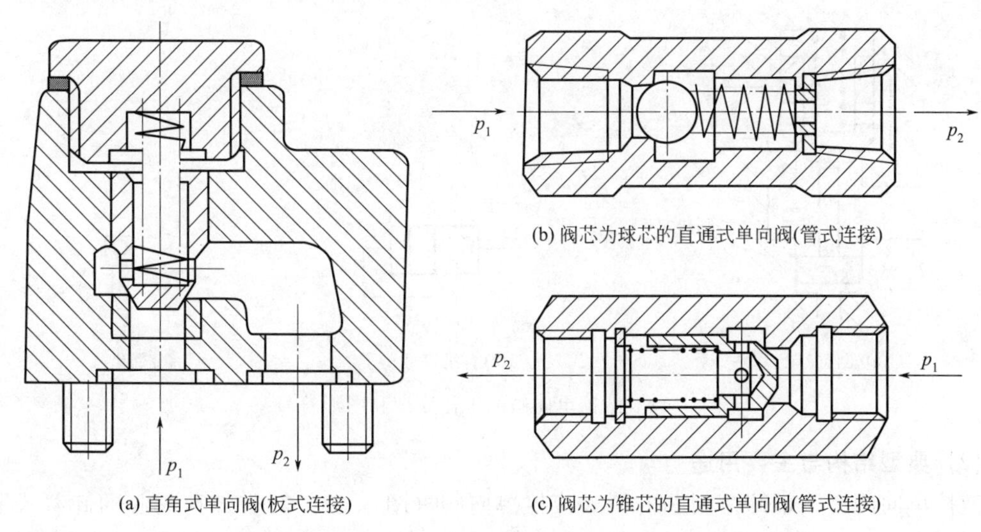

(a) 直角式单向阀(板式连接)　(b) 阀芯为球芯的直通式单向阀(管式连接)　(c) 阀芯为锥芯的直通式单向阀(管式连接)

图 5.11　单向阀的典型结构

成直角布置。图 5.11(b)、(c) 为管式连接的直通式单向阀，它可直接装在管路上，比较简单，但液流阻力损失较大，而且维修装拆及更换弹簧不便。图 5.11(a) 为板式连接的直角式单向阀，在该阀中，液流顶开阀芯后，直接从阀体内部的铸造通道流出，压力损失小，而且只要打开端部螺塞即可对内部进行维修，十分方便。

按阀芯的结构形式，单向阀又可分为球阀式和锥阀式两种。图 5.11(b) 是阀芯为球阀的单向阀，其结构简单，但密封容易失效，工作时容易产生振动和噪声，一般用于流量较小的场合。图 5.11(c) 是阀芯为锥阀的单向阀，这种单向阀的结构较复杂，但其导向性和密封性较好，工作比较平稳。

单向阀开启压力一般为 0.035～0.05MPa，所以单向阀中的弹簧很软。单向阀也可以用作背压阀。将软弹簧更换成合适的硬弹簧，就成为背压阀。这种阀常安装在液压系统的回油路上，用以产生 0.2～0.6MPa 的背压力。

单向阀的主要用途如下。

① 安装在液压泵出口，防止系统压力突然升高而损坏液压泵。防止系统中的油液在泵停机时倒流回油箱。

② 安装在回油路中作为背压阀。

③ 与其他阀组合成单向控制阀。

5.2.2 液控单向阀

液控单向阀是允许液流向一个方向流动，反向开启则必须通过液压控制来实现的单向阀。液控单向阀可用作二通开关阀，也可用作保压阀，用两个液控单向阀还可以组成液压锁。

(1) 液控单向阀的工作原理和图形符号

图 5.12 所示为液控单向阀的工作原理和图形符号。当控制油口 K 无控制油通入时，它和普通单向阀一样，液流只能由 A 腔流向 B 腔，不能反向倒流。若从控制油口 K 通入控制油时，即可推动控制活塞，将阀芯顶开，从而实现液控单向阀的反向开启，此时液流可从 B 腔流向 A 腔。

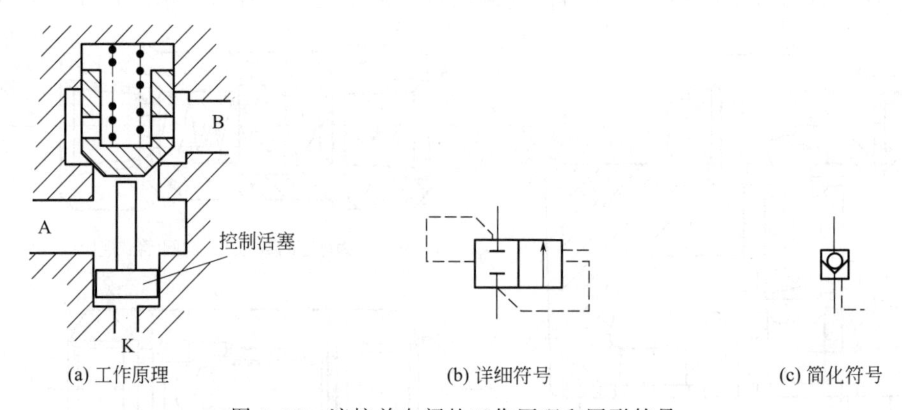

(a) 工作原理　(b) 详细符号　(c) 简化符号

图 5.12　液控单向阀的工作原理和图形符号

(2) 典型结构与主要用途

液控单向阀有不带卸荷阀芯的简式液控单向阀（图 5.13）和带卸荷阀芯的卸载式液控单向阀（图 5.14）两种结构形式。卸载式阀中，当控制活塞上移时先顶开卸载阀的小阀芯，使主油路卸压，然后再顶开单向阀芯，这样可大大减小控制压力，使控制压力与工作压力之比降低到 4.5%，因此可用于压力较高的场合，同时可以避免筒式阀中当控制活塞推开单向阀芯时，高压封闭回路内油液的压力将突然释放，产生巨大冲击和响声的现象。

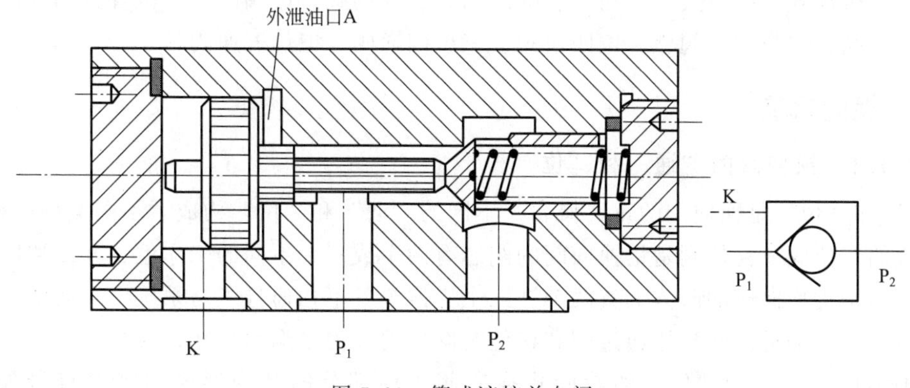

图 5.13　筒式液控单向阀

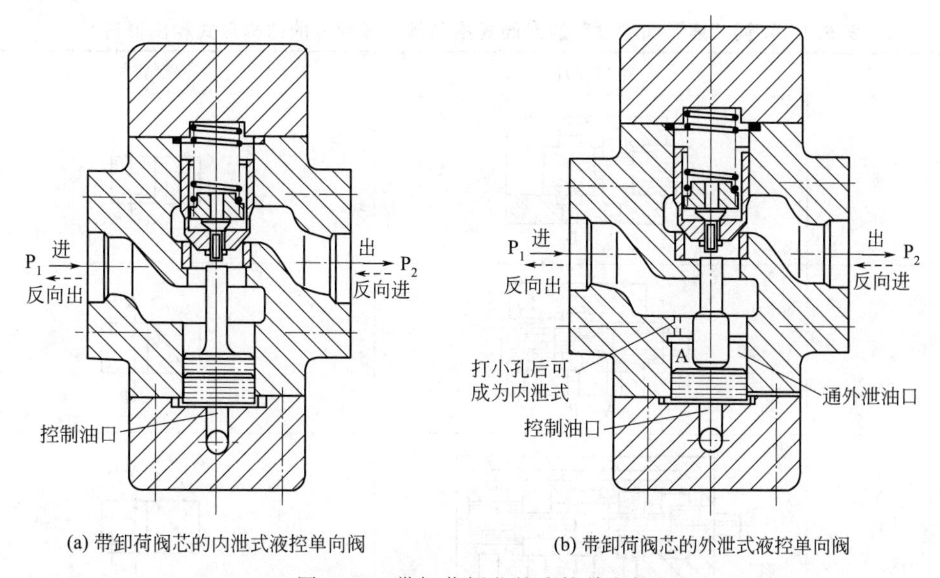

图 5.14　带卸荷阀芯的液控单向阀

上述两种结构形式按其控制活塞处的泄油方式，又均有内泄式和外泄式之分。图 5.14(a) 为内泄式，其控制活塞的背压腔与进油口 P_1 相通。外泄式［图 5.13 和图 5.14(b)］的活塞背压腔直接通油箱，这样反向开启时就可减小 P_1 腔压力对控制压力的影响，从而减小控制压力。故一般在反向出油口压力较低时采用内泄式，高压系统采用外泄式。

5.3 换　向　阀

换向阀是利用阀芯对阀体的相对运动，使油路接通、关断或变换油流的方向，从而实现液压执行元件及其驱动机构的启动、停止或改变运动方向的阀类。

对换向阀性能的主要要求是：油液流经换向阀时的压力损失要小（一般低于 0.3MPa）；

互不相通的油口间的泄漏要小；换向要可靠、迅速且平稳。

换向阀种类很多，按阀的结构形式、操纵方式、工作位置数和控制通道数的不同，可分为各种不同的类型。按阀的结构形式有滑阀式、转阀式、球阀式、锥阀式。按阀的操纵方式有手动式、机动式、电磁式、液动式、电液动式、气动式。按阀的工作位置数和控制通道数有二位二通阀、二位三通阀、二位四通阀、三位四通阀、三位五通阀等。

5.3.1 换向机能

5.3.1.1 换向阀的“通”和“位”

“通”和“位”是换向阀的重要概念。不同的“通”和“位”构成了不同类型的换向阀。通常所说的二位阀、三位阀是指换向阀的阀芯有两个或三个不同的工作位置。二通阀、三通阀、四通阀是指换向阀的阀体上有两个、三个、四个各不相通且可与系统中不同油管相连的油道接口，不同油道之间只能通过阀芯移位时阀口的开关来沟通。

几种不同“通”和“位”的滑阀式换向阀主体部分的结构形式和图形符号如表 5.1 所示。

表 5.1 不同“通”和“位”的滑阀式换向阀主体部分的结构形式和图形符号

名称	结构原理	图形符号
二位二通	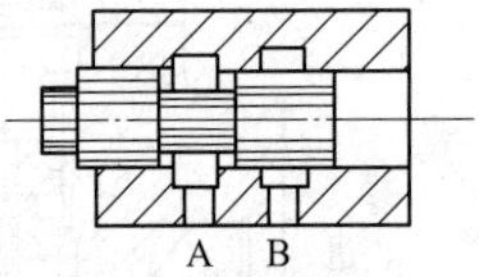 A B	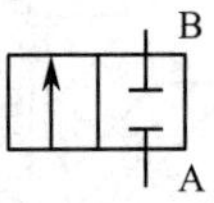 B A
二位三通	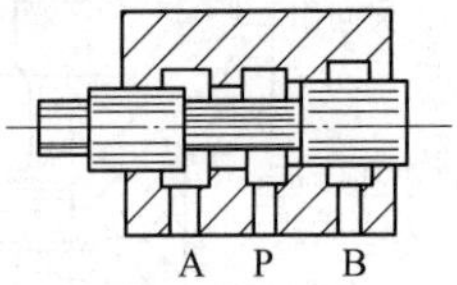 A P B	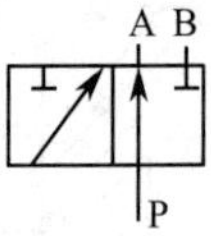 A B P
二位四通	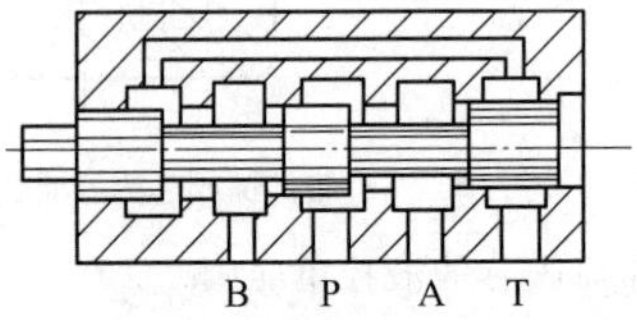 B P A T	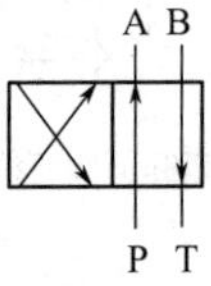 A B P T
三位四通	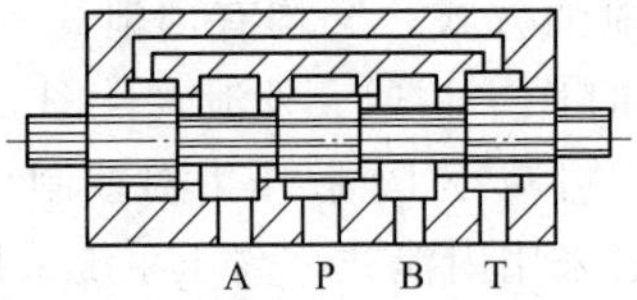 A P B T	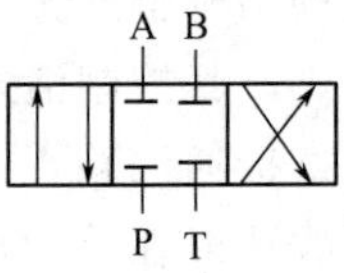 A B P T

表 5.1 中图形符号的含义如下。

① 用方框表示阀的工作位置，有几个方框就表示有几“位”。

② 方框内的箭头表示油路处于接通状态，但箭头方向不一定表示液流的实际方向。

③ 方框内符号“┴”或“┬”表示该通路不通。

④ 方框外部连接的接口数有几个，就表示几“通”。

⑤ 一般，阀与系统供油路连接的进油口用字母 P 表示；阀与系统回油路连通的回油口

用 T（有时用 O）表示；而阀与执行元件连接的油口用 A、B 等表示。有时在图形符号上用 L 表示泄漏油口。

⑥ 换向阀都有两个或两个以上的工作位置，其中一个为常态位，即阀芯未受到操纵力时所处的位置。图形符号中的中位是三位阀的常态位。利用弹簧复位的二位阀则以靠近弹簧的方框内的通路状态为其常态位。绘制系统图时，油路一般应连接在换向阀的常态位上。

5.3.1.2 滑阀机能

滑阀式换向阀处于中间位置或原始位置时，阀中各油口的连通方式称为换向阀的滑阀机能。滑阀机能直接影响执行元件的工作状态，不同的滑阀机能可满足系统的不同要求。正确选择滑阀机能是十分重要的。这里介绍二位二通换向阀和三位四通换向阀的滑阀机能。

(1) 二位二通换向阀

二位二通换向阀两个油口之间的状态只有两种：通或断［图 5.15(a)］。自动复位式（如弹簧复位）的二位二通换向阀的滑阀机能有常闭式（O 型）和常开式（H 型）两种［图 5.15(b)］。

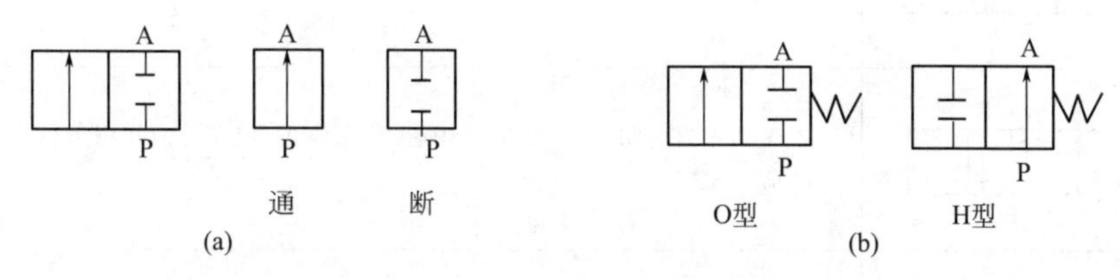

图 5.15　二位二通换向阀的滑阀机能

(2) 三位四通换向阀

三位四通换向阀的滑阀机能有很多种，常见的有表 5.2 中所列的几种。中间一个方框表示其原始位置，左右方框表示两个换向位，其左位和右位各油口的连通方式均为直通或交叉相通，所以只用一个字母来表示中位的类型。另外，三位四通换向阀还有两个过渡位置，当对换向阀从一个工位过渡到另一个工位的各油口间通断关系也有要求时，根据过渡位置各油口连通状态及阀口节流形式还可派生出其他滑阀机能。在液压符号中，这种过渡机能被画在各工位通路符号之间，并用虚线与之隔开。图 5.16 表示了 O 型三位四通换向阀的两种不同过渡机能。

表 5.2　三位四通阀常用的滑阀机能

类型	符号	中位油口状况、特点及应用
O 型	A B P T	P、A、B、T 四口全封闭，液压缸闭锁，油泵不卸荷，可用于多个换向阀并联工作
H 型	A B P T	P、A、B、T 四口全通，活塞浮动，在外力作用下可移动，泵卸荷
Y 型	A B P T	P 口封闭，A、B、T 三口相通，活塞浮动，在外力作用下可移动，泵不卸荷

续表

类型	符号	中位油口状况、特点及应用
K型	A B P T	P、A、T三口相通，B口封闭，活塞处于闭锁状态，泵卸荷
M型	A B P T	P、T两口相通，A口与B口均封闭，活塞闭锁不动，泵卸荷，也可用多个M型换向阀串联工作
X型	A B P T	P、A、B、T四口处于半开启状态，泵基本上卸荷，但仍保持一定压力
P型	A B P T	P、A、B三口相通，T口封闭，泵与缸两腔相通，可组成差动回路
J型	A B P T	P口与A口封闭，B口与T口相通，活塞停止，但在外力作用下可向一边移动，泵不卸荷
C型	A B P T	P口与A口相通；B口与T口封闭，活塞处于停止位置
U型	A B P T	P口和T口封闭，A口与B口相通，活塞浮动，在外力作用下可移动，泵不卸荷

(a) 先使T口与A口(或B口)相通的过渡过机能

(b) 先使P口与A口(或B口)相通的过渡过机能

图 5.16　三位四通换向阀的过渡机能

增加过渡机能将加长阀芯的行程，这对电磁换向阀尤为不利，因为过长的阀芯行程不仅影响到电磁换向阀的动作可靠性，而且还延长了它的动作时间，所以电磁换向阀一般都是标准的换向机能而不设置过渡机能。只有液动（或电液动）换向阀才设计成不同的过渡机能。

不同机能的滑阀，其阀体是通用件，而区别仅在于阀芯台肩结构、轴向尺寸及阀芯上径向通孔的个数。

5.3.2　换向阀的操纵方式

5.3.2.1　手动换向阀

手动换向阀主要有弹簧复位和钢珠定位两种形式。钢球定位式三位四通手动换向阀，用手操纵手柄推动阀芯相对阀体移动后，可以通过钢球使阀芯稳定在三个不同的工作位置上；弹簧自动复位式三位四通手动换向阀，通过手柄推动阀芯后，要想维持在极端位置，必须用手扳住手柄不放，一旦松开了手柄，阀芯会在弹簧力的作用下，自动弹回中位［图 5.17(a)］。图 5.17(b) 所示为旋转移动式手动换向阀，旋转手柄可通过螺杆推动阀芯改变工作位置。这种结构具有体积小、调节方便等优点。这种阀的手柄带有锁，不打开锁不能调节，因此使用安全。

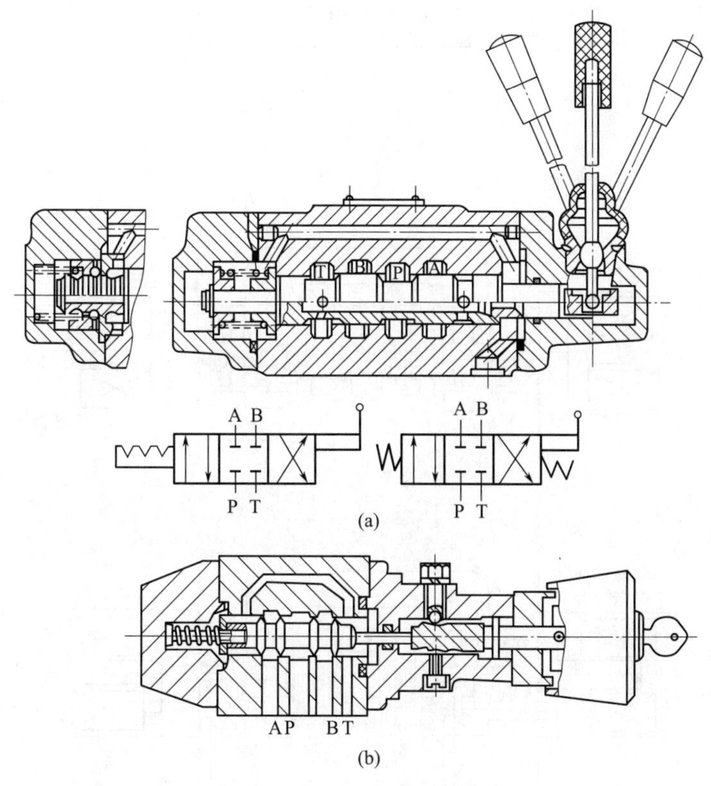

图 5.17　三位四通手动换向阀

5.3.2.2　机动换向阀

机动换向阀又称行程换向阀，它是用挡铁或凸轮推动阀芯实现换向的。机动换向阀多为图 5.18 所示二位阀。

5.3.2.3　电磁换向阀

电磁换向阀是利用电磁铁吸力推动阀芯来改变阀的工作位置。由于它可借助于按钮开关、行程开关、限位开关、压力继电器等发出的信号进行控制，所以操作轻便，易于实现自动化，因此应用广泛。

(1) 工作原理

电磁换向阀的品种规格很多，但其工作原理是基本相同的。现以图 5.19 所示三位四通 O 型滑阀机能的电磁换向阀为例来说明。

在图 5.19 中，阀体 1 内有三个环形沉割槽，中间为进油腔 P，与其相邻的是工作油腔 A 和 B。两端还有两个互相连通的回油腔 T。阀芯两端分别装有弹簧座 3、复位弹簧 4 和推杆 5，阀体两端各装一个电磁铁。

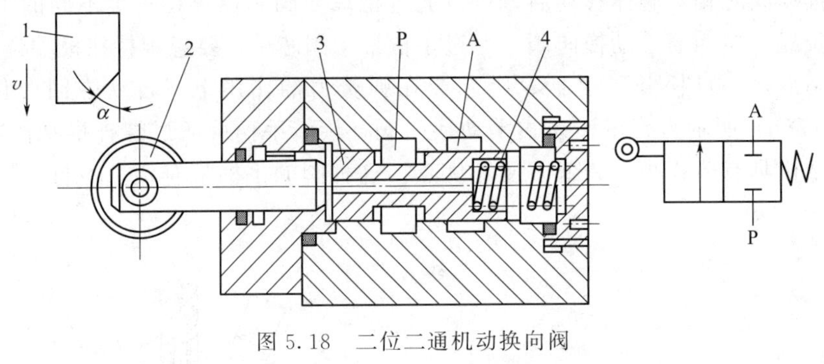

图 5.18　二位二通机动换向阀

1—挡铁；2—滚轮；3—阀芯；4—弹簧

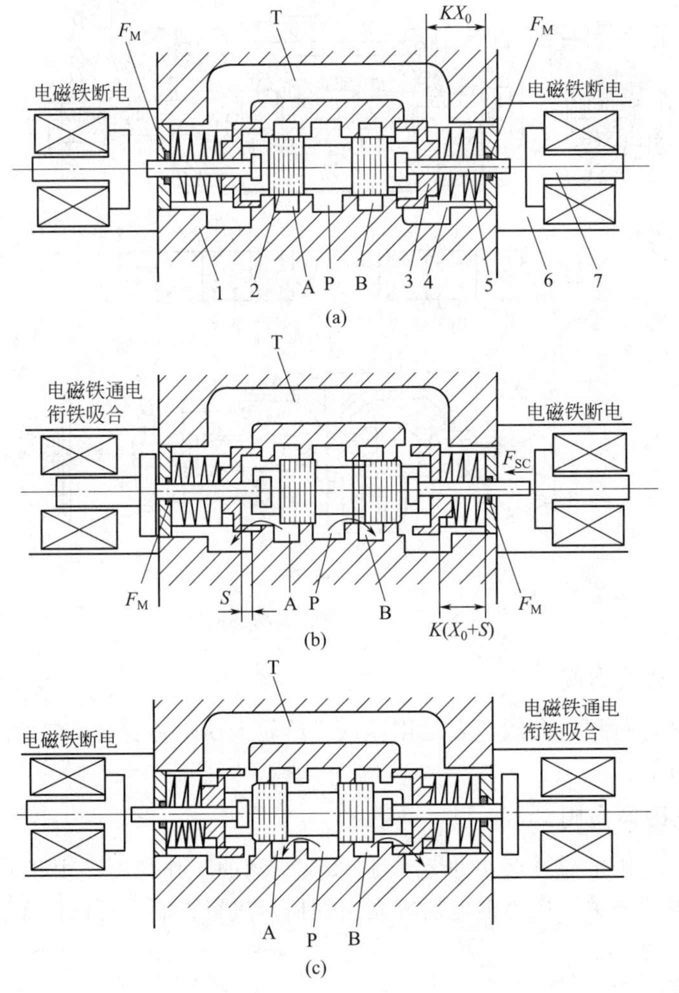

图 5.19　三位四通电磁换向阀的工作原理

1—阀体；2—阀芯；3—弹簧座；4—复位弹簧；5—推杆；6—铁芯；7—衔铁

当两端电磁铁都断电时［图 5.19(a)］，阀芯处于中间位置，此时 P、A、B、T 各油腔互不相通；当左端电磁铁通电时［图 5.19(b)］，该电磁铁吸合，并推动阀芯向右移动，使 P 和 B 连通，A 和 T 连通，当其断电后，右端复位弹簧的作用力可使阀芯回到中间位置，恢复原来四个油腔相互封闭的状态；当右端电磁铁通电时 [图 5.19(c)]，其衔铁将通过推杆推动阀芯向左移动，P 和 A 相通，B 和 T 相通，电磁铁断电，阀芯则在左弹簧的作用下回到中间位置。

(2) 直流电磁铁和交流电磁铁

阀用电磁铁根据所用电源的不同，有以下三种。

① 交流电磁铁　阀用交流电磁铁的使用电压一般为交流 220V，电气线路配置简单。交流电磁铁启动力较大，换向时间短，但换向冲击大，工作时温升高（故其外壳设有散热筋）；当阀芯卡住时，电磁铁因电流过大易烧坏，可靠性较差，所以切换频率不允许超过 30 次/min；寿命较短。

② 直流电磁铁　阀用直流电磁铁一般使用 24V 直流电压，因此需要专用直流电源。其优点是不会因阀芯卡住而烧坏（故其圆筒形外壳上没有散热筋），体积小，工作可靠，允许切换频率为 120 次/min，换向冲击小，使用寿命较长。但启动力比交流电磁铁小。

③ 本整型电磁铁　本整型指交流本机整流型。这种电磁铁本身带有半波整流器，可以在直接使用交流电源的同时，具有直流电磁铁的结构和特性。

(3) 干式、油浸式、湿式电磁铁

不管是直流电磁铁还是交流电磁铁，都可做成干式、油浸式和湿式的。

① 干式电磁铁　其线圈、铁芯与衔铁处于空气中不和油接触，电磁铁与阀连接时，在推杆的外周有密封圈。由于回油有可能渗入对中弹簧腔中，所以阀的回油压力不能太高。此类电磁铁附有手动推杆，一旦电磁铁发生故障时可使阀芯手动换位。此类电磁铁是简单液压系统常用的一种形式。

② 油浸式电磁铁　连接线圈和铁芯都浸在无压油液中。推杆和衔铁端部都装有密封圈。油可帮助线圈散热，且可改善推杆的润滑条件，所以寿命远比干式电磁铁为长。因有多处密封，此种电磁铁的灵敏性较差，造价较高。

③ 湿式电磁铁　也称耐压式电磁铁，它和油浸式电磁铁不同之处是推杆处无密封圈。线圈和衔铁都浸在有压油液中，故散热好，摩擦小。还因油液的阻尼作用而减小了切换时的冲击和噪声。湿式电磁铁具有吸着声小、寿命长、温升低等优点，是目前应用最广的一种电磁铁。

(4) 电磁换向阀的典型结构

图 5.20 所示为交流式二位三通电磁换向阀。当电磁铁断电时，阀芯 2 被弹簧 7 推向左端，P 和 A 接通；当电磁铁通电时，铁芯通过推杆 3 将阀芯 2 推向右端，使 P 和 B 接通。

图 5.21 所示为直流湿式三位四通电磁换向阀。当两边电磁铁都不通电时，阀芯 3 在两

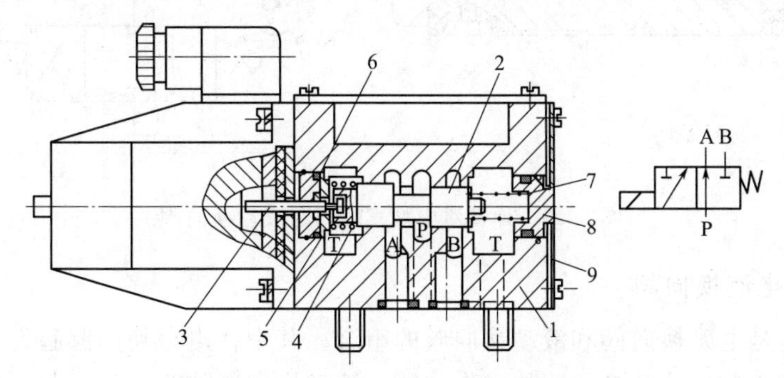

图 5.20　交流式二位三通电磁换向阀

1—阀体；2—阀芯；3—推杆；4,7—弹簧；5,8—弹簧座；6—O 形圈；9—后盖

边对中弹簧 4 的作用下处于中位，P、T、A、B 四口互不相通；当右边电磁铁通电时，推杆将阀芯推向左端，P 与 A 通，B 与 T 通，当左边电磁铁通电时，P 与 B 通，A 与 T 通。

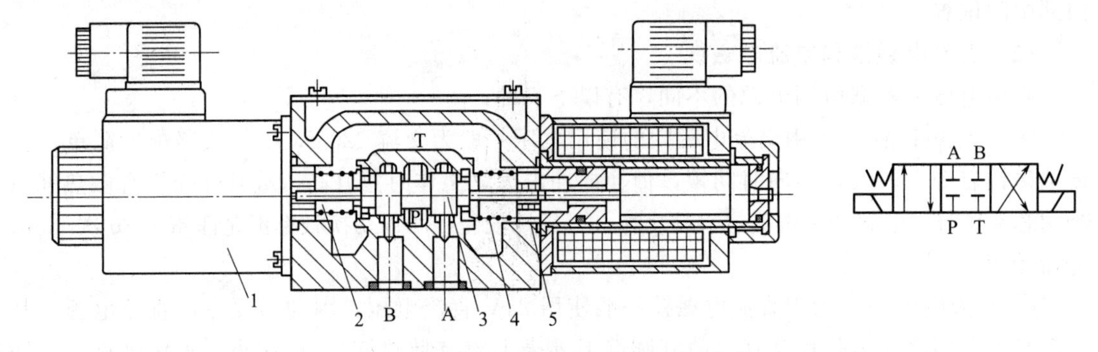

图 5.21　直流湿式三位四通电磁换向阀

1—电磁铁；2—推杆；3—阀芯；4—弹簧；5—挡圈

必须指出，由于电磁铁的吸合力有限（120N），因此电磁换向阀只适用于流量不太大的场合。当流量较大时，需采用液动或电液动控制。

5.3.2.4　液动换向阀

液动换向阀是利用控制压力油来改变阀芯位置的换向阀。对三位阀而言，按阀芯的对中形式，分为弹簧对中型和液压对中型两种。图 5.22 所示为弹簧对中型三位四通液动换向阀，阀芯两端分别接通控制油口 K_1 和 K_2。当 K_1 通压力油时，阀芯右移，P 与 A 通，B 与 T 通；当 K_2 通压力油时，阀芯左移，P 与 B 通，A 与 T 通；当 K_1 和 K_2 都不通压力油时，阀芯在两端对中弹簧的作用下处于中位。当对液动滑阀换向平稳性要求较高时，还应在滑阀两端 K_1、K_2 控制油路中加装阻尼调节器（图 5.22 点画线框内）。阻尼调节器由一个单向阀和一个节流阀并联组成，单向阀用来保证滑阀端面进油畅通，而节流阀用于滑阀端面回油的节流，调节节流阀开口大小即可调整阀芯的动作时间。

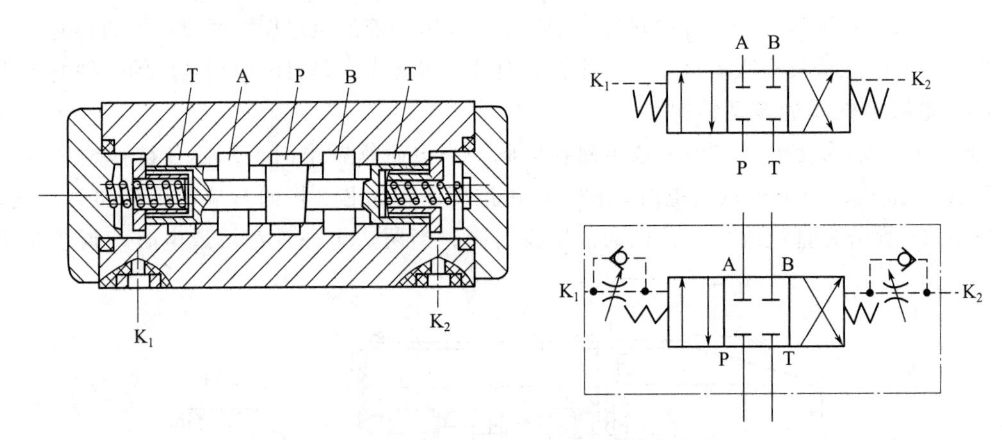

图 5.22　弹簧对中型三位四通液动换向阀

5.3.2.5　电液换向阀

电液换向阀是电磁换向阀和液动换向阀的组合。其中，电磁换向阀起先导作用，控制液动换向阀的动作，改变液动换向阀的工作位置；液动换向阀作为主阀，用于控制液压系统中的执行元件。

由于液压力的驱动，主阀芯的尺寸可以做得很大，允许大流量通过。因此，电液换向阀主要用在流量超过电磁换向阀额定流量的液压系统中，从而用较小的电磁铁就能控制较大的流量。电液换向阀的使用方法与电磁换向阀相同。

电液换向阀有弹簧对中和液压对中两种形式。若按控制压力油及其回油方式进行分类，则有外部控制、外部回油；外部控制、内部回油；内部控制、外部回油；内部控制、内部回油四种类型。

图 5.23 所示为弹簧对中型三位四通电液换向阀（外部控制、外部回油）的结构及图形符号。

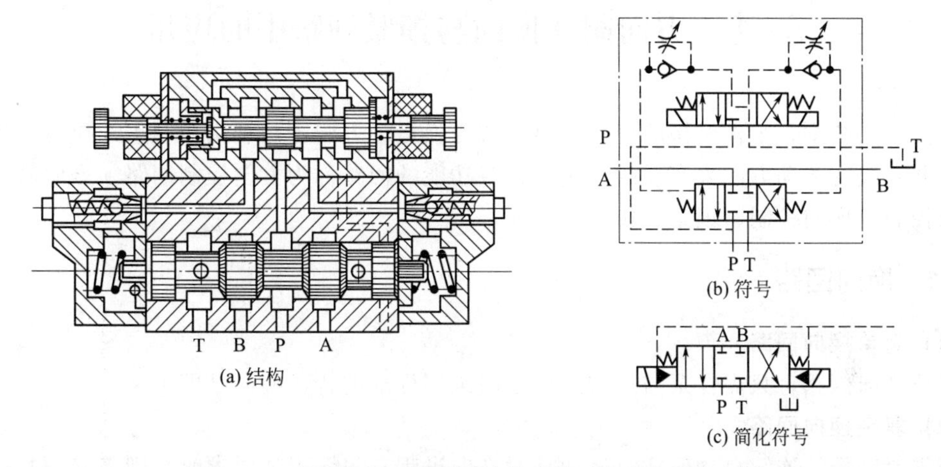

图 5.23 外部控制、外部回油的弹簧对中型电液换向阀

5.3.3 电磁球式换向阀

球式换向阀与滑阀式换向阀相比，具有以下优点：不会产生液压卡紧现象，动作可靠性高；密封性好；对油液污染不敏感；切换时间短；使用介质黏度范围大，介质可以是水、乳化液和矿物油；工作压力可高达 63MPa；球阀芯可直接从轴承厂获得，精度很高，价格便宜。

图 5.24 所示为常开型二位三通电磁球式换向阀。它主要由左、右阀座 4 和 6、球阀 5、

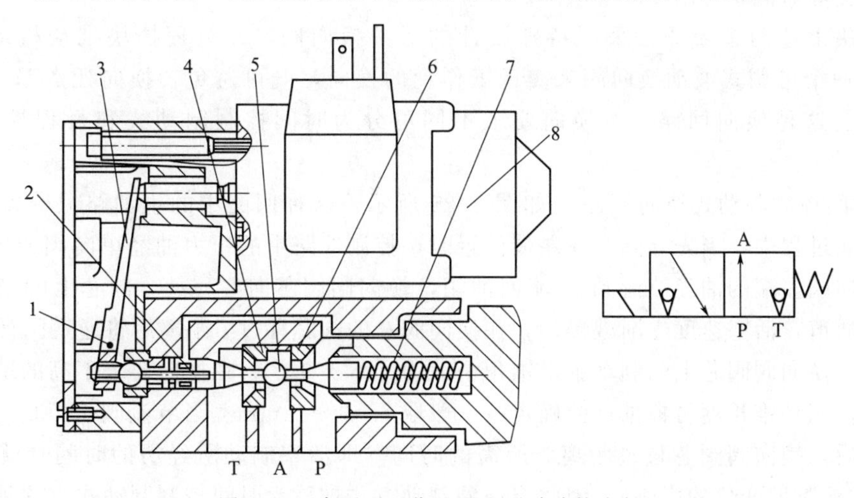

图 5.24 常开型二位三通电磁球式换向阀

1—支点；2—操纵杆；3—杠杆；4—左阀座；5—球阀；6—右阀座；7—弹簧；8—电磁铁

弹簧7、操纵杆2和杠杆3等零件组成。图5.24所示为电磁铁断电状态，即常态位。P口的压力油一方面作用在球阀5的右侧，另一方面经通道进入操纵杆2的空腔而作用在球阀5的左侧，以保证球阀5两侧承受的液压力平衡。球阀5在弹簧7的作用下压在左阀座4上，P与A通，A与T断。当电磁铁8通电时，衔铁推动杠杆3，通过支点1推动操纵杆2，克服弹簧力，使球阀5压在右阀座6上，实现换向，P与A断，A与T通。

电磁球式换向阀主要用在密封性要求很好的场合。

5.4 方向阀在换向与锁紧回路中的应用

在液压系统中，工作机构的启动、停止或变换运动方向等是利用控制进入执行元件油流的通、断及改变流动方向来实现的。实现这些功能的回路称为方向控制回路。方向阀主要用于通断控制、换向控制、锁紧、保压等方面。

5.4.1 换向回路

(1) 简单换向回路

简单换向回路，只需在泵与执行元件之间采用标准的普通换向阀即可。

(2) 复杂换向回路

当需要频繁、连续自动作往复运动且对换向过程有很多附加要求时，则需采用复杂换向回路。

对于换向要求高的主机（如各类磨床），若用手动换向阀就不能实现自动往复运动。采用机动换向阀，利用工作台上的行程块推动（连接在换向阀杆上的）拨杆来实现自动换向，但工作台慢速运动时，当换向阀阀芯移至中间位置时，工作台会因失去动力而停止运动（称“换向死点”），不能实现自动换向；当工作台高速运动时，又会因换向阀阀芯移动过快而引起换向冲击。若采用电磁换向阀由行程挡块推动行程开关发出换向信号，使电磁阀动作推动换向，可避免“换向死点”，但电磁阀动作一般较快，存在换向冲击，而且电磁阀还有换向频率不高、寿命低、易出故障等缺陷。

为解决上述两个矛盾，采用特殊设计的机液换向阀，以行程挡块推动机动先导阀，由它控制一个可调式液动换向阀来实现工作台的换向，既可避免“换向死点”，又可消除换向冲击。这种换向回路，按换向要求不同可分为时间控制制动式和行程控制制动式两种。

① 时间控制制动式换向回路　如图5.25所示，这种回路中的主油路只受换向阀3控制。在换向过程中，当先导阀2在左端位置时，控制油路中的压力油经单向阀通向换向阀3右端，换向阀左端的油经节流阀J_1流回油箱，换向阀阀芯向左移动，阀芯上的制动锥逐渐关小回油通道，活塞速度逐渐减慢，并在换向阀3的阀芯移过l距离后将通道闭死，使活塞停止运动。换向阀阀芯上的制动锥半锥角一般为1.5°～3.5°，在换向要求不高的地方还可以取大一些。制动锥长度可根据试验确定，一般取$l=3\sim12$mm。当节流阀J_1和J_2的开口大小调定之后，换向阀阀芯移过距离l所需的时间（即活塞制动所经历的时间）就确定不变(不考虑油液黏度变化的影响)。因此，这种制动方式被称为时间控制制动式。这种换向回路的主要优点是：其制动时间可根据主机部件运动速度的快慢、惯性的大小通过节流阀J_1和

J_2 的开口量得到调节，以便控制换向冲击，提高工作效率；此外，换向阀中位机能采用 H 型，对减小冲出量和提高换向平稳性都有利。其主要缺点是：换向过程中的冲出量受运动部件的速度和其他一些因素的影响，换向精度不高。这种换向回路主要用于工作部件运动速度较高，要求换向平稳，无冲击，但换向精度要求不高的场合，如用于平面磨床和插床、拉床、刨床液压系统中。

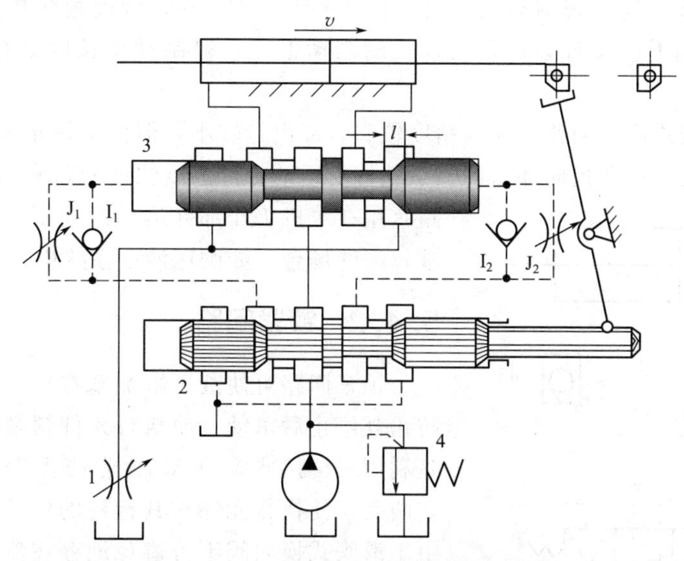

图 5.25　时间控制制动式换向回路

1—节流阀；2—先导阀；3—换向阀；4—溢流阀

② 行程控制制动式换向回路　如图 5.26 所示，这种回路中的主油路除受换向阀 3 控制外，还受先导阀 2 控制。当先导阀 2 在换向过程中向左移动时，先导阀阀芯的右制动锥将液

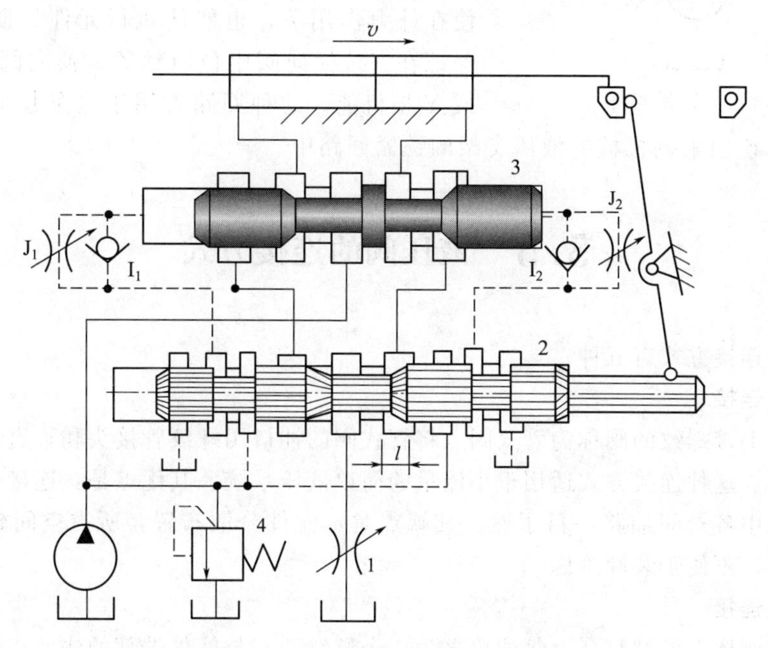

图 5.26　行程控制制动式换向回路

1—节流阀；2—先导阀；3—换向阀；4—溢流阀

压缸右腔的回油通道逐渐关小，使活塞速度逐渐减慢，对活塞进行预制动。当回油通道被关得很小（轴向开口量尚留约0.2～0.5mm）、活塞速度变得很慢时，换向阀3的控制油路才开始切换，换向阀阀芯向左移动，切断主油路通道，使活塞停止运动，并随即使它在相反的方向启动。这里，不论运动部件原来的速度快慢如何，先导阀总是要先移动一段固定的行程 l，将工作部件先进行预制动后，再由换向阀来使它换向。所以这种制动方式被称为行程控制制动式。先导阀制动锥一般取长度 $l=5\sim12$mm，合理选择制动锥锥度能使制动平稳（而换向阀上就没有必要采用较长的制动锥，一般制动锥长度只有2mm，半锥角也较大）。

行程控制制动式换向回路的换向精度较高，冲出量较小；但由于先导阀的制动行程恒定不变，制动时间的长短和换向冲击的大小就将受运动部件速度快慢的影响。所以这种换向回路宜用在主机工作部件运动速度不大，但换向精度要求较高的场合，如磨床液压系统中。

5.4.2 锁紧回路

锁紧回路可使液压缸活塞在任一位置停止，并可防止其停止后窜动。使执行元件锁紧的最简单的方法是利用三位换向阀的M型或O型中位机能封闭液压缸两腔，使执行元件在其行程的任意位置上锁紧。但由于滑阀式换向阀不可避免地存在泄漏，这种锁紧方法不够可靠，只适用于锁紧时间短且要求不高的回路中。

最常用的方法是采用液控单向阀，其锁紧回路如图5.27所示。液控单向阀有良好的密封性能，即使在外力作用下，也能使执行元件长期锁紧。为了保证在三位换向阀中位时锁紧，换向阀应采用H型或Y型机能。这种回路常用于汽车起重机的支腿油路中，也用于矿山采掘机械的液压支架的锁紧回路中。

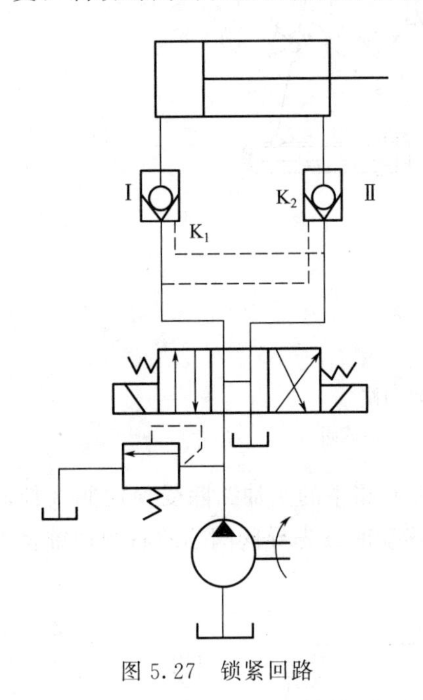

图5.27 锁紧回路

5.5 液压阀的连接方式

液压阀的连接方式有五种。

(1) 螺纹连接

阀体油口上带螺纹的阀称为管式阀。将管式阀的油口用螺纹管接头和管道连接，并由此固定在管路上。这种连接方式适用于小流量的简单液压系统。其优点是：连接方式简单，布局方便，系统中各阀间油路一目了然。其缺点是：元件分散布置，所占空间较大，管路交错，接头繁多，不便于装卸维修。

(2) 法兰连接

它是通过阀体上的螺钉孔（每油口多为4个螺钉孔）与管件端部的法兰，用螺钉连接在一起。这种阀称为法兰连接式阀。适用于通径32mm以上的大流量液压系统。其优缺点与螺纹连接相同。

(3) 板式连接

阀的各油口均布置在同一安装平面上，并留有连接螺钉孔，这种阀称为板式阀，电磁换向阀多为板式阀。将板式阀用螺钉固定在与阀有对应油口的平板式或阀块式连接体上。这种连接方式的优点是：更换元件方便，不影响管路，并且有可能将阀集中布置。与板式阀相连的连接体有连接板和集成块两种形式。

① 连接板　将板式阀固定在连接板上面，阀间油路在板后用管接头和管子连接。这种连接板简单，检查油路较方便，但板上油管多，装配极为麻烦，占用空间也大。

② 集成块　是一个正六面连接体。将板式阀用螺钉固定在集成块的三个侧面上，通常三个侧面各装一个阀，有时在阀与集成块间还可以用垫板安装一个简单的阀，如单向阀、节流阀等。剩余的一个侧面则安装油管，连接执行元件。集成块的上、下面是块与块的接合面，在各集成块的结合面上同一坐标位置的垂直方向钻有公共通油孔（压力油孔 P、回油孔 T、泄漏油孔 L）以及安装螺栓孔，有时还有测压油路孔。块与块之间及块与阀之间接合面上的各油口用 O 形密封圈密封。在集成块内打孔，沟通各阀组成回路。每个集成块与装在其周围的阀类元件构成一个集成块组。每个集成块组就是一个典型回路。根据各种液压系统的不同要求，选择若干不同的集成块组叠加在一起（图 5.28），即可构成整个集成块式液压装置。这种集成方式的优点是：结构紧凑，占地面积小，便于装卸和维修，可把液压系统的设计简化为集成块组的选择，因而得到广泛应用。但它也有设计工作量大，加工复杂，不能随意修改系统等缺点。

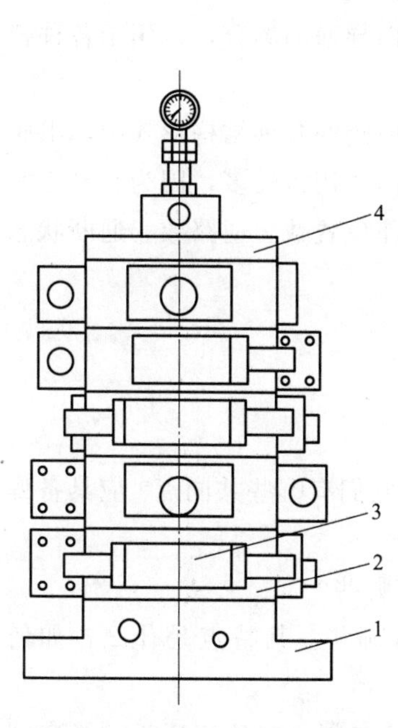

图 5.28　集成块式液压装置

1—底板；2—集成块；3—阀；4—盖板

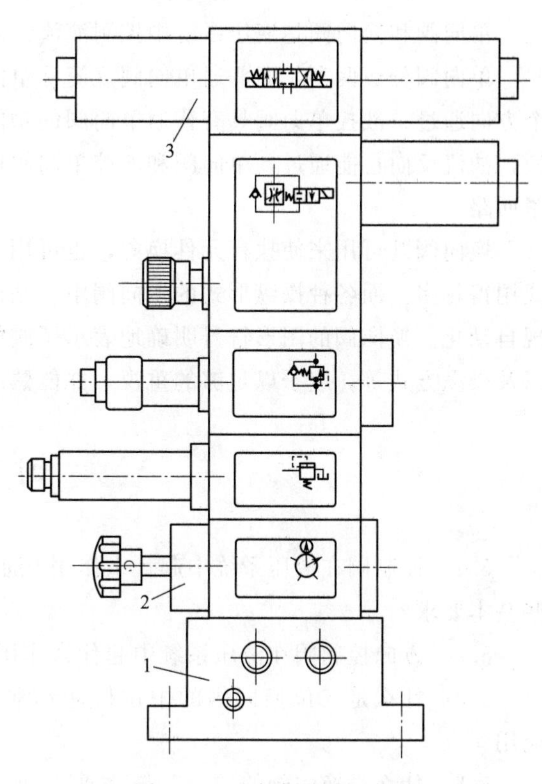

图 5.29　叠加阀式液压装置

1—底板；2—压力表开关；3—换向阀

(4) 叠加式连接

将各种液压阀的上、下面都制成像板式阀底面那样的连接面，相同规格的各种液压阀的连接面中，油口位置、螺钉孔位置、连接尺寸都相同（按相同规格的换向阀的连接尺寸确定），这种阀称为叠加阀。按系统的要求，将相同规格的各种功能的叠加阀按一定次序叠加起来，即可组成叠加阀式液压装置，如图 5.29 所示。叠加阀式液压装置的最下面一般为底板，底板上开有进油口 P、回油口 T 及通往执行元件的油口 A、B 和压力表油口。一个叠加阀组一般控制一个执行元件。若系统中有几个执行元件需要集中控制，可将几个垂直叠加阀组并排安排在多联底板上。用叠加阀组成的液压系统，元件间的连接不使用管子，也不使用其他形式的连接体，因而结构紧凑，体积小，系统的泄漏损失及压力损失较小，尤其是液压系统更改较方便、灵活。叠加阀为标准化元件，设计中仅需绘出叠加阀式液压系统原理图，即可进行组装，因而设计工作量小，应用广泛。

(5) 插装式连接

将阀制成（取消了阀体的）圆筒形专用元件——插装阀。将插装阀直接插入布有孔道的阀块（集成块）的插座孔中，而构成液压系统。其结构十分紧凑。各种压力阀、流量阀、方向阀、比例阀等均可制成插装阀形式。

小结

单向阀和换向阀是液压系统中控制液流方向的元件。

单向阀分成两类：即普通单向阀（简称单向阀）和液控单向阀，单向阀只允许液流向一个方向通过；液控单向阀具有普通单向阀的功能，并且只要在控制口通以一定压力的控制油液，油流反向也能通过。单向阀和液控单向阀用于回路需要单向导通的场合，也用于各种锁紧回路。

换向阀既可用来使执行元件换向，也可用来切换油路。换向阀的各种结构形式中，滑阀式用得较多。而各种操纵形式的换向阀中，则以电磁和电液换向阀用得较多，因为它易于实现自动化。换向阀的图形符号明确地表示了阀的作用原理、工作位置数、通路数、通断状态以及操纵方式等，应予以足够的重视，并能熟练掌握。

习题

5.1 控制阀在液压系统中起什么作用？通常分为几大类？它们有哪些共同点？应具备哪些基本要求？

5.2 方向控制阀在液压系统中起什么作用？常见的类型有哪些？

5.3 什么是三位换向阀的中位机能？常用的中位机能有哪些？其特点是什么？如何应用？

5.4 什么是换向阀的“位”与“通”？画出三位四通电磁换向阀、二位三通机动换向阀及三位五通电液换向阀的职能符号。

5.5　什么是中位机能？画出O型、M型和P型中位机能，说明各适用于何种场合。

5.6　如何判断稳态液动力的方向？

5.7　液压卡紧力是怎样产生的？它有什么危害？减小液压卡紧力的措施有哪些？

5.8　O型机能的三位四通电液换向阀中的先导电磁阀一般选用何种中位机能？为什么？由双液控单向阀组成的锁紧回路中换向阀选用什么机能？为什么？

6 压力控制阀

在液压传动系统中，控制油液压力高低的液压阀称为压力控制阀，简称压力阀。按其功能和用途不同可分为溢流阀、减压阀、顺序阀和压力继电器等。

6.1 压力的调节与控制

在压力阀控制压力的过程中，需要解决压力可调和压力反馈两个方面的问题。

6.1.1 调压原理

调压是指以负载为对象，通过调节控制阀口的大小（或调节油泵的变量机构），使系统输给负载的压力大小可调。调压方式主要有以下四种。

(1) 流量型油源并联溢流式调压

定量泵 Q_0 是一种流量源（近似为恒流源），液压负载可以用一个带外部扰动的液压阻抗 Z 来描述，负载压力 p_L 与负载流量 Q_L 之间的关系为

$$p_L = Q_L Z$$

显然，只有改变负载流量 Q_L 的大小才能调节负载压力 p_L。用定量泵向负载供油时，如果将控制阀口 R_x 串联在油泵和负载之间，则无论阀口 R_x 是增大还是减少，都无法改变负载流量 Q_L 的大小，因此也就无法调节负载压力 p_L。只有将控制阀口 R_x 与负载 Z 并联，通过阀口的溢流（分流）作用，才能使负载流量 Q_L 发生变化，最终达到调节负载压力的目的。这种流量型油源并联溢流式调压回路如图 6.1(a) 所示。

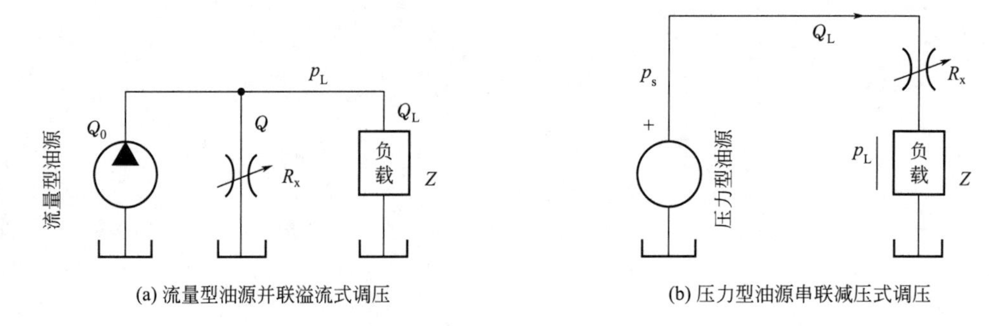

(a) 流量型油源并联溢流式调压　(b) 压力型油源串联减压式调压

图 6.1　不同油源的调压方式

(2) 压力型油源串联减压式调压

如果油源换为恒压源 p_s（如用恒压泵供油），并联式调节不能改变负载压力。这时可将

控制阀口 R_x 串联在恒压源 p_s 和负载 Z 之间，通过阀口的减压作用即可调节负载压力 p_L。

$$p_L = p_s/(R_x + Z)$$

或者写为

$$p_L = p_s - \Delta p_R$$

式中　Δp_R——控制阀口 R_x 上的压差。

压力型油源串联减压式调压回路如图 6.1(b) 所示。

(3) 半桥回路分压式调压

图 6.2 所示液压半桥实质上是由进、回油节流口串联而成的分压回路。为了简化加工，进油节流口多采用固定节流孔来代替，回油节流口是由锥阀或滑阀构成可调节流口［图 6.2(a)、(b)］。将负载连接到半桥的 A 口（即分压回路的中点），通过调节回油阀口的液阻，可实现负载压力的调节。这种调压方式主要用于液压阀的先导级中。

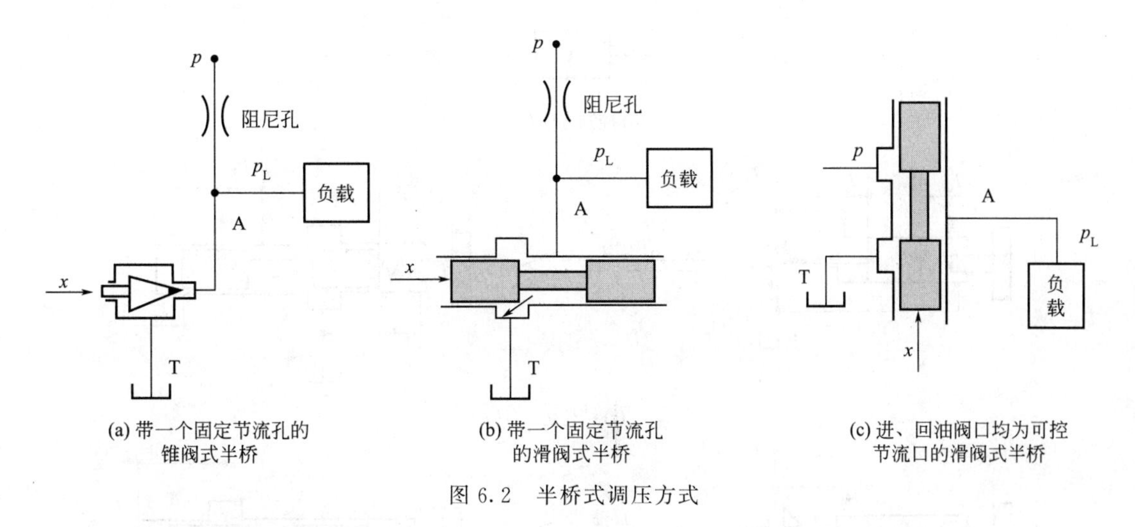

(a) 带一个固定节流孔的锥阀式半桥　(b) 带一个固定节流孔的滑阀式半桥　(c) 进、回油阀口均为可控节流口的滑阀式半桥

图 6.2　半桥式调压方式

(4) 油泵变量调压

利用变量泵，通过调节油泵的输出流量可达到改变负载压力的目的。

6.1.2 压力负反馈

压力的大小能够调节，并不等于能够稳压。当负载因扰动而发生变化时，负载压力会随之变化。压力的稳定必须通过压力负反馈来实现。

压力负反馈控制（图 6.3～图 6.5）的核心是要构造一个压力比较器。压力比较器一般是一个减法器，将代表期望压力大小的指令信号与代表实际受控压力大小的压力测量信号相减后，使其差值转化为阀口液阻的控制量，并通过阀口的调节使期望压力与受控压力之间的误差趋于减小，这就是简单的压力负反馈过程。

构造压力反馈系统必须研究以下问题。

① 代表期望压力的指令信号如何产生？

② 怎样构造在实际结构上易于实现的比较（减法）器？

③ 受控压力 p_L 如何测量？转换成什么信号才便于比较？怎样反馈到比较器上去？

实际上，力信号的比较是容易实现的。如图 6.3(a) 所示，在一个刚体的正、反两个方向上分别作用代表指令信号的指令力 $F_{指}$ 及代表受控压力 p_L 的反馈力 F_p，它们的合力 ΔF

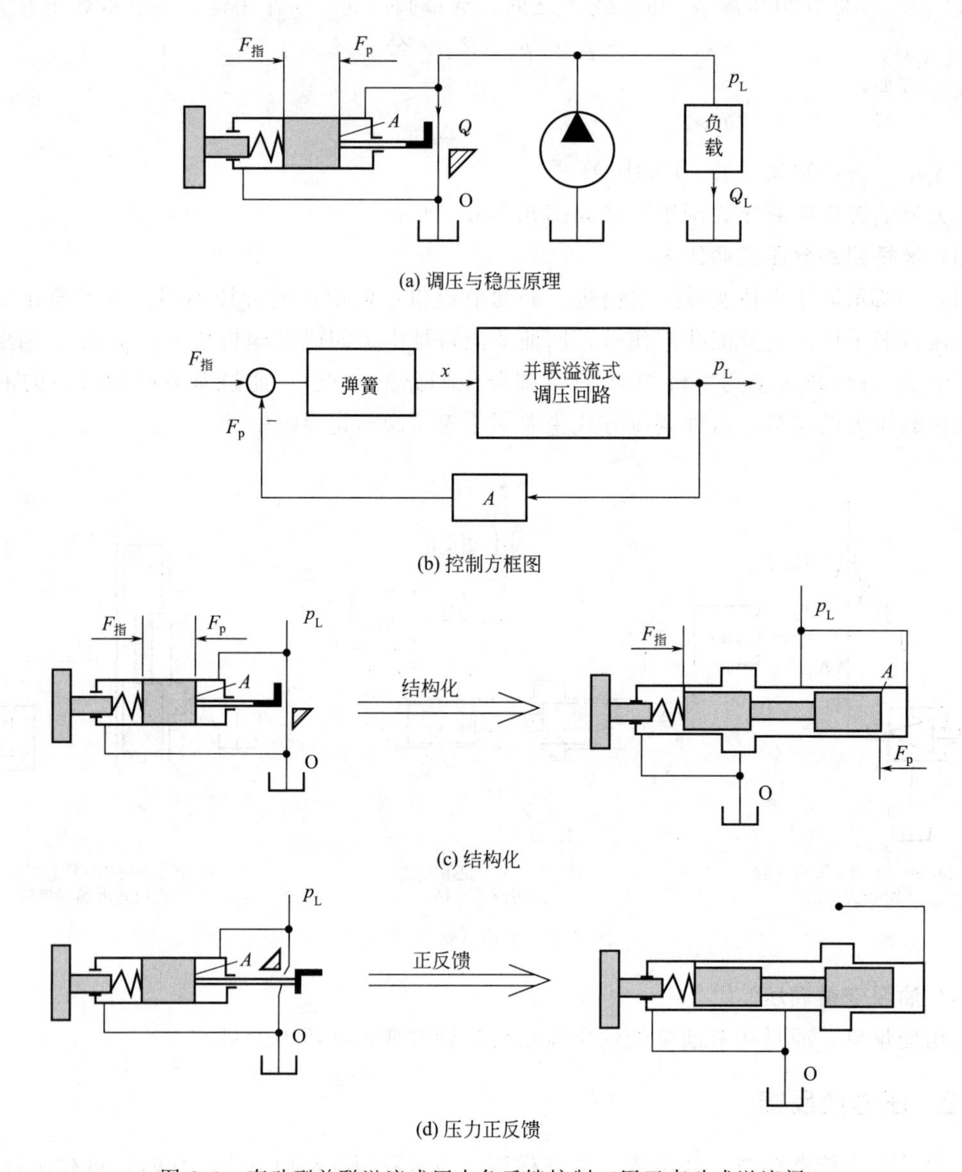

图 6.3　直动型并联溢流式压力负反馈控制（用于直动式溢流阀）

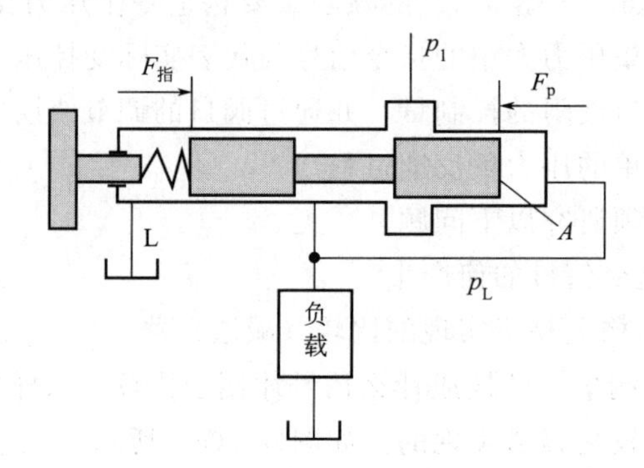

图 6.4　直动型串联减压式压力负反馈控制（用于直动式减压阀）

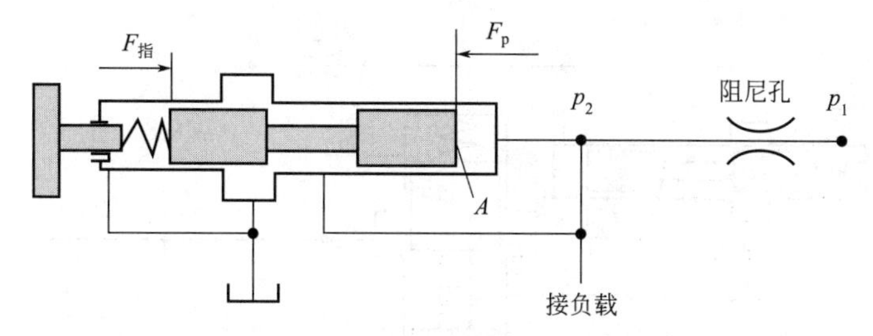

图 6.5　半桥分压式压力负反馈控制（用作先导压力控制级）

就是比较结果。比较结果用于驱动阀芯，自动调节阀口的开度，从而完成自动控制。这种由力比较器直接驱动主控制阀芯的压力控制方式称为直动型压力控制，所构成的压力控制阀称为直动式压力阀。

指令力可以通过手动调压弹簧来产生。由调压手柄调节弹簧的压缩量，改变弹簧预压缩力，即可提供不同的指令力。指令力也可以通过比例电磁铁产生。

受控压力可以通过微型测量油缸（或带活塞的测量容腔）转化为便于比较的反馈力，并应将反馈力作用在力比较器上。这里的测量油缸也称压力传感器。

当比较器驱动控制阀朝着使稳压误差增大的方向运动时，系统最终将失去控制。这种现象称为正反馈。发现正反馈时，改变反馈力的受力方向或阀口节流边的运动方向，即可变为负反馈［图 6.3(d)］。

6.1.3　先导控制

直动型压力控制中，由力比较器直接驱动主控制阀芯，其阀芯驱动力远小于调压弹簧力，因此驱动能力十分有限。这种控制方式导致主阀芯不能做得太大，不适合用于高压大流量系统中。因为阀芯越大、压力越高，阀芯的摩擦力、卡紧力、轴向液动力也越大，比较器直接驱动变得十分困难。在高压大流量系统中一般应采用先导控制。

先导型压力控制，是指控制系统中有大、小两个阀芯，小阀芯为先导阀芯，大阀芯为主阀芯，并相应形成先导级和主级两个压力调节回路。其中，小阀芯以主阀芯为负载，构成小流量半桥分压式调压回路；主阀芯以系统中的执行元件为负载，根据油源不同，具体选择并联式、串联式或油泵变量式等调节方式，构成大流量级调压回路。

图 6.6(a) 所示为主级并联溢流式先导型压力负反馈，据此原理设计的液压阀称为先导式溢流阀；图 6.6(b) 所示为主级串联减压式先导型压力负反馈，据此原理设计的液压阀称为先导式减压阀；图 6.6(c) 所示为主级油泵变量式先导型压力负反馈，恒压变量泵就是根据这一原理设计而成。

上述先导型压力负反馈控制的共同特点如下。

① 先导型压力负反馈控制中有两个压力负反馈回路，有两个反馈比较器和调压回路。先导级负责主级指令信号的稳压和调压；主级则负责系统的稳压。

② 主阀芯（或变量活塞）既构成主调压回路的阀口，又作为主级压力反馈的力比较器，主级的测压容腔设在主阀芯的一端，另一端作用有主级的指令力 p_2A。

③ 主级所需要的指令信号（指令力 p_2A）由先导级负责输出，先导级通过半桥回路向主级的力比较器（即主阀芯）输出一个压力 p_2，该压力称为主级的指令压力，然后通过主阀芯端部的受压面积（可称为指令油缸）转化为主级的指令力 p_2A。

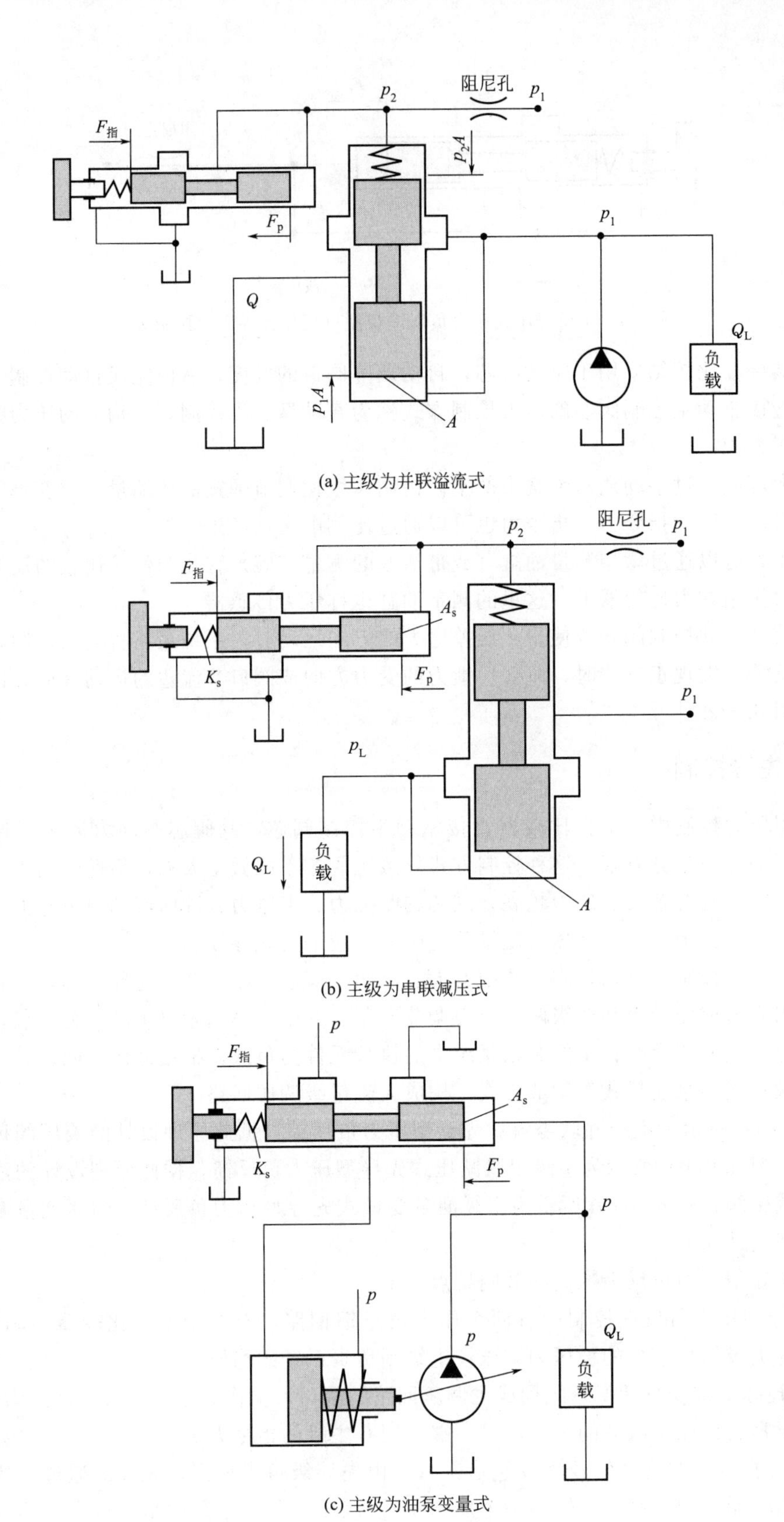

图 6.6　先导型压力负反馈控制

④ 先导阀芯既构成先导调压回路的阀口，又作为先导级压力反馈的力比较器，先导级的测压容腔设在先导阀芯的一端（有时直接用节流边作为测压面），另一端安装有作为先导级指令元件的调压弹簧和调压手柄（图 6.5）。在比例压力阀中则用比例电磁铁产生指令力。

⑤ 主阀和先导阀均有滑阀式和锥阀式两种典型结构。

6.2 溢 流 阀

根据并联溢流式压力负反馈原理设计而成的液压阀称为溢流阀。溢流阀的主要用途有以下两点：调压和稳压，如用在由定量泵构成的液压源中，用以调节泵的出口压力，保持该压力恒定；限压，如用作安全阀，当系统正常工作时，溢流阀处于关闭状态，仅在系统压力大于其调定压力时才开启溢流，对系统起过载保护作用。

溢流阀的特征是：阀与负载相并联，溢流口接回油箱，采用进口压力负反馈。

根据结构不同，溢流阀可分为直动型和先导型两类。

6.2.1 直动型溢流阀

直动型溢流阀是作用在阀芯上的主油路液压力与调压弹簧力直接相平衡的溢流阀。如图 6.7 所示，直动型溢流阀因阀口和测压面结构形式不同，形成了三种基本结构：图 6.7(a) 所示阀采用滑阀式溢流口，端面测压方式；图 6.7(b) 所示阀采用锥阀式溢流口，同样采用端面测压方式；图 6.7(c) 所示阀采用锥阀式溢流口，锥面测压方式，测压面和阀口的节流边均用锥面充当。但无论何种结构，直动型溢流阀均是由调压弹簧和调压手柄、溢流阀口、测压面几个部分构成的。

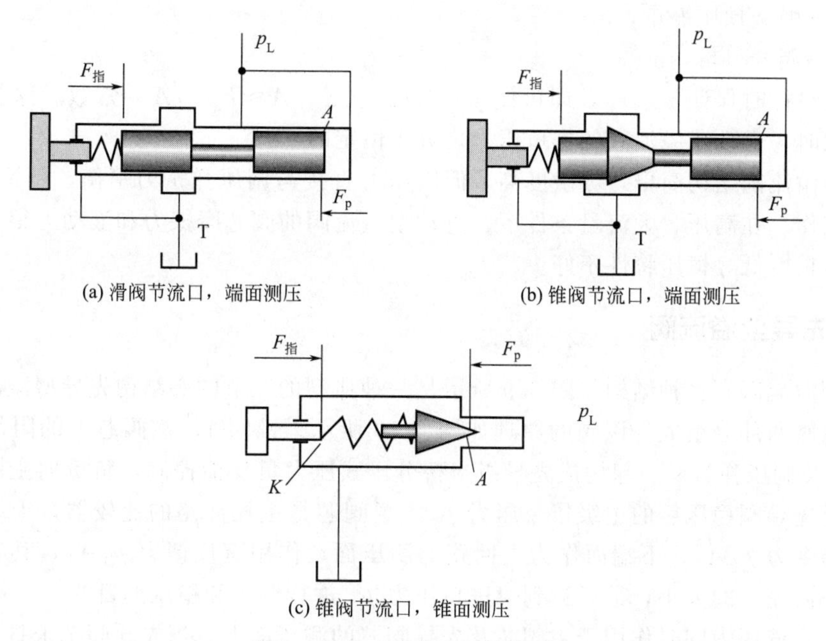

图 6.7 直动型溢流阀结构原理

锥阀式直动型溢流阀的结构如图 6.8 所示。阀芯在弹簧的作用下压在阀座上，阀体上开有进、出油口 P 和 T，油液压力从进油口 P 作用在阀芯上。当液压作用力低于调压弹簧力时，阀口关闭，阀芯在弹簧力的作用下压紧在阀座上，溢流口无液体溢出；当液压作用力超过弹簧力时，阀芯开启，液体从溢流口 T 流回油箱，弹簧力随着开口量的增大而增大，直至与液压作用力相平衡。调节弹簧的预压力，便可调整溢流压力。

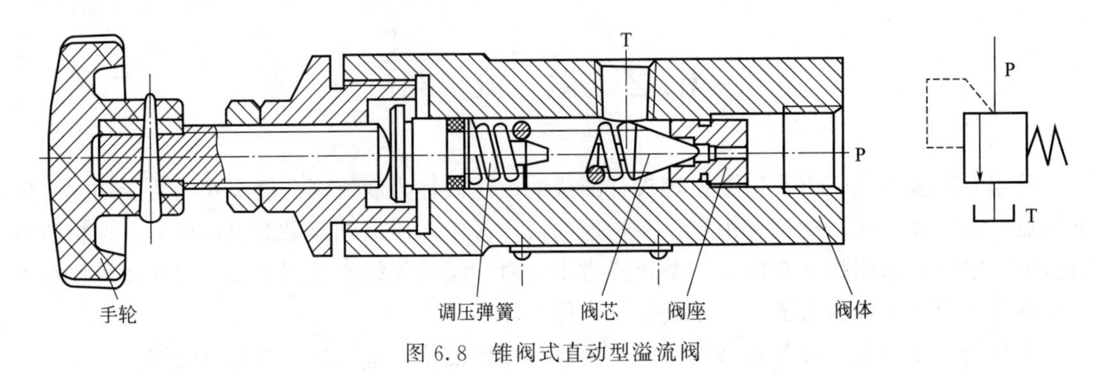

图 6.8 锥阀式直动型溢流阀

当阀芯重力、摩擦力和液动力忽略不计，令指令力（弹簧调定力）$F_{调s}=K_s x_{s0}$ 时，直动式溢流阀在稳态下的力平衡方程为

$$\Delta F=F_{指}-pA=-Kx \tag{6.1}$$

即
$$p=K(x_0+x)/A\approx Kx_0/A\text{（常数）} \tag{6.2}$$

式中 p——进口压力，即系统压力，Pa；

$F_{指}$——指令信号，即弹簧预压力，N；

ΔF——控制误差，即阀芯上的合力，N；

A——阀芯的有效承压面积，m^2；

K——弹簧刚度，N/m；

x_0——弹簧预压缩量，m；

x——阀开口量，m。

只要在设计时保证 $x\ll x_0$，即可使 $p=K(x_0+x)/A\approx Kx_0/A=$常数。这就表明，当溢流量变化时，直动式溢流阀的进口压力是近于恒定的。

直动型溢流阀结构简单，灵敏度高，但因压力直接与调压弹簧力平衡，不适于在高压、大流量下工作。在高压、大流量条件下，直动型溢流阀的阀芯摩擦力和液动力很大，不能忽略，故定压精度低，恒压特性不好。

6.2.2 先导型溢流阀

先导型溢流阀有多种结构。图 6.9 所示是一种典型的三节同心结构先导型溢流阀，它由先导阀和主阀两部分组成。该阀的原理如图 6.10 所示。锥阀 1、主阀芯上的阻尼孔（固定节流孔）5 及调压弹簧 9 一起构成先导级半桥分压式压力负反馈控制，负责向主阀芯 6 的上腔提供经过先导阀稳压后的主级指令压力 p_2。主阀芯是主控回路的比较器，上端面作用有主阀芯的指令力 p_2A_2，下端面作为主回路的测压面，作用有反馈力 p_1A_1，其合力可驱动阀芯，调节溢流口的大小，最后达到对进口压力 p_1 进行调压和稳压的目的。

工作时，液压力同时作用于主阀芯及先导阀芯的测压面上。当先导阀 1 未打开时，阀腔中油液没有流动，作用在主阀芯 6 上下两个方向的压力相等，但因上端面的有效受压面积 A_2 大于下端面的有效受压面积 A_1，主阀芯在合力的作用下处于最下端位置，阀口关闭。

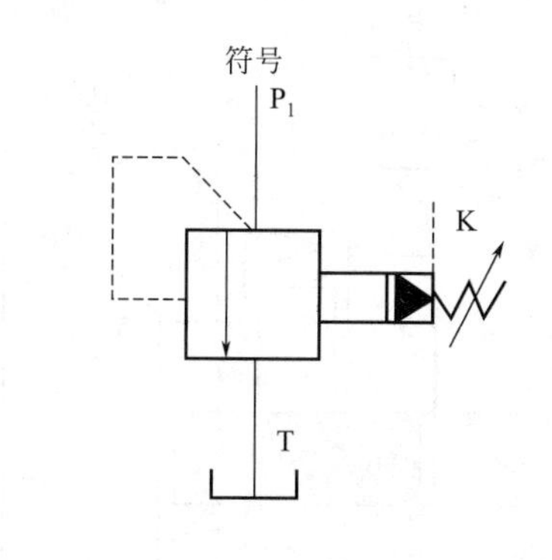

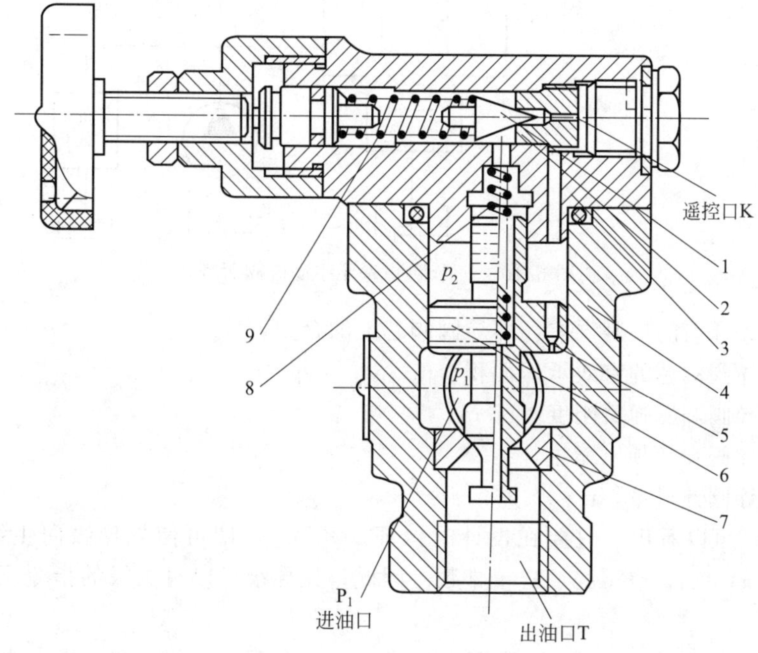

图 6.9 YF 型三节同心先导型溢流阀结构（管式）

1—锥阀（先导阀）；2—锥阀座；3—阀盖；4—阀体；5—阻尼孔；6—主阀芯；7—主阀座；8—主阀弹簧；9—调压（先导阀）弹簧

当进油压力增大到使先导阀打开时，液流通过主阀芯上的阻尼孔 5、先导阀 1 流回油箱。由于阻尼孔的阻尼作用，使主阀芯 6 所受到的上下两个方向的液压力不相等，主阀芯在压差的作用下上移，打开阀口，实现溢流，并维持压力基本稳定。调节先导阀的调压弹簧 9，便可调整溢流压力。

根据先导型溢流阀的原理（图 6.10），当阀芯重力、摩擦力和液动力忽略不计，令导阀的指令力 $F_{指}=K_s x_{s0}$ 时，导阀阀芯在稳态状况下的力平衡方程为

$$\Delta F_s = F_{指} - p_2 A_s = -K_s x_s \tag{6.3}$$

即

$$p_2 = K_s (x_{s0} + x_s)/A_s \tag{6.4}$$

因导阀的流量极小，仅为主阀流量的 1%左右，导阀开口量 x_s 很小，因此有

$$p_2 \approx K_s x_{s0}/A_s（常数） \tag{6.5}$$

式中 p_2——先导级的输出压力，即主级的指令压力，Pa；

$F_{指}$——先导级的指令信号，即导阀的弹簧预压力，N；

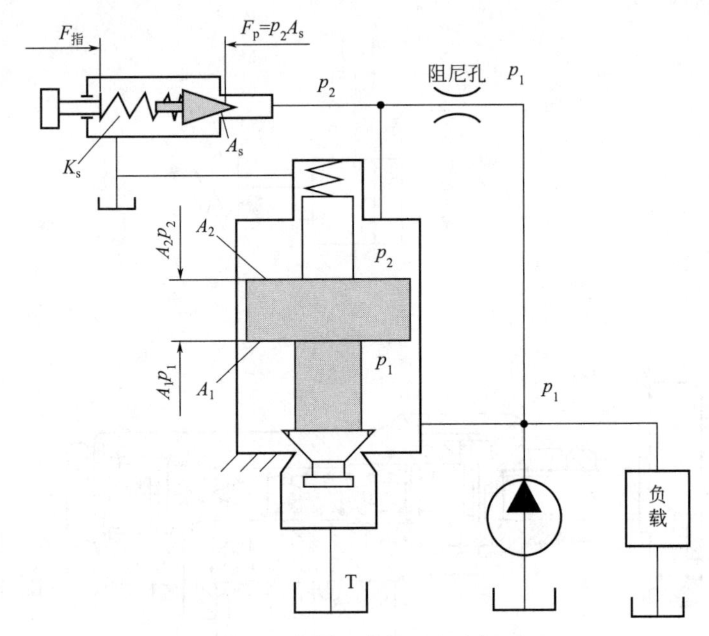

图 6.10　三节同心先导型溢流阀原理

ΔF_s——先导级的控制误差，即导阀阀芯上的合力，N；

A_s——导阀阀芯的有效承压面积，m^2；

K_s——导阀调压弹簧刚度，N/m；

x_{s0}——导阀弹簧预压缩量，m；

x_s——导阀开口量，m。

由式(6.5) 可以看出，只要在设计时保证 $x_s \ll x_{s0}$，即可使先导级向主级输出的压力 $p_2=K_s(x_{s0}+x_s)/A_s \approx K_s x_{s0}/A_s=$常数。因此，先导级可以对主级的指令压力 p_2 进行调压和稳压。

在主阀中，当主阀阀芯重力、摩擦力和液动力忽略不计，令主阀的指令力 $F_{调}=p_2A_2$，主阀阀芯在稳态状况下的力平衡方程为

$$\Delta F=F_{调}-p_1A_1=p_2A_2-p_1A_1=K(x_0+x) \tag{6.6}$$

由于主阀阀芯弹簧不起调压弹簧作用，因此弹簧极软，弹簧力基本为零，即

$$\Delta F=K(x_0+x)\approx 0$$

故
$$p_1 \approx F_{调}/A_1=p_2A_2/A_1$$

代入式(6.5) 后，得

$$p_1=(K_s x_{s0}/A_s)A_2/A_1=(F_{指}/A_s)A_2/A_1(\text{常数}) \tag{6.7}$$

式中　p_1——进口压力，即系统压力，Pa；

A_1——主阀阀芯下端面的有效承压面积，m^2；

A_2——主阀阀芯上端面的有效承压面积，m^2；

K——主阀弹簧刚度，N/m；

x_0——主阀弹簧预压缩量，m；

x——主阀开口量，m；

$F_{调}$——主级的指令信号，即主阀阀芯上端面有效承压面积上所承受的液压力，N；

ΔF——主级的控制误差，即主阀阀芯上的合力，N。

由式(6.7) 可以看出，只要在设计时保证主阀弹簧很软，且主阀阀芯的测压面积 A_1、A_2 较大，摩擦力和液动力相对于液压驱动力可以忽略不计，即可使系统压力 $p_1 \approx (K_s x_{s0}/A_s) A_2/A_1$ =常数。先导型溢流阀在溢流量发生大幅度变化时，被控压力 p_1 只有很小的变化，即定压精度高。此外，由于先导阀的溢流量仅为主阀额定流量的 1%左右，因此先导阀阀座孔的面积和开口量、调压弹簧刚度都不必很大。所以，先导型溢流阀广泛用于高压、大流量场合。

从图 6.9 可以看出，导阀阀体上有一个远程控制口 K，当 K 口通过二位二通阀接油箱时，先导级的控制压力 $p_2 \approx 0$；主阀阀芯在很小的液压力（基本为零）作用下便可向上移动，打开阀口，实现溢流，这时系统称为卸荷。若 K 口接另一个远离主阀的先导压力阀（此阀的调节压力应小于主阀中先导阀的调节压力）的入口，可实现远程调压。

图 6.11 所示为二节同心先导型溢流阀，其主阀阀芯为带有圆柱面的锥阀。为使主阀关闭时有良好的密封性，要求主阀阀芯 1 的圆柱导向面和圆锥面与阀套配合良好，两处的同轴

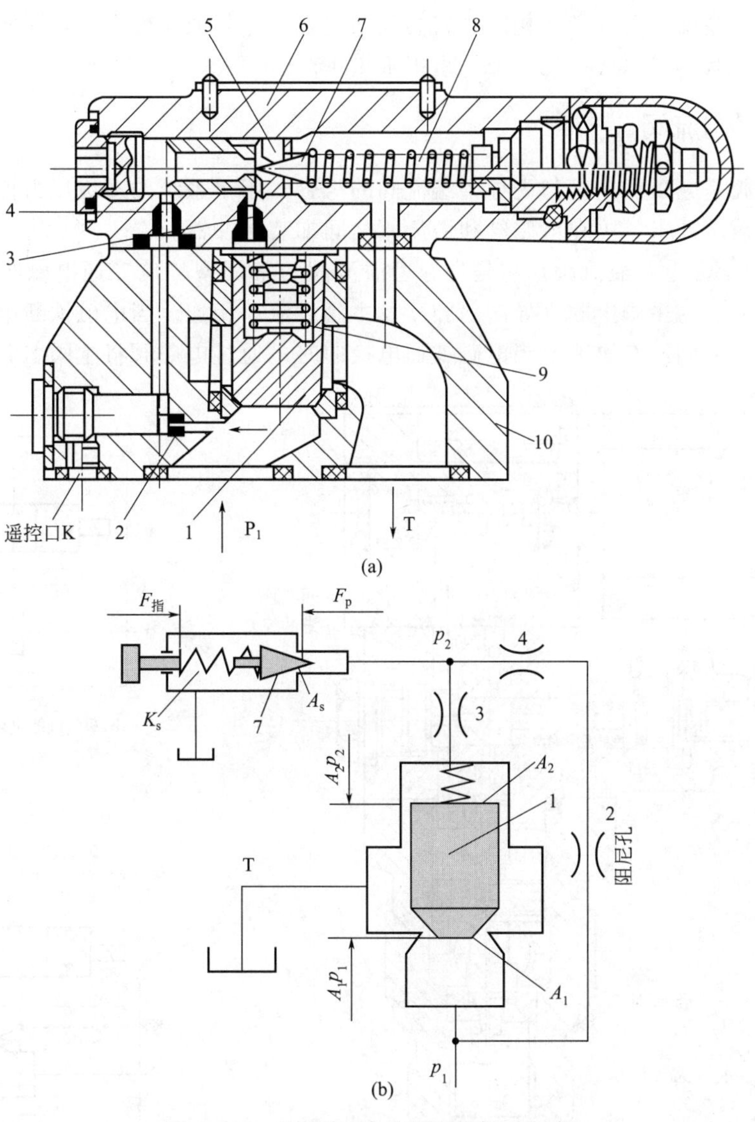

图 6.11　二节同心先导型溢流阀（板式）

1—主阀阀芯；2,3,4—阻尼孔；5—先导阀阀座；6—先导阀阀体；7—先导阀阀芯；8—调压弹簧；9—主阀弹簧；10—阀体

度要求较高，故称二节同心。主阀阀芯上没有阻尼孔，而将三个阻尼孔 2、3、4 分别设在阀体 10 和先导阀阀体 6 上。其工作原理与三节同心先导型溢流阀相同，只不过油液从主阀下腔到主阀上腔，需经过三个阻尼孔。阻尼孔 2 和 4 串联，相当三节同心阀主阀阀芯中的阻尼孔，是半桥回路中的进油节流口，作用是使主阀下腔与先导阀前腔产生压力差，再通过阻尼孔 3 作用于主阀上腔，从而控制主阀阀芯开启。阻尼孔 3 的主要作用是提高主阀阀芯的稳定性，它的设立与桥路无关。

先导型溢流阀的导阀部分结构尺寸较小，调压弹簧不必很强，因此压力调整比较轻便。但因先导型溢流阀要在先导阀和主阀都动作后才能起控制作用，因此反应不如直动型溢流阀灵敏。

与三节同心结构相比，二节同心结构的特点是：主阀阀芯仅与阀套和主阀阀座有同轴度要求，免去了与阀盖的配合，故结构简单，加工和装配方便；过流面积大，在相同流量的情况下，主阀开启高度小，或者在相同开启高度的情况下，其通流能力大，因此体积小、重量轻；主阀阀芯与阀套可以通用化，便于组织批量生产。

6.2.3 电磁溢流阀

电磁溢流阀是电磁换向阀与先导型溢流阀的组合，用于系统的多级压力控制或卸荷。为减小卸荷时的液压冲击，可在电磁阀和溢流阀之间加装缓冲器。

图 6.12 所示为电磁溢流阀，它是先导型溢流阀与常闭型二位二通电磁阀的组合。电磁阀的两个油口分别与主阀上腔（导阀前腔）及主阀溢流口相连。当电磁铁断电时，电磁阀两油口断开，对溢流阀没有影响。当电磁铁通电换向时，通过电磁阀将主阀上腔与主阀溢流口

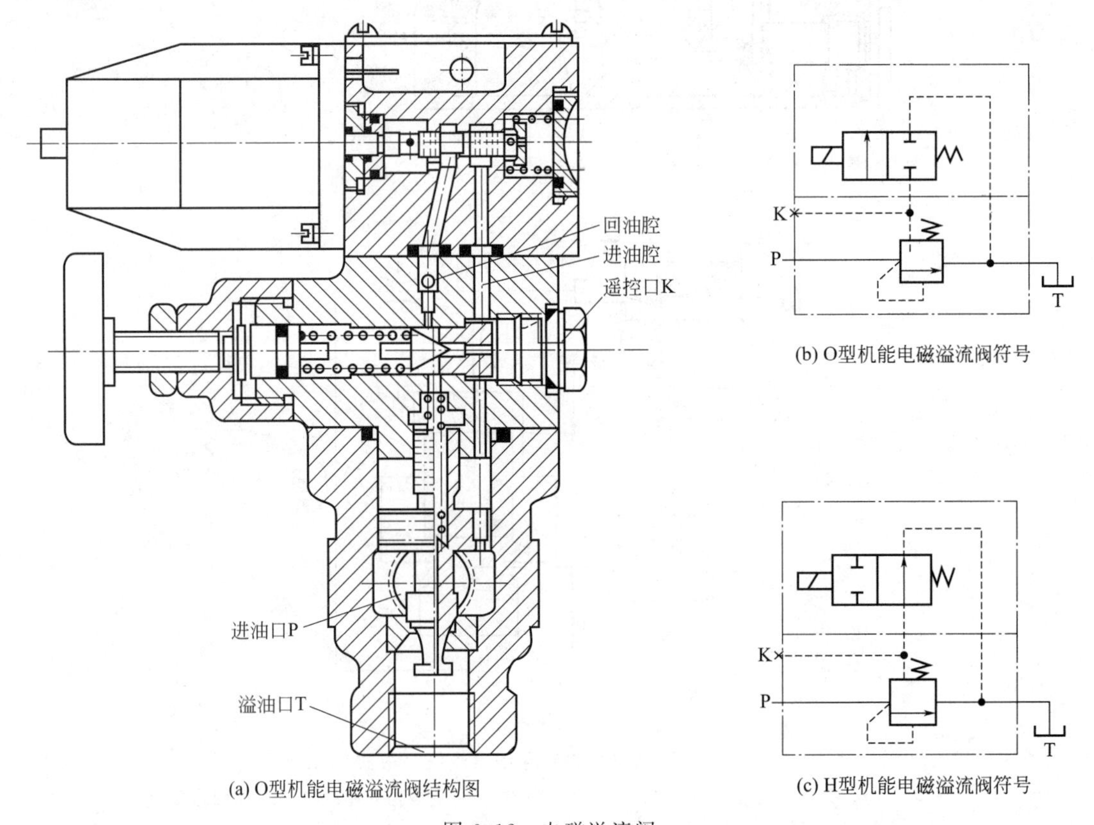

(a) O型机能电磁溢流阀结构图

(b) O型机能电磁溢流阀符号

(c) H型机能电磁溢流阀符号

图 6.12 电磁溢流阀

相连通，溢流阀溢流口全开，导致溢流阀进口卸压（即压力为零），这种状态称为卸荷。

先导型溢流阀与常闭型二位二通电磁阀组合时称为 O 型机能电磁溢流阀；与常开型二位二通电磁阀组合时称为 H 型机能电磁溢流阀。

电磁溢流阀除应具有溢流阀的基本性能外，还要满足以下要求。

① 建压时间短。

② 具有通电卸荷或断电卸荷功能。

③ 卸荷时间短且无明显液压冲击。

6.2.4 溢流阀静态特性与动态特性

溢流阀的特性包括静态特性和动态特性。静态特性是指阀在稳态工况时的特性，动态特性是指阀在瞬态工况时的特性。

(1) 静态特性

溢流阀工作时，随着溢流量 q 的变化，系统压力 p 会产生一些波动，不同的溢流阀其波动程度不同。因此一般用溢流阀稳定工作时的压力-流量特性来描述溢流阀的静态特性。这种稳态压力-流量特性又称启闭特性。

启闭特性是指溢流阀从开启到闭合过程中，被控压力 p 与通过溢流阀的溢流量 q 之间的关系。它是衡量溢流阀定压精度的一个重要指标。图 6.13 所示为溢流阀的启闭特性曲线，图中 p_n 为溢流阀调定压力，p_c 和 p'_c 分别为直动型溢流阀和先导型溢流阀的开启压力。

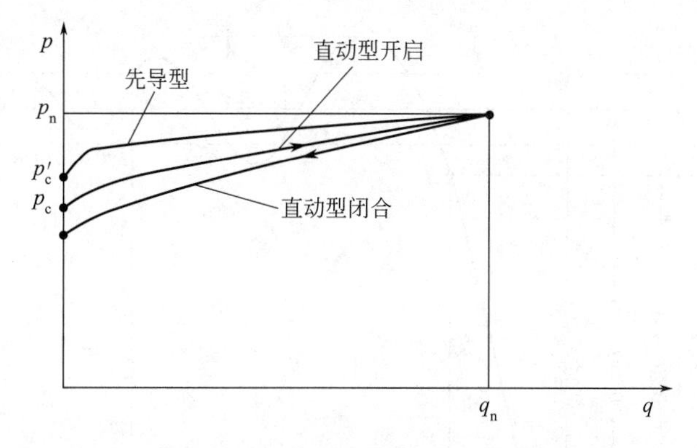

图 6.13 溢流阀的静态特性曲线

溢流阀理想的特性曲线最好是一条在 p_n 处平行于流量坐标的直线。其含义是：只有在系统压力 p 达到 p_n 时才溢流，且不管溢流量 q 为多少，压力 p 始终保持为 p_n 不变，没有稳态控制误差（或称没有调压偏差）。实际溢流阀的特性不可能是这样的，而只能要求它的特性曲线尽可能接近这条理想曲线，调压偏差（p_n-p）尽可能小。

由图 6.13 所示溢流阀的启闭特性曲线可以看出以下两点。

① 对同一个溢流阀，其开启特性总是优于闭合特性。这主要是由于在开启和闭合两种运动过程中，摩擦力的作用方向相反。

② 先导式溢流阀的启闭特性优于直动式溢流阀。也就是说，先导式溢流阀的调压偏差（$p_n-p'_c$）比直动式溢流阀的调压偏差（p_n-p_c）小，调压精度更高。

调压偏差即调定压力与开启压力的差值。压力越高，调压弹簧刚度越大，由溢流量变化而引起的压力变化越大，调压偏差也越大。为衡量溢流阀的性能好坏，引入一个指标参数——开启比，开启比即开启压力与调定压力的比值。

由以上分析可知，直动型溢流阀结构简单，灵敏度高，但压力受溢流量变化的影响较大，调压偏差大，不适于在高压、大流量下工作，常作安全阀或用于调压精度要求不高的场合。先导型溢流阀中主阀弹簧主要用于克服阀芯的摩擦力，弹簧刚度小。当溢流量变化引起主阀弹簧压缩量变化时，弹簧力变化较小，因此阀进口压力变化也较小。先导型溢流阀调压精度高，被广泛用于高压、大流量系统。

溢流阀的阀芯在移动过程中要受到摩擦力的作用，阀口开大和关小时的摩擦力方向刚好相反，使溢流阀开启时的特性和闭合时的特性产生差异。

除启闭特性外，溢流阀的静态性能指标还有以下几个。

① 压力调节范围：是指调压弹簧在规定的范围内调节时，系统压力平稳地（压力无突跳及迟滞现象）上升或下降的最大和最小调定压力。

② 卸荷压力：当溢流阀作卸荷阀用时，额定流量下进、出油口的压力差称为卸荷压力。

③ 最大允许流量和最小稳定流量：溢流阀在最大允许流量（即额定流量）下工作时应无噪声。溢流阀的最小稳定流量取决于对压力平稳性的要求，一般规定为额定流量的15%。

(2) 动态特性

溢流阀的动态特性是指流量阶跃时的进口压力响应特性，如图 6.14 所示。其衡量指标主要有响应时间和压力超调量等。

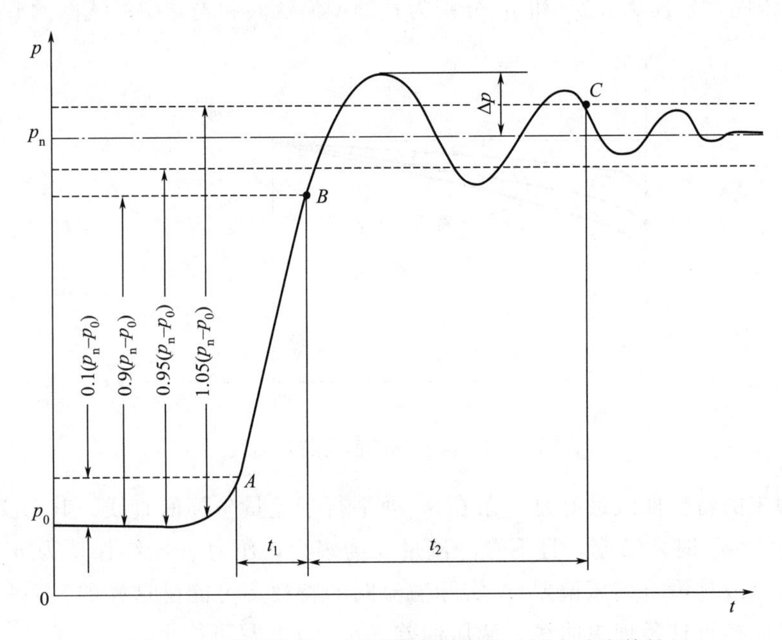

图 6.14 流量阶跃变化时溢流阀的进口压力响应特性

① 压力超调量：最高瞬时压力峰值与额定压力调定值 p_n 之间的差值为压力超调量 Δp，并将（$\Delta p/p_n\times100\%$称为压力超调率。压力超调量是衡量溢流阀动态定压误差及稳定性的重要指标，一般压力超调率要求小于 10%～30%，否则可能导致系统中元件损坏，管道破裂或其他故障。

② 响应时间 t_1：是指从起始稳态压力 p_0 与最终稳态压力 p_n 之差的10%上升到90%的时间，即图 6.14 中 A、B 两点间的时间间隔。t_1 越小，溢流阀的响应越快。

③ 过渡过程时间 t_2：是指从 $0.9(p_n-p_0)$ 的 B 点到瞬时过渡过程的最终时刻 C 点之间的时间。t_2 越小，溢流阀的动态过渡过程越短。

④ 升压时间 Δt_1：是指流量阶跃变化时，$0.1(p_n-p_0)$ 至 $0.9(p_n-p_0)$ 的时间，即图 6.15 中 A 和 B 两点间的时间，与上述响应时间一致。

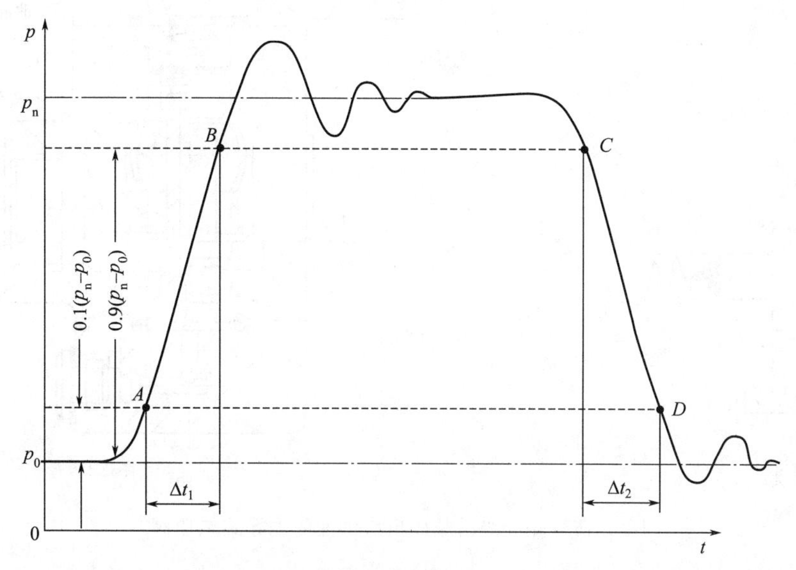

图 6.15 溢流阀的升压与卸荷特性

⑤ 卸荷时间 Δt_2：是指卸荷信号发出后，$0.9(p_n-p_0)$ 至 $0.1(p_n-p_0)$ 的时间，即 C 和 D 两点间的时间。

Δt_1 和 Δt_2 越小，溢流阀的动态性能越好。

6.3 减 压 阀

根据串联减压式压力负反馈原理设计而成的液压阀称为减压阀。减压阀主要用于降低并稳定系统中某一支路的油液压力，常用于夹紧、控制、润滑等油路中。

减压阀的特征是：阀与负载相串联，调压弹簧腔有外接泄油口，采用出口压力负反馈。

减压阀也有直动型和先导型之分，直动型减压阀的工作原理如图 6.4 所示，但直动型减压阀较少单独使用。在先导型减压阀中，根据先导级供油的引入方式不同，有先导级由减压出口供油式和“先导级由减压进口供油式”两种结构形式。

6.3.1 先导级由减压出口供油的减压阀

先导级由减压出口供油的减压阀如图 6.16 所示，由先导阀和主阀两部分组成。该阀的原理如图 6.17 所示。压力油由阀的进油口 P_1 流入，经主阀减压口 f 减压后由出油口 P_2 流出。锥式先导阀、主阀阀芯上的阻尼孔（固定节流孔）e 及先导阀的调压弹簧一起构成先导级半桥分压式压力负反馈控制，负责向滑阀式主阀阀芯的上腔提供经过先导阀稳压后的主级指令压力 p_3。主阀阀芯是主控回路的比较器，端面有效面积为 A，上端面作用有主阀阀芯的指令力（即液压力 p_3A 与主阀弹簧力预压力 Ky_0 之和），下端面作为主回路的测压面，

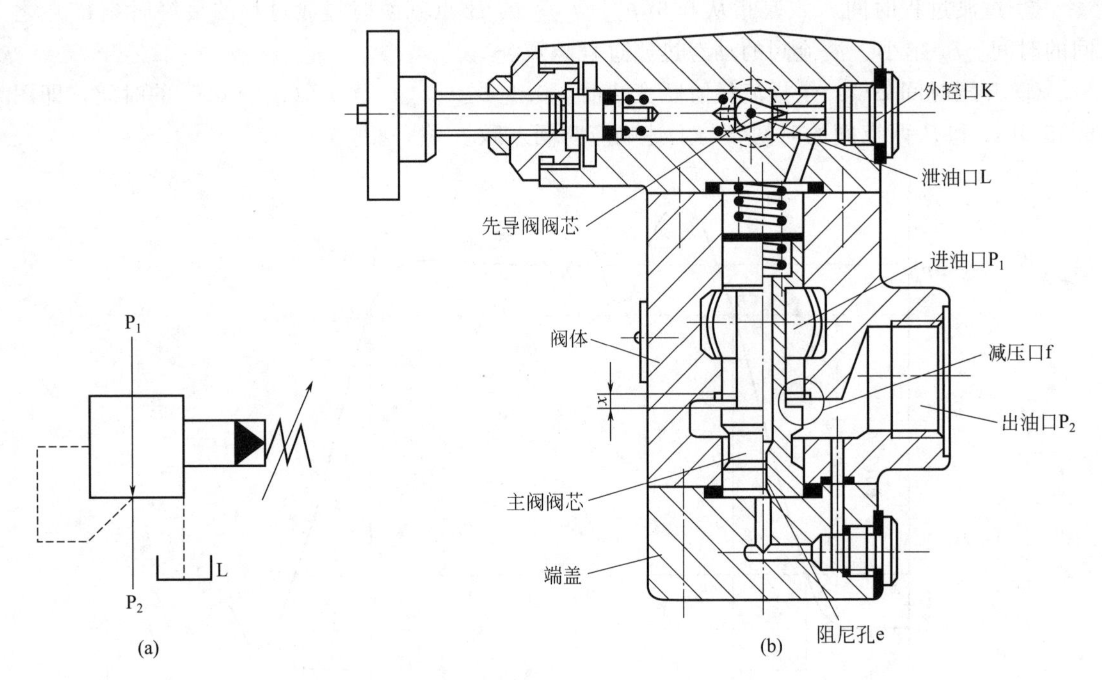

图 6.16 先导级由减压出口供油的先导式减压阀

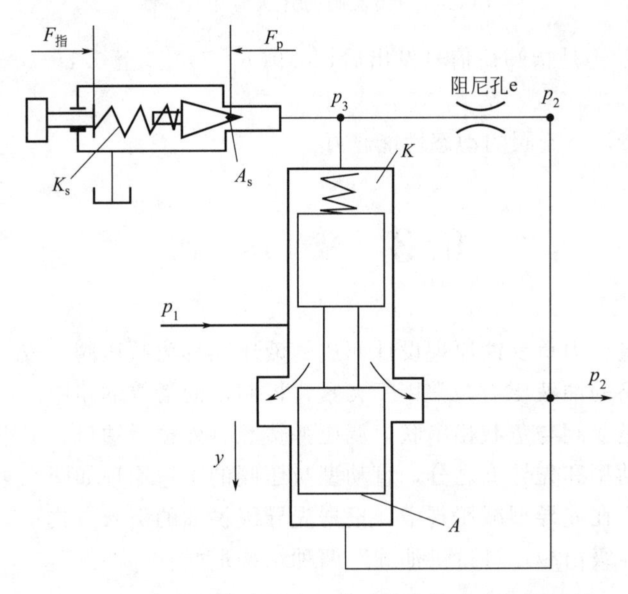

图 6.17 先导级由减压出口供油的先导式减压阀原理

作用有反馈力 p_2A，其合力可驱动阀芯，并调节减压口 f 的大小，最后达到对出口压力 p_2 进行减压和稳压的目的。

出口压力油经阀体与下端盖的通道流至主阀阀芯的下腔，再经主阀阀芯上的阻尼孔 e 流到主阀阀芯的上腔，最后经导阀阀口及泄油口 L 流回油箱。因此先导级的进口（即阻尼孔 e 的进口）压力油引自减压阀的出油口 P_2，故称为先导级由减压出口供油的减压阀。

工作时，若出口压力 p_2 低于先导阀的调定压力，先导阀阀芯关闭，主阀阀芯上、下两腔压力相等，主阀阀芯在弹簧作用下处于最下端，减压口 f 开度为最大，阀不起减压作用，$p_2 \approx p_1$。当出口压力达到先导阀调定压力时，先导阀阀口打开，主阀弹簧腔的油液便由泄油口 L 流回油箱，由于油液在主阀阀芯阻尼孔内流动，使主阀阀芯两端产生压力差，主阀阀芯在压力差作用下，克服弹簧力抬起，减压口 f 开度减小，压降增大，使出口压力下降到调定的压力值。此时，如果忽略液动力、摩擦力，则先导阀和主阀的力平衡方程式为

$$\Delta F=(p_3A+Ky_0)-p_2A=Ky$$

$$p_3A_s=K_s(x_0+x)\approx K_sx_0\text{(常数)}$$

式中　A——主阀有效作用面积；

A_s——先导阀有效作用面积；

K——主阀弹簧刚度；

K_s——先导阀弹簧刚度；

x_0——先导阀弹簧预压缩量；

x——先导阀开口量；

y_0——主阀弹簧预压缩量；

y——主阀调节位移。

联立上两式后，p_2 可写为

$$p_2 \approx K_sx_0/A_s+K(y_0-y)/A \approx K_sx_0/A_s+Ky_0/A$$

由上式可以看出，只要在设计时保证主阀弹簧较软，Ky 可以忽略，且主阀阀芯的测压面积 A 较大，摩擦力和液动力相对于液压驱动力可以忽略不计，即可使减压阀出口压力基本恒定。

应当指出，当减压阀出口处的油液不流动时，此时仍有少量油液通过减压口经先导阀和泄油口 L 流回油箱，阀处于工作状态，阀出口压力基本上保持在调定值上。

6.3.2　先导级由减压进口供油的减压阀

先导级供油既可从减压阀的出口引入，也可从减压阀的进口引入，各有其特点。

先导级供油从减压阀的出口引入时，该供油压力 p_2 是经减压阀稳压后的压力，波动不大，有利于提高先导级的控制精度，但导致先导级的输出压力（主阀上腔压力）p_3 始终低于主阀下腔压力 p_2，若减压阀主阀阀芯上下有效面积相等，为使主阀阀芯平衡，不得不加大主阀阀芯的弹簧刚度，这又会使主级的控制精度降低。

先导级供油从减压阀的进口引入时，其优点是先导级的供油压力较高，先导级的输出压力（主阀上腔压力）p_3 也可以较高，故不需要加大主阀阀芯的弹簧刚度即可使主阀阀芯平衡，主级的控制精度可能较高。但减压阀进口压力 p_1 未经稳压，压力波动可能较大，又不利于先导级的控制。为了减小 p_1 波动可能带来的不利影响，保证先导级的控制精度，可以在先导级进口处用一个小型恒流器代替原固定节流孔，通过恒流器的调节作用使先导级的流量及导阀开度近似恒定，以有利于提高主阀上腔压力 p_3 的稳压精度。

图 6.18 所示就是一种先导级由减压进口供油的减压阀。该阀先导级进口处设有控制油流量恒定器 6，它由一个固定节流孔Ⅰ和一个可变节流口Ⅱ串联而成。可变节流口借助于一个可以轴向移动的小活塞来改变通油孔的过流面积，从而改变液阻。小活塞左端的固定节流孔，使小活塞两端出现压力差。小活塞在此压力差和右端弹簧的共同作用下而处于某一平衡位置。

如果由减压阀进口引来的压力油的压力 p_1 达到调压弹簧 8 的调定值时，先导阀 7 开启，液流经先导阀流向油箱。这时，小活塞前的压力为减压阀进口压力 p_1，其后的压力为先导阀

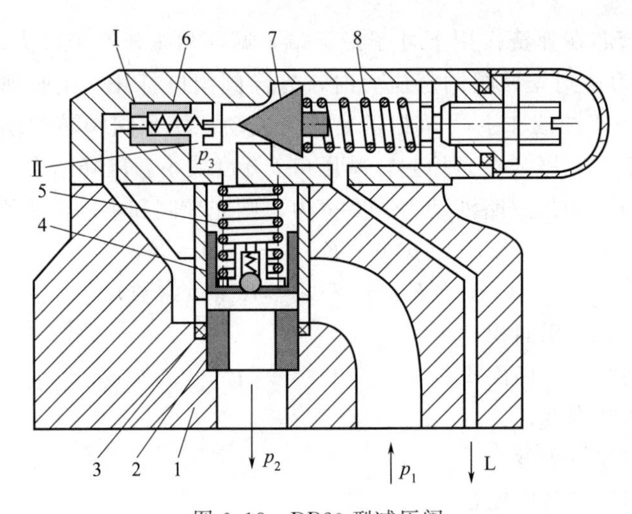

图 6.18　DR20 型减压阀

1—阀体；2—主阀阀芯；3—阀套；4—单向阀；5—主阀弹簧；6—控制油流量恒定器；7—先导阀；8—调压弹簧；Ⅰ—固定节流孔；Ⅱ—可变节流口

的控制压力（即主阀上腔压力）p_3，p_3 由调压弹簧 8 调定。由于 $p_3<p_1$，主阀阀芯在上、下两腔压力差的作用下克服主阀弹簧 5 的力向上抬起，减小主阀开度，起减压作用，使主阀出口压力降低为 p_2。因为主阀采用了对称设置许多小孔的结构作为主阀阀口，因此液动力为零。

显然，若先导级阀流量恒定，先导级的输出压力 p_3 就不会波动，这有利于提高减压阀的稳压精度。如何使通过先导阀的流量恒定呢？其工作原理如图 6.19 所示。它的先导级以固定节流孔Ⅰ作为流量传感器，将流量转化为Ⅰ上的压力差后与弹簧力平衡，压力差恒定时流量自然恒定。通过可变节流口Ⅱ，可以自动调节流量。流量大时，流量传感器（固定节流孔Ⅰ）的压力差则大，该压力差作用在活塞上，压缩弹簧，关小可变节流口Ⅱ，将先导级的流量向减小的方向调节，反之则增大可变节流口Ⅱ，将先导级的流量向增大的方向调节，自动维持先导级流量稳定。因此，这种阀的出口压力 p_2 与阀的进口压力 p_1 以及流经主阀的流量无关。

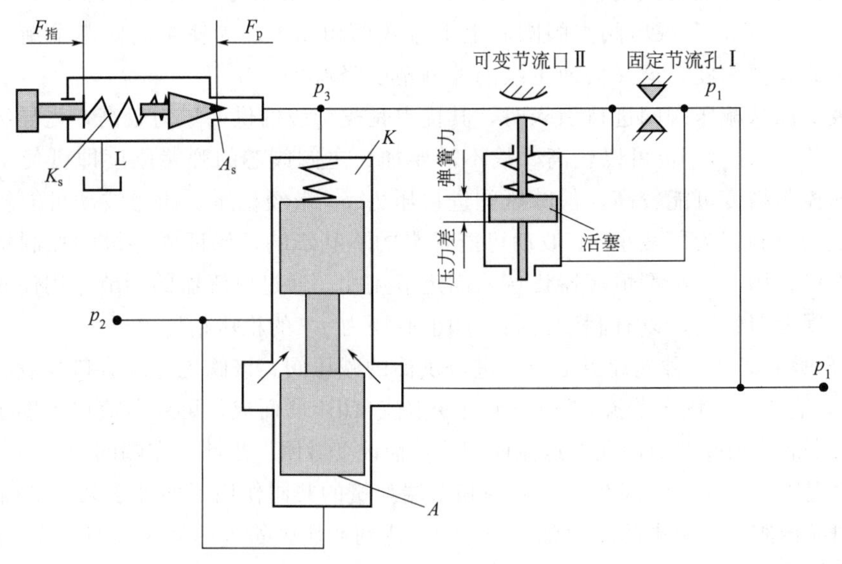

图 6.19　先导级由减压进口供油的先导式减压阀工作原理

如果阀的出口压力出现冲击，主阀阀芯上的单向阀 4（图 6.18）将迅速开启卸压，使阀的出口压力很快降低。在出口压力恢复到调定值后，单向阀重新关闭。故单向阀在这里起压力缓冲作用。

6.4 顺 序 阀

顺序阀的作用是利用油液压力作为控制信号控制油路通断。顺序阀也有直动型和先导型之分，根据控制压力来源不同，它还有内控式和外控式之分。通过改变控制方式、泄油方式以及二次油路的连接方式，顺序阀还可用作背压阀、卸荷阀和平衡阀等。

6.4.1 直动型顺序阀

直动型顺序阀如图 6.20 所示。直动型顺序阀通常为滑阀结构，其工作原理与直动型溢流阀相似，均为进油口测压，但顺序阀为减小调压弹簧刚度，还设置了断面积比阀芯小的控制活塞。顺序阀与溢流阀的区别还有：出油口不是溢流口，因此出油口 P_2 不接回油箱，而是与某一执行元件相连，弹簧腔外泄口 L 必须单独接回油箱；顺序阀不是稳压阀，而是开关阀，它是一种利用压力的高低控制油路通断的“压控开关”，严格地说，顺序阀是一个二位二通液动换向阀。

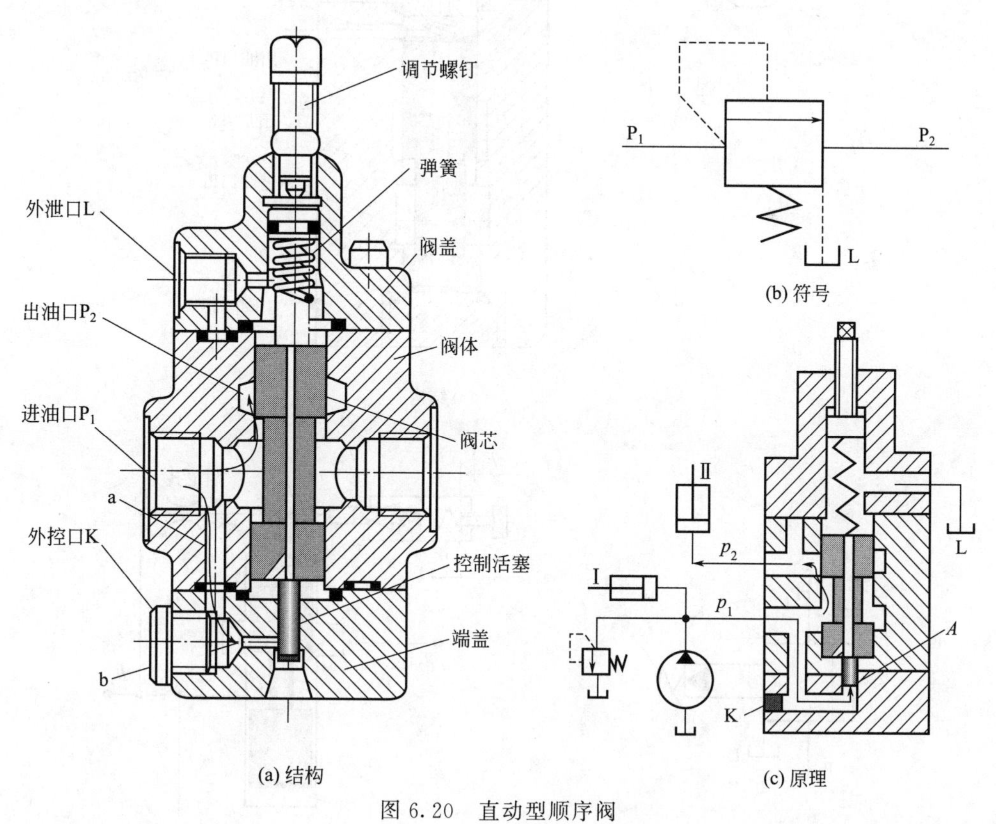

图 6.20　直动型顺序阀

工作时，压力油从进油口 P_1（两个）进入，经阀体上的孔道 a 和端盖上的阻尼孔 b 流到控制活塞（测压面积为 A）的底部，当作用在控制活塞上的液压力能克服阀芯上的弹簧力时，阀芯上移，油液便从出油口 P_2 流出。该阀称为内控式直动型顺序阀，其图形符号如图 6.20(b) 所示。

必须指出，当进油口一次油路压力 p_1 低于调定压力时，顺序阀一直处于关闭状态；一旦超过调定压力，阀口便打开（溢流阀阀口则是微开），压力油进入二次油路（出油口 P_2），驱动另一个执行元件。此时，若 $p_2 \geqslant p_{调}$，则顺序阀阀口全开，顺序阀进、出口压力都等于 p_2；若 $p_2 < p_{调}$，则顺序阀阀口小开度，进口压力等于 $p_{调}$，出口压力等于 p_2。

若将图 6.20(a) 中的端盖旋转 90°安装，切断进油口通向控制活塞下腔的通道，并打开外控口 K，引入控制压力油，便成为外控式顺序阀，外控式顺序阀阀口开启与否，与阀的进口压力 p_1 的大小没有关系，仅取决于控制压力的大小。

6.4.2 先导型顺序阀

如果在直动型顺序阀的基础上，将主阀阀芯上腔的调压弹簧用半桥式先导调压回路代替，且将先导阀调压弹簧腔引至外泄口 L，就可以构成图 6.21 所示的先导型顺序阀。这种

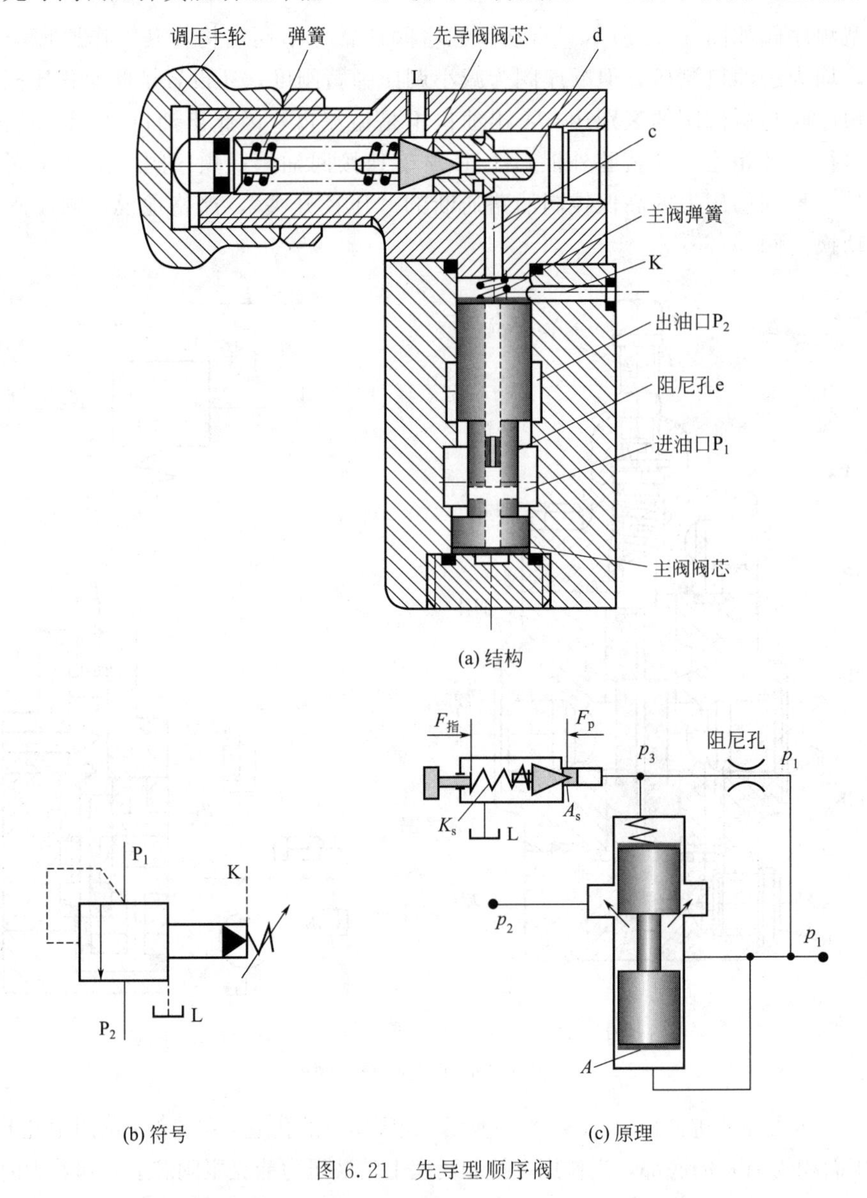

图 6.21 先导型顺序阀

先导型顺序阀的原理与先导型溢流阀相似，所不同的是二次油路即出油口不接回油箱，外泄口 L 必须单独接回油箱。这种顺序阀的缺点是外泄漏量过大。因先导阀是按顺序压力调整的，当执行元件达到顺序动作后，压力可能继续升高，将先导阀口开得很大，导致大量流量从先导阀处外泄，故在小流量液压系统中不宜采用这种结构。

为减少先导阀处的外泄量，可将先导阀设计成滑阀式，令先导阀的测压面与先导阀阀口的节流边分离。先导级设计如下。

① 先导阀的测压面与主油路进口一次压力 p_1 相通，由先导阀的调压弹簧直接与 p_1 相比较。

② 先导阀阀口回油接出油口二次压力 p_2，这样可不致产生大量外泄流量。

③ 先导阀弹簧腔接外泄口（外泄量极小），使先导阀阀芯弹簧侧不形成背压。

④ 先导级仍采用带进油固定节流口的半桥回路，固定节流口的进油压力为 p_1，先导阀阀口仍然作为先导级的回油阀口，但回油压力为 p_2。

图 6.22 所示的 DZ 型顺序阀就是基于上述原理的先导型顺序阀。主阀为单向阀式，先导阀为滑阀式。主阀阀芯在原始位置将进、出油口切断，进油口的压力油通过两条油路，一路经阻尼孔进入主阀上腔并到达先导阀中部环形腔，另一路直接作用在先导滑阀左端。当进口压力 p_1 低于先导阀弹簧调定压力时，先导滑阀在弹簧力的作用下处于图 6.22 所示位置。当进口压力 p_1 大于先导阀弹簧调定压力时，先导滑阀在左端液压力作用下右移，将先导阀中部环形腔与通顺序阀出油口的油路沟通。于是顺序阀进油口压力为 p_1 的压力油经阻尼孔、主阀上腔、先导阀流往出油口。由于阻尼孔的存在，主阀上腔压力低于下端压力即进口压力 p_1，主阀阀芯开启，顺序阀进、出油口沟通（此时 $p_1 \approx p_2$）。由于经主阀阀芯上阻尼孔的泄漏油液不流向泄油口 L，而是流向出油口，又因主阀上腔油压与先导滑阀所调压力无关，仅仅通过刚度很弱的主阀弹簧与主阀阀芯下端液压保持主阀阀芯的受力平衡，故出口压力 p_2 近似等于进口压力 p_1，其压力损失小。与图 6.21 所示的顺序阀相比，DZ 型顺序阀的泄漏量和功率损失大为减小。

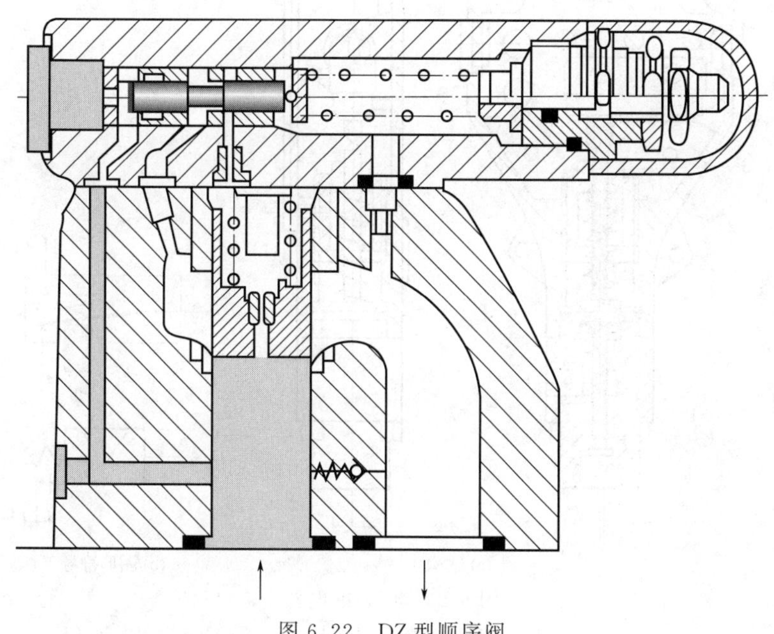

图 6.22　DZ 型顺序阀

把外控式顺序阀的出油口接通油箱，且将外泄改为内泄，即可构成卸荷阀。

顺序阀内装并联的单向阀，可构成单向顺序阀。单向顺序阀也有内、外控之分。若将出油口接通油箱，且将外泄改为内泄，即可作平衡阀用，使垂直放置的液压缸不因自重而下落。

各种顺序阀的职能符号如表 6.1 所示。

表 6.1　顺序阀的职能符号

控制与泄油方式	内控外泄	外控外泄	内控内泄	外控内泄
名称	顺序阀	外控式顺序阀	背压阀	卸荷阀
职能符号	p_1 p_2 L	p_1 p_2 L		

6.5　压力继电器

压力继电器是利用油液的压力来启闭电气触点的液压电气转换元件。它在油液压力达到其调定值时，发出电信号，控制电气元件动作，实现液压系统的自动控制。

压力继电器有柱塞式、膜片式、弹簧管式和波纹管式四种结构形式。柱塞式压力继电器的结构和图形符号如图 6.23 所示，当进油口 P 处油液压力达到压力继电器的调定压力时，

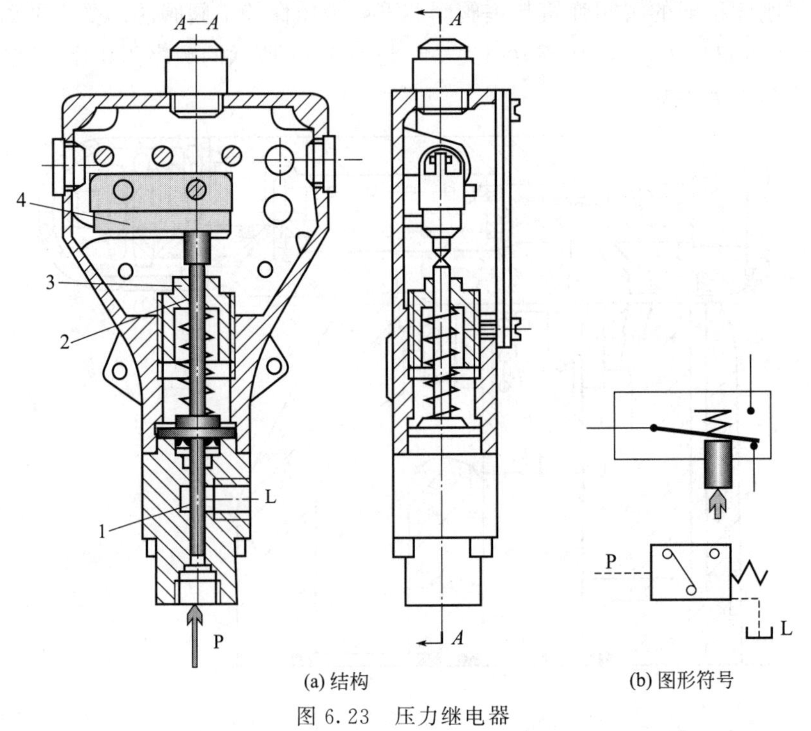

(a) 结构　　(b) 图形符号

图 6.23　压力继电器

1—柱塞；2—顶杆；3—调节螺钉；4—微动开关

作用在柱塞 1 上的液压力通过顶杆 2 的推动，合上微动开关 4，发出电信号。图 6.23 中，L 为泄油口。改变弹簧的压缩量，可以调节继电器的动作压力。

6.6 压力阀在调压与减压回路中的应用

6.6.1 调压回路

在定量泵系统中，液压泵的供油压力可以通过溢流阀来调节。在变量泵系统中，用溢流阀作安全阀用来限定系统的最高压力，防止系统过载。系统中如需要两种以上压力时，则可采用多级调压回路。

(1) 单级调压回路

在图 6.24 所示的定量泵系统中，节流阀可以调节进入液压缸的流量，定量泵输出的流量大于进入液压缸的流量，而多余油液便从溢流阀流回油箱。调节溢流阀便可调节泵的供油压力，溢流阀的调定压力必须大于液压缸最大工作压力和油路上各种压力损失的总和。为了便于调压和观察，溢流阀旁一般要就近安装压力表。

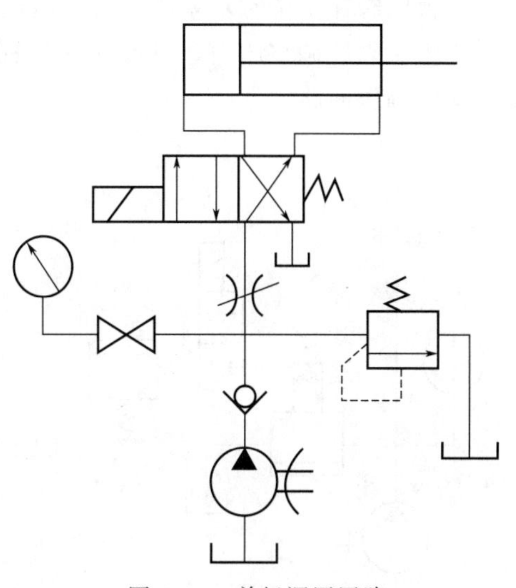

图 6.24 单级调压回路

(2) 双向调压回路

当执行元件正反向运动需要不同的供油压力时，可采用双向调压回路，如图 6.25 所示。图 6.25(a) 中，当换向阀在左位工作时，活塞为工作行程，泵出口压力较高，由溢流阀 1 调定。当换向阀在右位工作时，活塞作空行程返回，泵出口压力较低，由溢流阀 2 调定。图 6.25(b) 所示回路在图示位置时，阀 2 的出口被高压油封闭，即阀 1 的远控口被堵塞，故泵

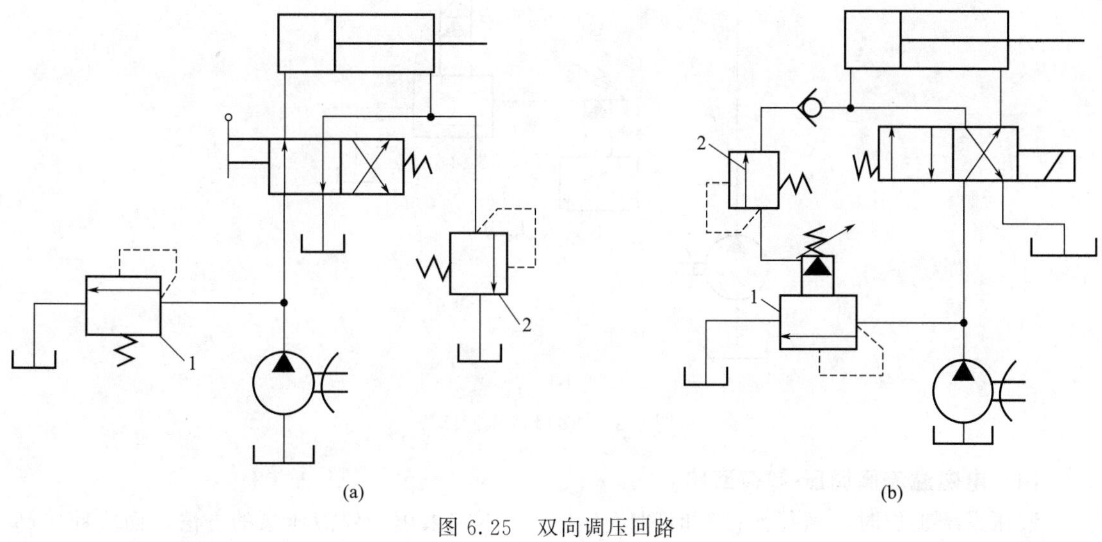

图 6.25 双向调压回路

1,2—溢流阀

压由阀 1 调定为较高压力。当换向阀在右位工作时，液压缸左腔通油箱，压力为零，阀 2 相当于阀 1 的远程调压阀，泵的压力由阀 2 调定。

(3) 多级调压回路

在不同的工作阶段，液压系统需要不同的工作压力，多级调压回路便可实现这种要求。

图 6.26(a) 所示为二级调压回路，图示状态下，泵出口压力由溢流阀 3 调定为较高压力，阀 2 换位后，泵出口压力由远程调压阀 1 调为较低压力。图 6.26(b) 所示为三级调压回路。溢流阀 1 的远程控制口通过三位四通换向阀 4 分别接远程调压阀 2 和 3，使系统有三种压力调定值：换向阀在左位时，系统压力由阀 2 调定；换向阀在右位时，系统压力由阀 3 调定，换向阀在中位时，系统压力由溢流阀 1 调定。在此回路中，远程调压阀的调整压力必须低于溢流阀的调整压力，只有这样远程调压阀才能起作用。图 6.26(c) 所示为采用比例溢流阀的调压回路。

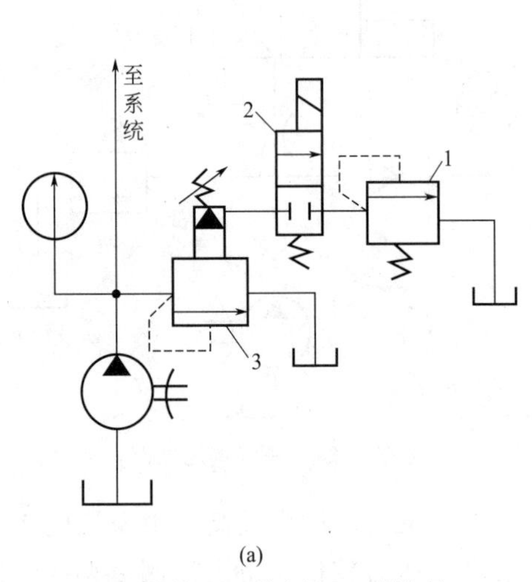

(a)
1—远程调压阀；2—换向阀；3—溢流阀

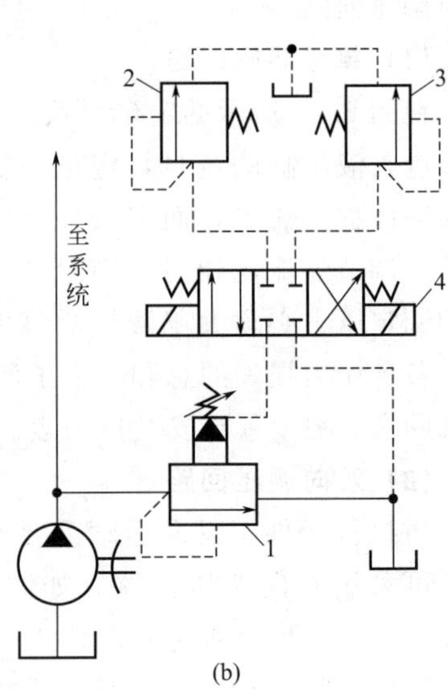

(b)
1—溢流阀；2,3—远程调压阀；4—换向阀

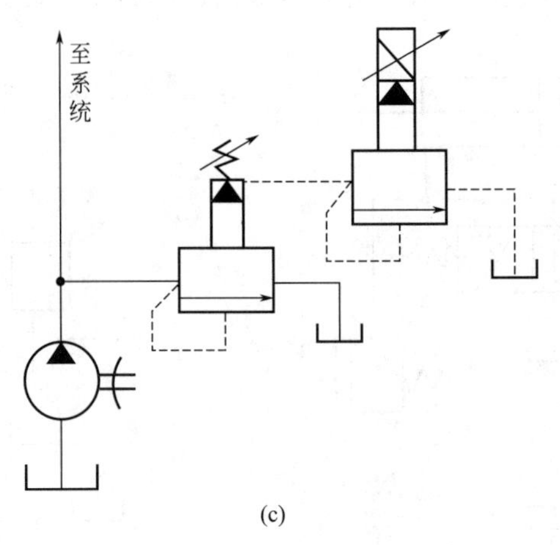

(c)

图 6.26　多级调压回路

(4) 电磁溢流阀调压-卸荷回路

液压系统工作时，执行元件短时间停止工作，不宜采用开停液压泵的方法，而应使泵卸荷（如压力为零）。利用电磁溢流阀可构成调压-卸荷回路。

电磁溢流阀是由先导型溢流阀和两位两通电磁换向阀组合而成的复合阀，既能调压又能卸荷。如图 6.27 所示，当二位二通换向阀电磁铁通电时，电磁溢流阀可实现调压；电磁铁断电时，液压泵处于卸荷（卸压）状态。

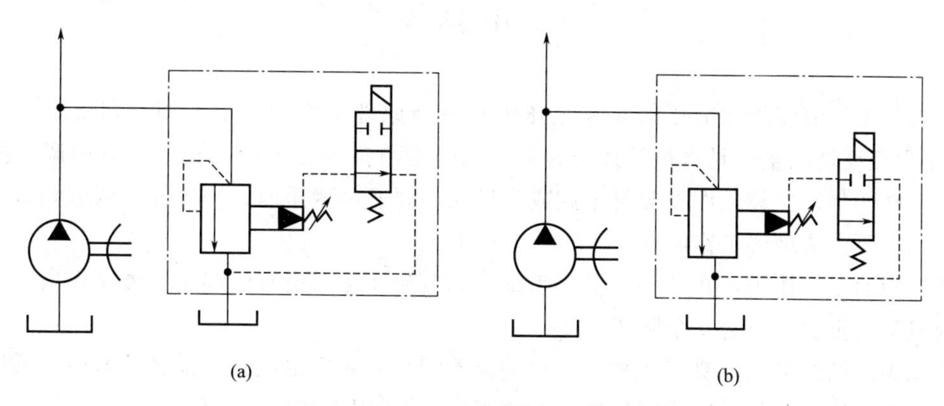

图 6.27 电磁溢流阀调压-卸荷回路

6.6.2 减压回路

液压系统中的定位、夹紧、控制油路等支路，工作中往往需要稳定的低压，为此，在该支路上需串接一个减压阀［图 6.28(a)］。

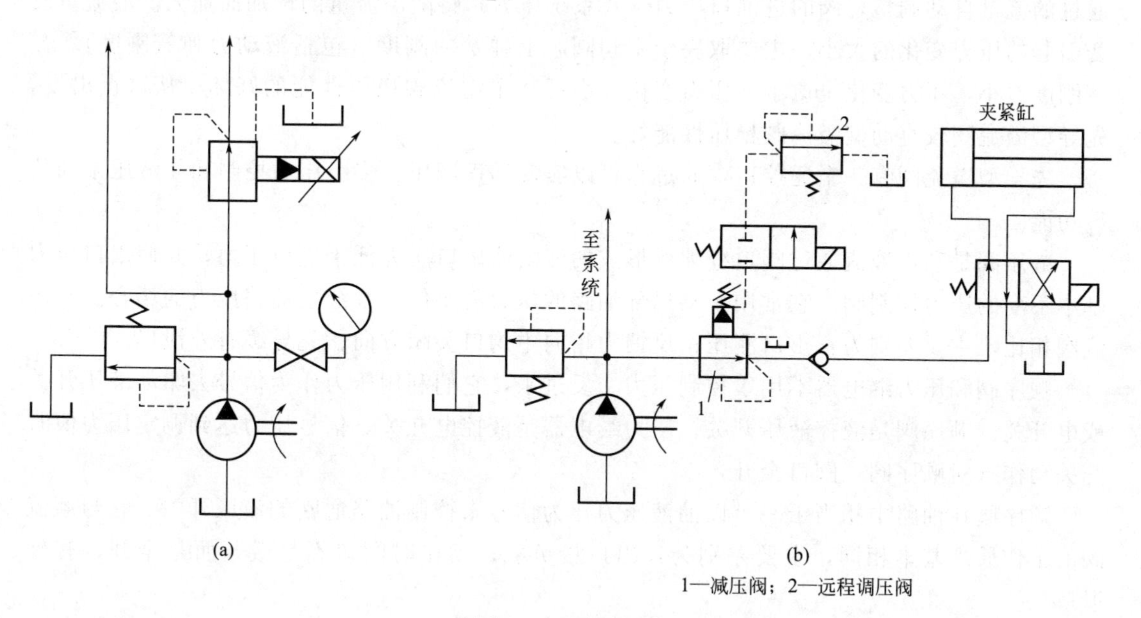

1—减压阀；2—远程调压阀

图 6.28 减压回路

图 6.28(b) 所示为用于工件夹紧的减压回路。夹紧工作时为了防止系统压力降低（如进给缸空载快进）油液倒流，并短时保压，通常在减压阀后串接一个单向阀。图 6.28(b) 所示状态，低压由减压阀 1 调定；当二通阀通电后，阀 1 出口压力则由远程调压阀 2 决定，故此回路为二级减压回路。

必须指出，应用减压阀组成减压回路虽然可以方便地使某一分支油路压力降低，但油液流经减压阀将产生压力损失，这增加了功率损失并使油液发热。当分支油路的压力较主油路压力低得多，而需要的流量又很大时，为减少功率损耗，常采用高、低压液压泵分别供油，以提高系统的效率。

小结

压力阀中，溢流阀和减压阀是根据压力负反馈原理工作的，用于调压和稳压（控制压力）。压力负反馈的核心是将被控压力转化为力信号与指令力比较，指令力可用调压弹簧或比例电磁铁产生，比较元件一般是主阀或先导阀。要通过测压面、测压孔、调节阀口、先导桥路等几个要点去理解工作原理。

溢流阀的主要作用：在某些定量泵系统（如节流调速系统）中起定压溢流作用；在变量泵系统或某些重要部位起安全限压作用。

溢流阀的结构形式主要有两种：直动型溢流阀和先导型溢流阀。前者一般用于低压或小流量（如用小流量锥阀式溢流阀作远程调压阀），后者用于高压大流量。

溢流阀是利用作用于阀芯的进油口压力与弹簧力平衡的原理来工作的。当进油口压力低于弹簧力时阀口关闭；当进油口压力超过弹簧力时阀口开启。弹簧力可以调整，故压力也可调整。当有一定流量通过溢流阀时，阀必须有一开口，此开口形成一个液阻，油液流过液阻时产生压降，这就形成了进油口压力（即溢流压力）。实际工作时，溢流阀开口大小是根据通过的流量自动调整，阀的进油口压力（或系统压力）将随溢流量的增加而加大。溢流量改变引起的压力变化的大小，主要取决于主阀阀芯上弹簧的刚度（包括液动力弹簧刚度）。弹簧刚度愈小，压力变化也愈小。压力变化大小反映了溢流阀稳压性能的好坏。从这点出发，先导型溢流阀较直动型溢流阀稳压性能好。

先导型溢流阀有一个遥控口，通过它可以实现远程调压、多级压力控制和使液压泵卸荷等功能。

减压阀是利用液流通过阀口缝隙所形成的液阻使出口压力低于进口压力，并使出口压力基本不变的压力控制阀。它常用于某局部油路的压力需要低于系统主油路压力的场合。与溢流阀相比，主要差别为：出口测压；反馈力指向主阀口关闭方向；先导级有外泄口。

顺序阀和压力继电器不用于控制压力。反过来，它们利用压力作为信号去驱动液压开关或电开关。顺序阀是液控液压开关，压力继电器是液控电开关。信号压力达到调定压力值时开关动作（对顺序阀，阀口全开）。

顺序阀在油路中相当于一个以油液压力作为信号来控制油路通断的液压开关。它与溢流阀的工作原理基本相同，主要差别为：出口接负载；动作时阀口不是微开而是全开；有外泄口。

压力继电器是将压力信号转换为电信号的转换装置。当作用于压力继电器上的控制油压升高到（或降低到）调定压力时，压力继电器便发出电信号。

习题

6.1 试举例说明先导型溢流阀的工作原理。溢流阀在液压系统中有何应用？

6.2 试举例说明先导型减压阀的工作原理。减压阀在液压系统中有何应用？

6.3 比较顺序阀、减压阀与溢流阀的主要区别。

6.4 顺序阀有何功用？主要应用在什么场合？

6.5 直动型溢流阀为何不适用于作高压大流量的溢流阀？

6.6 试举例绘图说明溢流阀在系统中的不同用处。

6.7 若减压阀调压弹簧预调为5MPa，而减压阀前的一次压力为4MPa，经减压后的二次压力是多少？为什么？

6.8 先导型溢流阀的阻尼孔起什么作用？如果它被堵塞将会出现什么现象？为什么？如果弹簧腔不与回油腔相接，会出现什么现象？为什么？

7 流量控制阀

流量控制阀简称流量阀，它通过改变节流口通流面积或通流通道的长短来改变局部阻力的大小，从而实现对流量的控制，进而改变执行机构的运动速度。流量控制阀是节流调速系统中的基本调节元件。在定量泵供油的节流调速系统中，必须将流量控制阀与溢流阀配合使用，以便将多余的流量排回油箱。

对流量控制阀的主要性能要求是：当阀前后的压力差发生变化时，通过阀的流量变化要小；当油温发生变化时，通过节流阀的流量变化要小；要有较大的流量调节范围，在小流量时不易堵塞，这样使节流阀能得到很小的稳定流量，不会在连续工作一段时间后因节流口堵塞而使流量减小，甚至断流；当阀全开时，液流通过节流阀的压力损失要小；阀的泄漏量要小。对于高压阀来说，还希望其调节力矩要小。

本章除讨论普通的流量阀之外，还简要介绍插装阀、电液比例阀和电液伺服阀。

7.1 节流口的流量特性

7.1.1 节流口的流量特性公式

对于节流口来说，可将流量公式写成下列形式：

$$Q=KA_0\Delta p^m \tag{7.1}$$

式中 A_0——节流口的通流面积，m^2；

Δp——节流口前后的压差，Pa；

K——节流系数，由节流口形状、流体流态、流体性质等因素决定，数值由试验得出，对薄壁锐边孔 $K=C_d\sqrt{2/\rho}$，对细长孔 $K=d^2/(32\mu L)$；

C_d——流量系数；

μ——动力黏度；

d——孔径；

L——孔长；

m——由节流口形状和结构决定的指数，$0.5<m<1$，当节流口接近于薄刃式时，$m=0.5$，节流口越接近于细长孔，m 就越接近于 1。

式(7.1) 说明通过节流口的流量与节流口的通流面积及节流口两端压差的 m 次方成正比。它的特殊情况是 $m=0.5$。在节流口两端压差基本恒定的条件下，调节节流口通流面积的大小，就可以调节流量的大小。节流口的流量特性曲线如图 7.1 所示。

7.1.2 影响流量稳定性的因素

液压系统在工作时，希望节流口大小调节好后，流量 Q 稳定不变。但实际上流量总会有变化，特别是小流量时流量稳定性与节流口形状、节流口两端压差以及油液温度等因素有关。

(1) 压差变化对流量稳定性的影响

当节流口前后压差变化时，通过节流口的流量将随之改变，节流口的这种特性可用流量刚度来表征。由式(7.1) 可求得节流口的流量刚度 T 为

$$T=1\bigg/\left(\frac{\partial Q}{\partial \Delta p}\right)=\frac{1}{m}\times\frac{\Delta p}{Q} \tag{7.2}$$

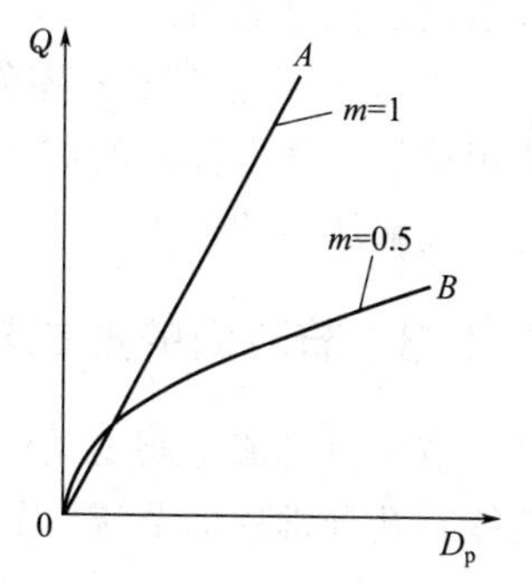

图 7.1 节流口的流量特性曲线

流量刚度反映了节流口在负载压力变化时保持流量稳定的能力。节流口的流量刚度越大，流量稳定性越好，用于液压系统时所获得的负载特性也越好。由式(7.2) 可知：节流口的流量刚度与节流口前后压差成正比，压差越大，刚度就越大；当节流口前后压差一定时，刚度与流量成反比，通过节流口的流量越小，刚度就越大；系数 m 越小，刚度越大。m 越大，Δp 变化后对流量的影响就越大，薄壁孔（$m=0.5$）比细长孔（$m=1$）的流量稳定性受 Δp 变化的影响要小。因此，为了获得较小的系数，应尽量避免采用细长孔节流口，即避免使流体在层流状态下流动；尽可能使节流口形式接近于薄壁孔口，也就是说让流体在节流口处的流动处在紊流状态，以获得较好的流量稳定性。

(2) 油温变化对流量稳定性的影响

当开口度不变时，若油温升高，油液黏度会降低。对于细长孔，当油温升高使油的黏度降低时，流量 Q 就会增加。所以节流通道长时温度对流量的稳定性影响大。而对于薄壁孔，油的温度对流量的影响是较小的，这是由于流体流过薄刃式节流口时为紊流状态，其流量与雷诺数无关，即不受油液黏度变化的影响，节流口形式越接近于薄壁孔，流量稳定性就越好。

(3) 阻塞对流量稳定性的影响

流量小时，流量稳定性与油液的性质和节流口的结构都有关。表面上看只要把节流口关得足够小，便能得到任意小的流量。但是油中不可避免有脏物，节流口开得太小就容易被脏物堵住，使通过节流口的流量不稳定。产生堵塞的主要原因是：油液中的机械杂质或因氧化析出的胶质、沥青、炭渣等污物堆积在节流缝隙处；由于油液老化或受到挤压后产生带电的极化分子，而节流缝隙的金属表面上存在电位差，故极化分子被吸附到缝隙表面，形成牢固的边界吸附层，因而影响了节流缝隙的大小，以上堆积物、吸附物增长到一定厚度时，会被液流冲刷掉，随后又重新附在阀口上，这样周而复始，就形成流量的脉动；阀口压差较大时容易产生堵塞现象。

减轻堵塞现象的措施如下。

① 采用大水力半径的薄刃式节流口。一般通流面积越大、节流通道越短以及水力半径越大时，节流口越不易堵塞。

② 适当选择节流口前后的压差。一般取 $\Delta p=0.2\sim0.3$MPa。因为压差太大，能量损失大，将会引起流体通过节流口时的温度升高，从而加剧油液氧化变质而析出各种杂质，造成阻塞；此外，当流量相同时，压差大的节流口所对应的开口量小，也易引起阻塞。若压差太小，又会使节流口的刚度降低，造成流量的不稳定。

③ 精密过滤并定期更换油液。在节流阀前设置单独的精滤装置，为了除去铁屑和磨料，

可采用磁性过滤器。

④ 构成节流口的各零件的材料应尽量选用电位差较小的金属，以减小吸附层的厚度。选用抗氧化稳定性好的油液，并控制油液温度的升高，以防止油液过快地氧化和极化，都有助于缓解堵塞的产生。

7.1.3 节流口的形式与特征

节流口是流量阀的关键部位，节流口的形式及其特征在很大程度上决定着流量控制阀的性能。几种常用的节流口如图 7.2 所示。

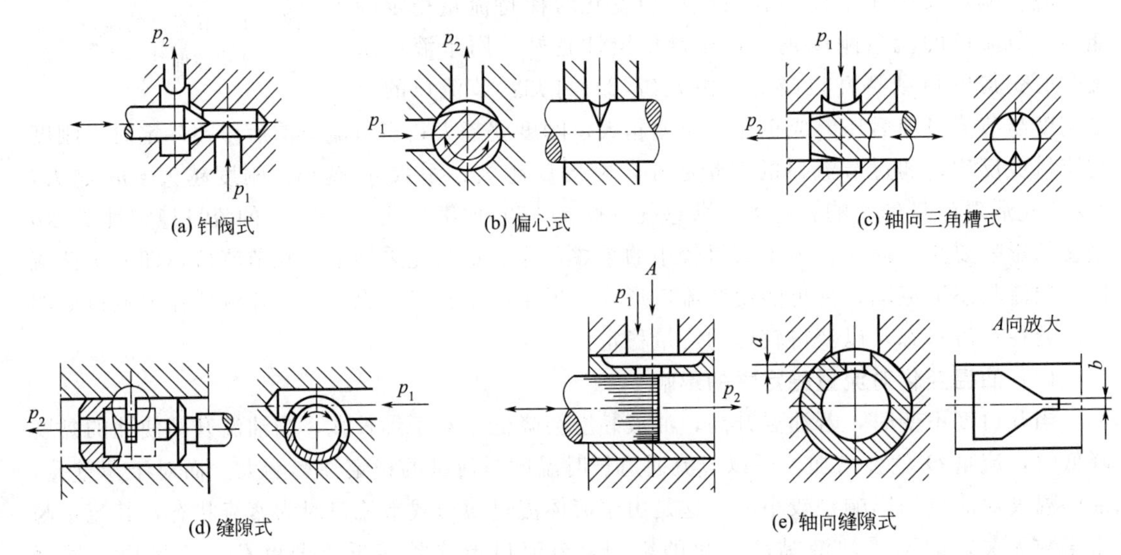

图 7.2 节流口的形式

图 7.2(a) 所示为针阀式节流口。针阀作轴向移动时，调节了环形通道的大小，由此改变了流量。这种结构加工简单。但节流口长度大，水力半径小，易堵塞，流量受油温变化的影响也大，一般用于要求较低的场合。

图 7.2(b) 所示为偏心式节流口。在阀芯上开一个截面为三角形（或矩形）的偏心槽，当转动阀芯时，就可以改变通道大小，由此调节了流量。偏心式结构因阀芯受径向不平衡力，高压时应避免采用。

图 7.2(c) 所示为轴向三角槽式节流口。在阀芯端部开有一个或两个斜的三角槽，轴向移动阀芯就可以改变三角槽通流面积，从而调节了流量。在高压阀中有时在轴端铣两个斜面来实现节流。轴向三角槽式节流口的水力半径较大，小流量时的稳定性较好。

图 7.2(d) 所示为缝隙式节流口。阀芯上开有狭缝，油液可以通过狭缝流入阀芯内孔再经左边的孔流出，旋转阀芯可以改变缝隙的通流面积大小。这种节流口可以制成薄刃结构，从而获得较小的稳定流量，但是阀芯受径向不平衡力，故只适用于低压节流阀中。

图 7.2(e) 所示为轴向缝隙式节流口。在套筒上开有轴向缝隙，轴向移动阀芯就可以改变缝隙的通流面积大小。这种节流口可以制成单薄刃式或双薄刃式结构，流量对温度不敏感。在小流量时水力半径大，故小流量时的稳定性好，因而可用于性能要求较高的场合（如调速阀中）。但节流口在高压作用下易变形，使用时应改善结构的刚度。

对比图 7.2 中所示各种形状的节流口，针阀式节流口和偏心式节流口由于节流通道较长，故节流口前后压差和温度的变化对流量的影响较大，也容易堵塞，只能用在性能要求不高的地方，轴向缝隙式节流口由于其上部铣了一个槽，使其厚度减薄到0.07～0.09mm，成为薄刃式节流口，性能较好，可以得到较小的稳定流量。

7.2 流量负反馈

流量阀的节流面积一定时，节流口两端压差受负载变化的影响不可避免地要发生变化，由此会导致流量的波动。负载变化引起的流量波动可以通过流量负反馈来加以减小或消除。流量负反馈是增大流量刚度的重要手段。

与压力负反馈一样，流量负反馈控制的核心是要构造一个流量比较器和流量测量传感器。流量测量传感器的作用是将不便于直接比较的流量信号转化为便于比较的物理信号，一般转化为力信号后再进行比较。用于一般流量阀的流量测量方法主要有压差法和位移法两种。

7.2.1 流量的压差法测量与反馈

如图7.3(a) 所示，在主油路中串联一个节流面积已调定的液阻 R_Q（一般采用薄刃式节流口）作为流量一次传感器，其压差 p_Q 则随负载流量 Q_L 而变化，故受控流量 Q_L 通过液阻 R_Q 转化为压差 p_Q；再设置一个作为流量二次传感器的微型对称测压油缸，将一次传感器输出的压差 p_Q 引入该测压油缸的两腔，即可将流量转化为与之相关的活塞推力 F_Q，F_Q 即为反馈信号，因此液阻 R_Q 和测压油缸一起构成压差法流量传感器。这种流量传感器结构简单，易于实现，其缺点是负载流量 Q_L 与一次传感器的输出压差 p_Q 之间是非线性关系。

流量负反馈与压力负反馈相似，可用弹簧预压力 $F_{指}$ 作为指令信号，并与流量传感器的反馈力 F_Q 共同作用在力比较器上，构成流量-压差-力负反馈，利用比较信号驱动某流量调节阀芯，控制其阀口液阻 R_x 的大小，最终达到流量自动稳定控制的目的［图7.3(b)］。因此，要想补偿流量的波动，还必须有调节阀口（R_x）及相应的调控回路，要根据油源的不同，选择不同的回路形式。与压力调节相似，流量调节也有压力源串联减压式调节［图7.3(c)］和流量源并联溢流式调节［图7.3(d)］之分。

压力源串联减压式调节是指系统用压力源（近似恒压源，如定量泵并溢流阀）供油时，用于流量调节的阀口（R_x）与负载 Z 串联，构成 R_Q-R_x-Z 串联回路，该阀口（R_x）称为减压阀口。当负载压力 p_L 波动引起负载流量 Q_L 变化时，流量传感器（R_Q）上的压差 p_Q 也会发生变化，以此为控制依据，调节减压阀口（R_x）开度，使流量传感器上压差朝着误差减小的方向变化，从而补偿流量的波动，维持负载流量 Q_L 基本恒定。据此原理设计而成的流量阀称为调速阀。

流量源并联溢流式调节则是指系统用流量源（如定量泵）供油时，用于流量调节的阀口（R_x）与负载 Z 并联［此时流量传感器（R_Q）与负载 Z 串联］，构成并联分流回路才能调节负载流量 Q_L 的大小，该阀口（R_x）称为溢流阀口。当负载压力 p_L 波动引起负载流量 Q_L 变化时，流量传感器（R_Q）上的压差 p_Q 也会发生变化，以此作为控制信号，调节溢流阀口（R_x）的开度，使流量传感器上压差朝着误差减小的方向变化，从而补偿流量的波动，

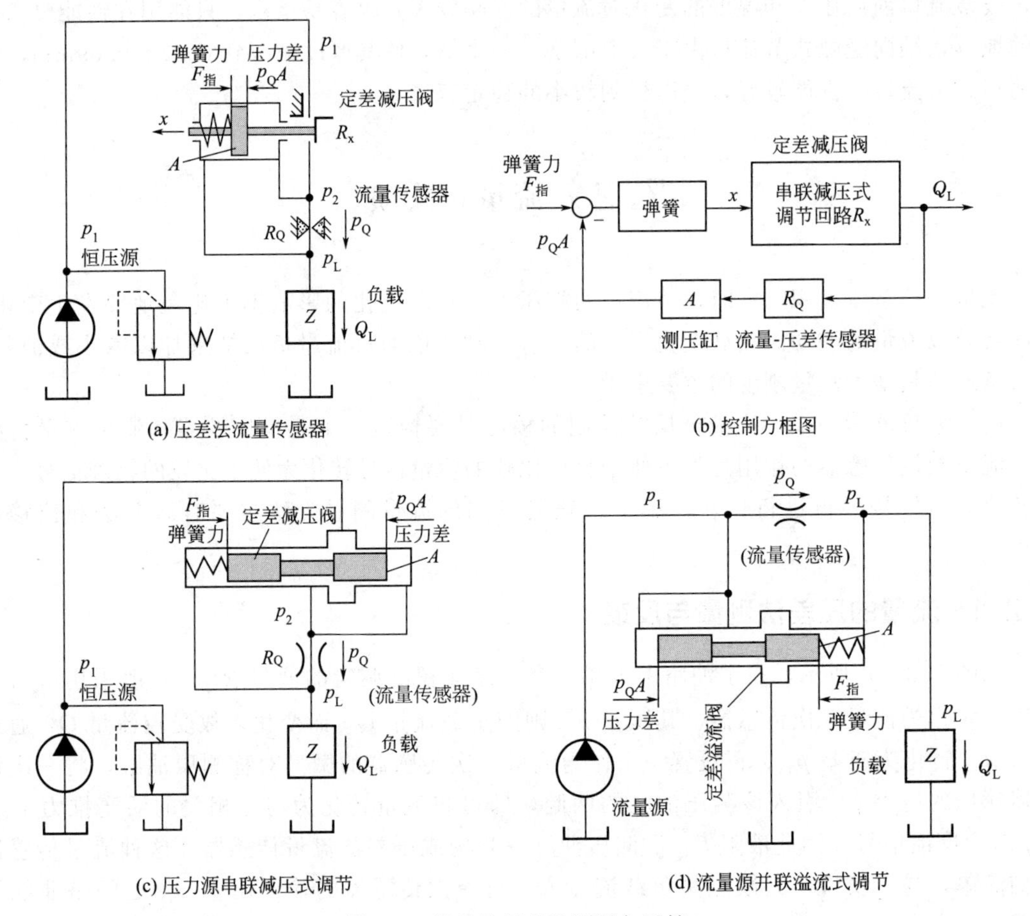

图 7.3 流量的压差法测量与反馈

维持负载流量 Q_L 基本恒定。据此原理设计而成的流量阀称为溢流节流阀。

与压力阀类似，流量阀中流量负反馈也有直动型和先导型之分，但具体结构多为直动型。

7.2.2 流量的位移法测量与反馈

图 7.4(a) 所示为位移法流量传感器，其控制方框图如图 7.4(b) 所示。与压差法相反，本方法是在主油路中串联一个压差 p_Q 基本恒定（通过与弹簧预压力平衡而恒定），但节流面积 A_0 可变的节流口（R_Q）作为流量的一次传感器。因传感器的压差恒定，故液阻 R_Q 及传感器阀芯位移 x_Q 将随负载流量 Q_L 而变化，受控流量信号相应地转换成传感器的位移信号 x_Q。根据节流口流量公式 $Q_L=KA_0\Delta P^m$，有

$$A_0=Q_L/(K\Delta P^m)=CQ_L$$

若将流量传感器制成线性传感器，令 $A_0=K_0x_Q$，则

$$Q_L=(K_0K\Delta P^m)x_Q=C_0x_Q \tag{7.3}$$

式中，C、C_0、K_0 均为常数，即负载流量 Q_L 将与传感器的位移成比例。

为了将一次传感器的位移信号转换成便于比较的力信号，再设置一个传感弹簧（K_Q）作为位移-力转换的二次传感器，将一次传感器输出的位移 x_Q 连接到该弹簧的一端，将位

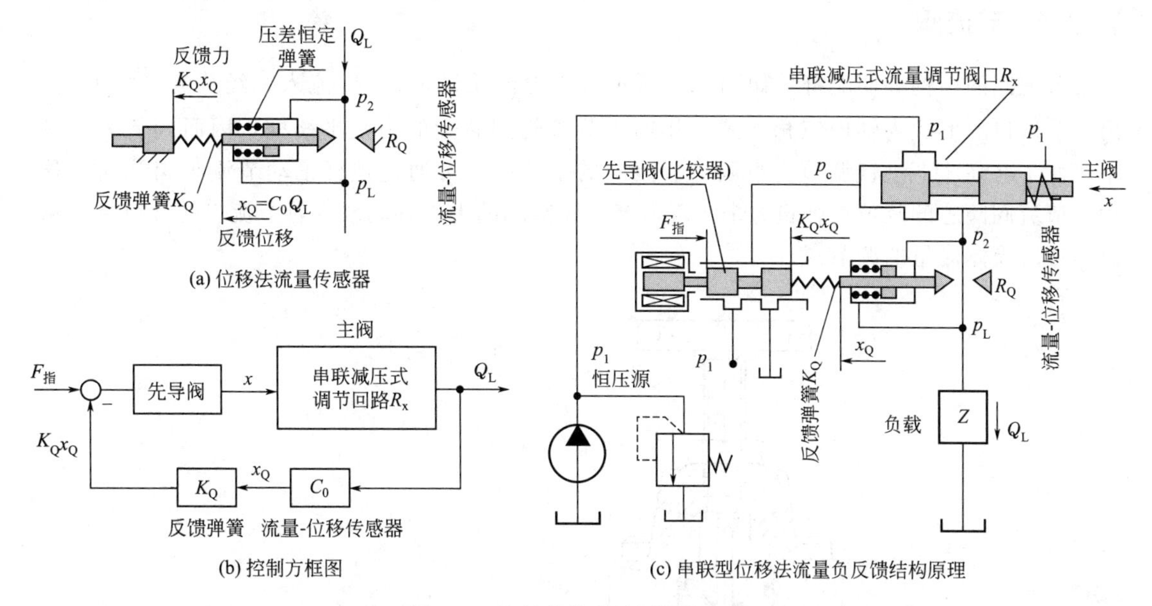

图 7.4　流量的位移法测量与反馈

移 x_Q 作为弹簧压缩量，即可将流量 Q_L 转换成与之成比例的弹簧压缩力 F_Q。F_Q 即为反馈。因此，定压差的可变液阻 R_Q 和位移测量弹簧一起构成了具有流量-位移-力负反馈的位移法流量传感器。这种传感器的特点是线性好，但结构复杂，常用于比例流量阀［图 7.4(c)］。

位移法流量负反馈除传感器不同外，其余部分与压差法相同，也有压力源串联减压式调节与流量源并联溢流式调节两种形式。

7.3　节　流　阀

节流阀是通过改变节流截面或节流长度以控制流体流量的阀，将节流阀和单向阀并联则可组合成单向节流阀。节流阀和单向节流阀是简易的流量控制阀，在定量泵液压系统中，节流阀和溢流阀配合，可组成三种节流调速系统，即进油路节流调速系统、回油路节流调速系统和旁路节流调速系统。节流阀没有流量负反馈功能，不能补偿由负载变化所造成的速度不稳定，一般仅用于负载变化不大或对速度稳定性要求不高的场合。

按其功用，具有节流功能的阀有节流阀、单向节流阀、精密节流阀、节流截止阀和单向节流截止阀等；按节流口的结构形式，节流阀有针式、沉割槽式、偏心槽式、锥阀式、三角槽式、薄刃式等多种；按其调节功能，又可将节流阀分为简式和可调式两种。

简式节流阀通常是指在高压下调节困难的节流阀，由于其对作用于节流阀阀芯上的液压力没有采取平衡措施，当在高压下工作时，调节力矩很大，因而必须在无压（或低压）下调节；相反，可调式节流阀在高压下容易调节，它对作用于其阀芯上的液压力采取了平衡措施，因而无论在何种工作状况下进行调节，调节力矩都较小。

对节流阀的性能要求是：流量调节范围大，流量-压差变化平滑；内泄漏量小，若有外泄漏油口，外泄漏量也要小；调节力矩小，动作灵敏。

7.3.1 节流阀

节流阀的结构和职能符号如图 7.5 所示。压力油从进油口 P_1 流入，经节流口从 P_2 流出。节流口的形式为轴向三角槽式。作用于节流阀阀芯上的力是平衡的，因而调节力矩较小，便于在高压下进行调节。当调节节流阀的手轮时，可通过顶杆推动节流阀阀芯向下移动，节流阀阀芯的复位靠弹簧力来实现，节流阀阀芯的上下移动改变着节流口的开口量，从而实现对流体流量的调节。

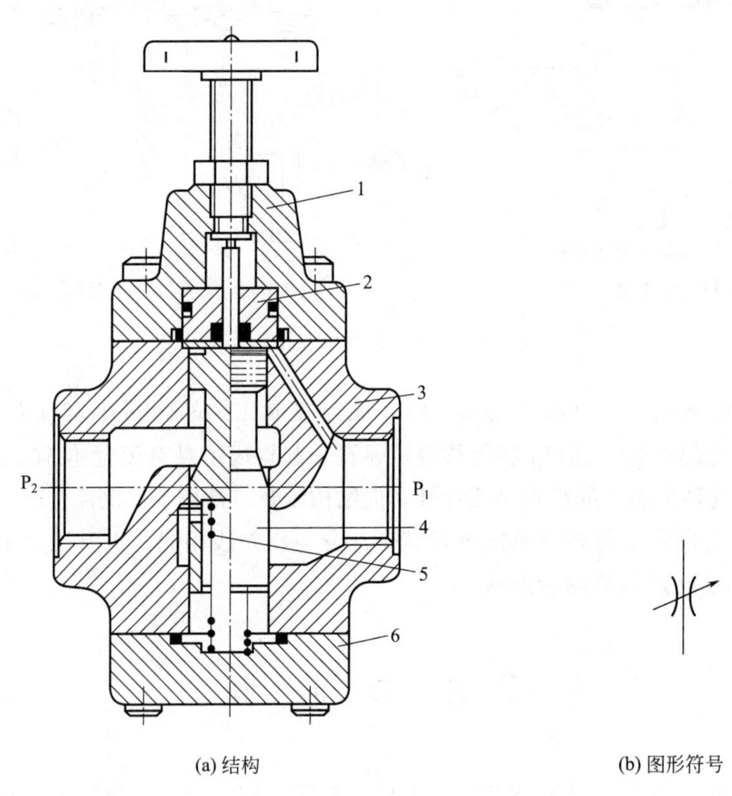

(a) 结构　　(b) 图形符号

图 7.5　轴向三角槽式节流阀

1—顶盖；2—导套；3—阀体；4—阀芯；5—弹簧；6—底盖

图 7.6 所示的节流阀是一种具有螺旋曲线开口和薄刃式结构的精密节流阀。阀套上开有节流窗口，阀芯 2 与阀套 3 上的窗口匹配后，构成了具有某种形状的薄刃式节流孔口。转动手轮 1（此手轮可用顶部的钥匙来锁定）和节流阀阀芯后，螺旋曲线相对套筒窗口升高或降低，改变节流面积，即可实现对流量的调节。其调节流量受温度变化的影响较小。节流阀阀芯上的小孔对阀芯两端的液压力有一定的平衡作用，故该阀的调节力矩较小。

7.3.2 单向节流阀

图 7.7 所示为单向节流阀的结构图和职能符号，它把节流阀阀芯分成了上阀芯和下阀芯两部分。当流体正向流动时，其节流过程与节流阀是一样的，节流缝隙的大小可通过手柄进行调节；当流体反向流动时，靠油液的压力把下阀芯 4 压下，下阀芯起单向阀作用，单向阀打开，可实现流体反向自由流动。

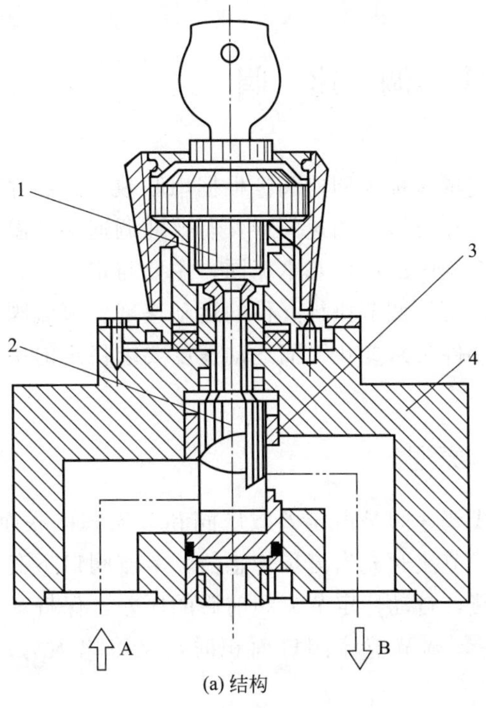

(a) 结构

(b) 图形符号

图 7.6　螺旋曲线开口式节流阀

1—手轮；2—阀芯；3—阀套；4—阀体

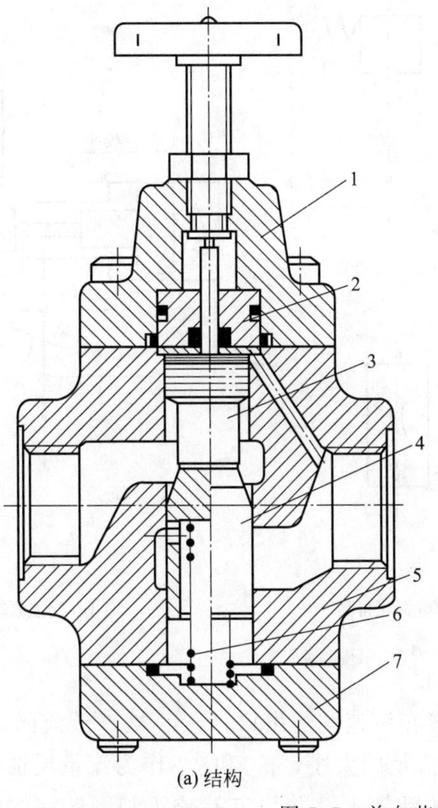

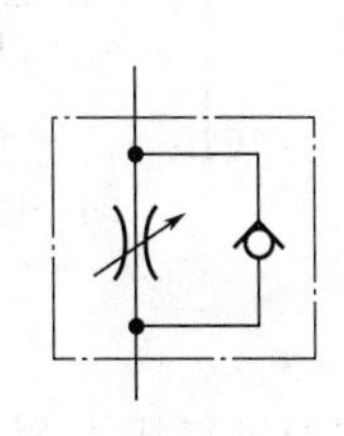

(a) 结构

(b) 图形符号

图 7.7　单向节流阀

1—顶盖；2—导套；3—上阀芯；4—下阀芯；5—阀体；6—复位弹簧；7—底座

7.4 调速阀

根据流量负反馈原理设计而成的流量阀称为调速阀。根据串联减压式和并联溢流式的差别，又分为调速阀和溢流节流阀两种主要类型，调速阀中又有普通调速阀和温度补偿型调速阀两种结构。调速阀和节流阀在液压系统中的应用基本相同，主要与定量泵、溢流阀组成节流调速系统。调节节流阀的开口面积，便可调节执行元件的运动速度。节流阀适用于一般的节流调速系统，而调速阀适用于执行元件负载变化大而运动速度要求稳定的系统中，也可用于容积节流调速回路中。

7.4.1 串联减压式调速阀的工作原理

采用压差法测量流量的串联减压式调速阀是由定差减压阀和节流阀串联而成的组合阀，其工作原理及职能符号如图7.8所示。节流阀充当流量传感器，节流阀口不变时，定差减压阀作为流量补偿阀口，通过流量负反馈，自动稳定节流阀前后的压差，保持其流量不变。因节流阀（传感器）前后压差基本不变，调节节流阀口面积时，又可以人为地改变流量的大小。

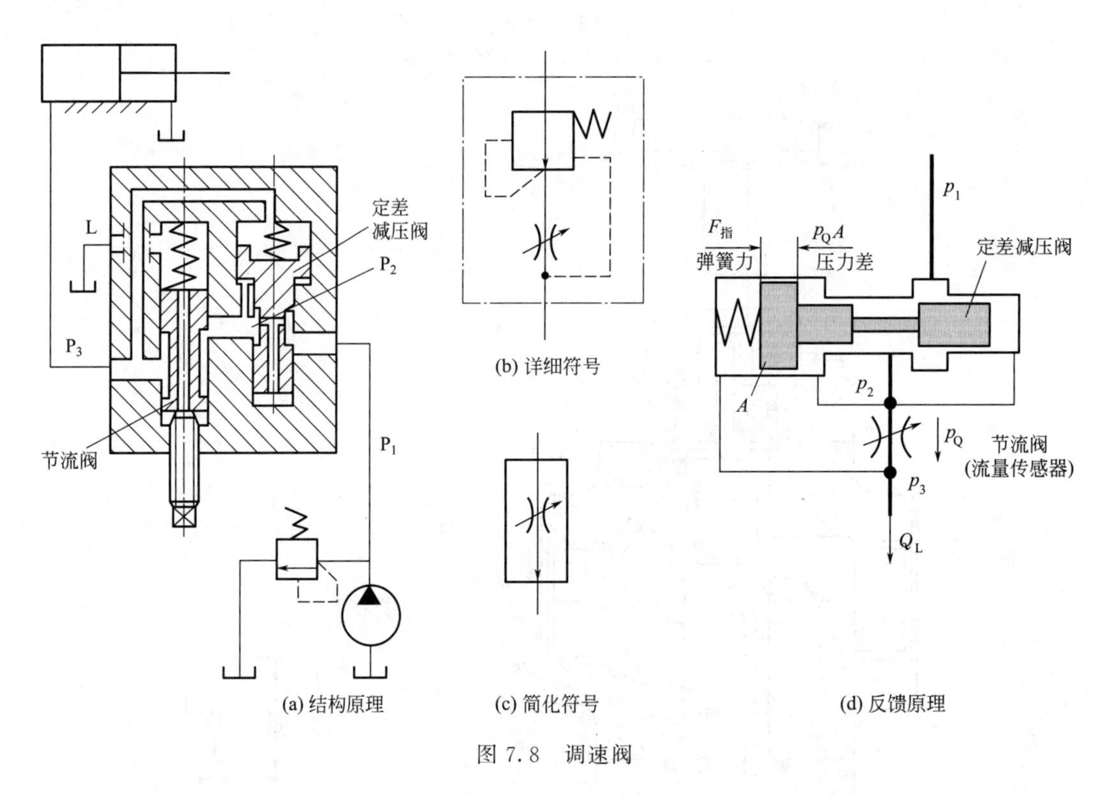

图7.8 调速阀

设减压阀的进口压力为 p_1，负载串接在调速阀的出口（P_3）处。节流阀（流量-压差传感器）前、后的压差 p_2-p_3 代表着负载流量的大小，p_2 和 p_3 作为流量反馈信号分别引到减压阀阀芯两端（压差-力传感器）的测压活塞上，并与定差减压阀阀芯一端的弹簧（充当指令元件）力相平衡，减压阀阀芯平衡在某一位置。减压阀阀芯两端的测压活塞做得比阀口处的阀芯更粗的原因是为了增大反馈力以克服液动力和摩擦力的不利影响。

当负载压力 p_3 增大引起负载流量和节流阀的压差（p_2-p_3）变小时，作用在减压阀阀芯右（下）端的压差也随之减小，阀芯右（下）移，减压口加大，压降减小，使 p_2 也增大，从而使节流阀的压差（p_2-p_3）保持不变；反之亦然。这样就使调速阀的流量恒定不变（不受负载影响）。

上述调速阀是先减压后节流的结构。也可以设计成先节流后减压的结构。两者的工作原理基本相同。

7.4.2 温度补偿调速阀

普通调速阀的流量虽然已能基本上不受外部载荷变化的影响，但是当流量较小时，节流口的通流面积较小，这时节流孔的长度与通流断面水力半径的比值相对地增大，因而油的黏度变化对流量变化的影响也增大，所以当油温升高后油的黏度变小时，流量仍会增大。为了减小温度对流量的影响，常采用带温度补偿的调速阀。温度补偿调速阀也是由减压阀和节流阀两部分组成。减压阀部分的原理和普通调速阀相同。节流阀部分在结构上采取了温度补偿措施，如图 7.9 所示，其特点是节流阀的芯杆（即温度补偿杆）2 由热膨胀系数较大的材料（如聚氯乙烯塑料）制成，当油温升高时，芯杆热膨胀使节流阀口关小，正好能抵消由于黏性降低使流量增加的影响。

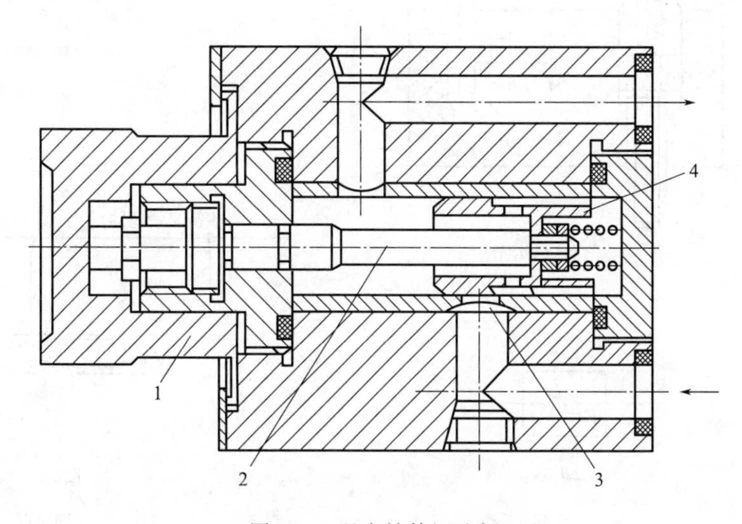

图 7.9 温度补偿调速阀

1—手柄；2—温度补偿杆；3—节流口；4—节流阀阀芯

7.4.3 溢流节流阀

溢流节流阀与负载并联，采用并联溢流式流量负反馈，可以认为它是由定差溢流阀和节流阀并联组成的组合阀。其中节流阀充当流量传感器，节流阀口不变时，通过自动调节起定差作用的溢流口的溢流量来实现流量负反馈，从而稳定节流阀前后的压差，保持其流量不变。与调速阀一样，节流阀（传感器）前后压差基本不变，调节节流阀口时，可以改变流量的大小。溢流节流阀能使系统压力随负载变化，没有调速阀中减压阀口的压差损失，功率损失小，是一种较好的节能元件，但流量稳定性略差一些，尤其在小流量工况下更为明显。因此溢流节流阀一般用于对速度稳定性要求相对较高，而且功率较大的进油路节流调速系统。

图 7.10 所示为溢流节流阀的工作原理和图形符号。溢流节流阀有一个进油口 P_1、一个出油口 P_2 和一个溢流口 T，因而有时也称之为三通流量控制阀。来自液压泵的压力油（p_1），一部分经节流阀进入执行元件，另一部分则经溢流阀回油箱。节流阀的出口压力为 p_2，p_1 和 p_2 分别作用于溢流阀阀芯的两端，与上端的弹簧力相平衡。节流阀口前后压差即为溢流阀阀芯两端的压差，溢流阀阀芯在液压作用力和弹簧力的作用下处于某一平衡位置。当执行元件负载增大时，溢流节流阀的出口压力 p_2 增加，于是作用在溢流阀阀芯上端的液压力增大，使阀芯下移，溢流口减小，溢流阻力增大，导致液压泵出口压力 p_1 增大，即作用于溢流阀阀芯下端的液压力随之增大，从而使溢流阀阀芯两端受力恢复平衡，节流阀口前后压差（p_1-p_2）基本保持不变，通过节流阀进入执行元件的流量可保持稳定，而不受负载变化的影响。这种溢流节流阀上还附有安全阀，以免系统过载。

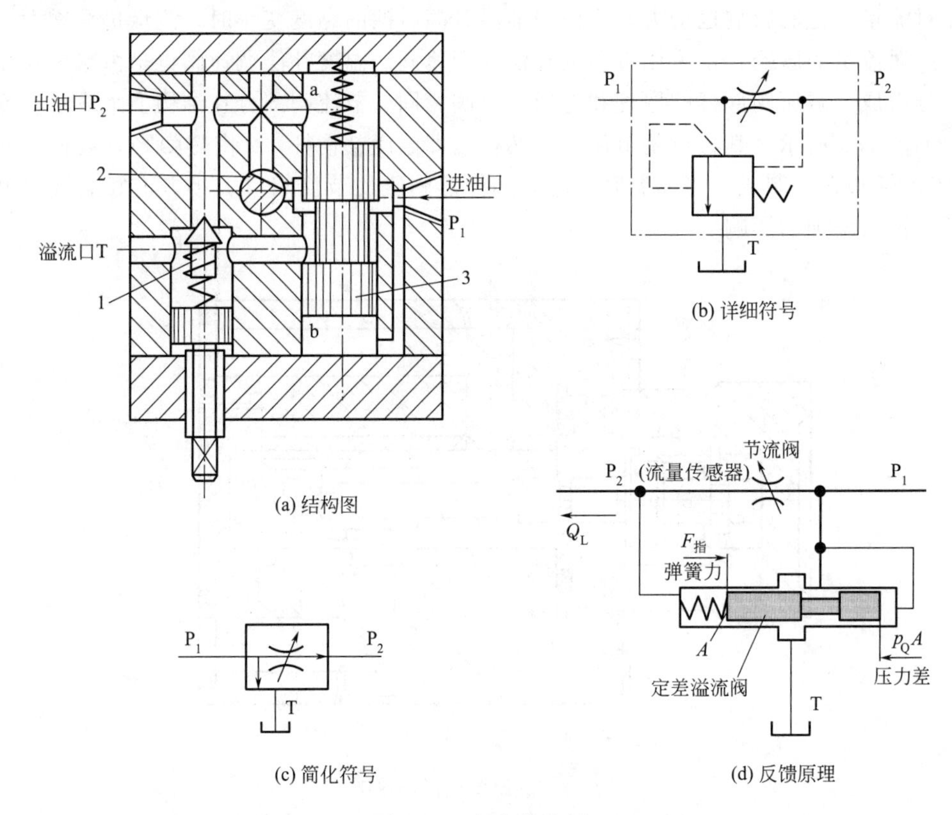

图 7.10　溢流节流阀

1—安全阀；2—节流阀；3—溢流阀

7.5　分　流　阀

分流阀又称同步阀，它是分流阀、集流阀和分流集流阀的总称。

分流阀的作用是使液压系统中由同一个油源向两个以上执行元件供应相同的流量（等量分流），或按一定比例向两个执行元件供应流量（比例分流），以实现两个执行元件的速度保持同步或定比关系。集流阀的作用，则是从两个执行元件收集等流量或按比例的回油量，以实现其间的速度同步或定比关系。分流集流阀则兼有分流阀和集流阀的功能。它们的图形符号如图 7.11 所示。

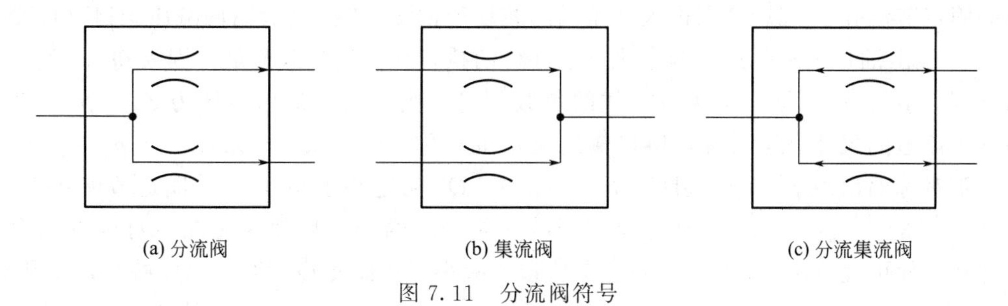

(a) 分流阀　　(b) 集流阀　　(c) 分流集流阀

图 7.11　分流阀符号

7.5.1 分流阀

图 7.12(a) 所示为等量分流阀的结构原理，它可以看作是由两个串联减压式流量控制阀结合为一体构成的。该阀采用流量-压差-力负反馈，用两个面积相等的固定节流口 1、2 作为流量一次传感器，作用是将两路负载流量 Q_1、Q_2 分别转化为对应的压差值 Δp_1 和

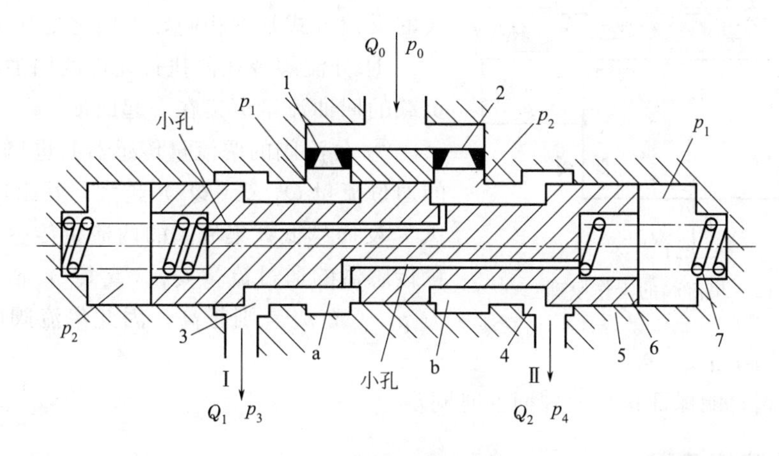

(a) 分流阀的结构原理

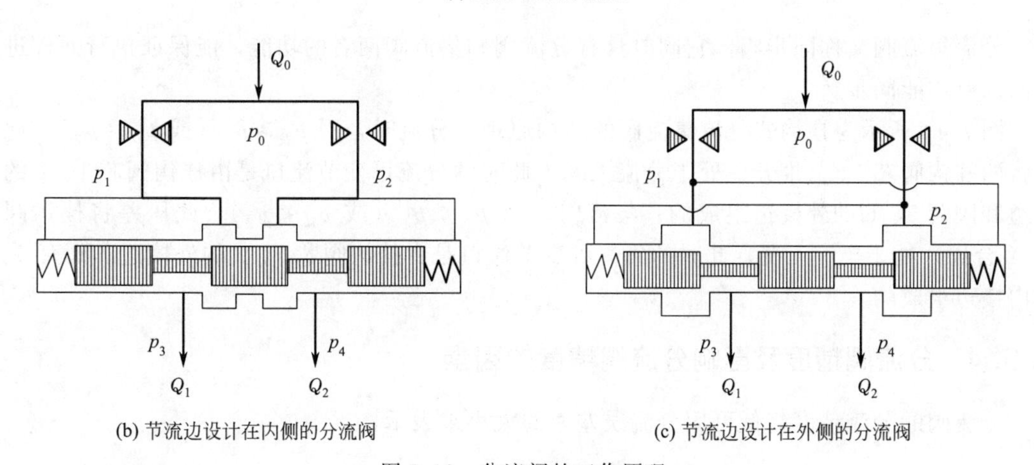

(b) 节流边设计在内侧的分流阀　　(c) 节流边设计在外侧的分流阀

图 7.12　分流阀的工作原理

1,2—固定节流口；3,4—减压阀的可变节流口；5—阀体；6—减压阀；7—弹簧

Δp_2。代表两路负载流量 Q_1 和 Q_2 大小的压差值 Δp_1 和 Δp_2 同时反馈到公共的减压阀阀芯上，相互比较后驱动减压阀阀芯来调节 Q_1 和 Q_2 大小，使之趋于相等。

工作时，设阀的进油口油液压力为 p_0，流量为 Q_0，进入阀后分两路分别通过两个面积相等的固定节流孔 1、2，分别进入减压阀阀芯环形槽 a 和 b，然后由两减压阀口（可变节流口）3、4 经出油口Ⅰ和Ⅱ通往两个执行元件，两执行元件的负载流量分别为 Q_1、Q_2，负载压力分别为 p_3、p_4。如果两执行元件的负载相等，则分流阀的出口压力 $p_3=p_4$，因为阀中两分支流道的尺寸完全对称，所以输出流量也对称，$Q_1=Q_2=Q_0/2$，且 $p_1=p_2$。当由于负载不对称而出现 $p_3 \neq p_4$，且设 $p_3>p_4$ 时，Q_1 必定小于 Q_2，导致固定节流孔 1、2 的压差 $\Delta p_1<\Delta p_2$，$p_1>p_2$，此压差反馈至减压阀阀芯的两端后使阀芯在不对称液压力的作用下左移，使可变节流口 3 增大，可变节流口 4 减小，从而使 Q_1 增大，Q_2 减小，直到 $Q_1 \approx Q_2$ 为止，阀芯才在一个新的平衡位置上稳定下来。即输往两个执行元件的流量相等，当两执行元件尺寸完全相同时，运动速度将同步。

根据节流边及反馈测压面的不同布置，分流阀有图 7.12(b)、(c) 所示两种不同的结构。

7.5.2 集流阀

图 7.13 所示为等量集流阀的原理，它与分流阀的反馈方式基本相同，不同之处如下。

① 分流阀装在两执行元件的回油路上，将两路负载的回油流量汇集在一起回油。

② 分流阀的两流量传感器共进口，流量传感器的通过流量 Q_1（或 Q_2）越大，其出口压力 p_1（或 p_2）反而越低；集流阀的两流量传感器共出口，流量传感器的通过流量 Q_1（或 Q_2）越大，其进口压力 p_1（或 p_2）则越高。因此集流阀的压力反馈方向正好与分流阀相反。

③ 集流阀只能保证执行元件回油时同步。

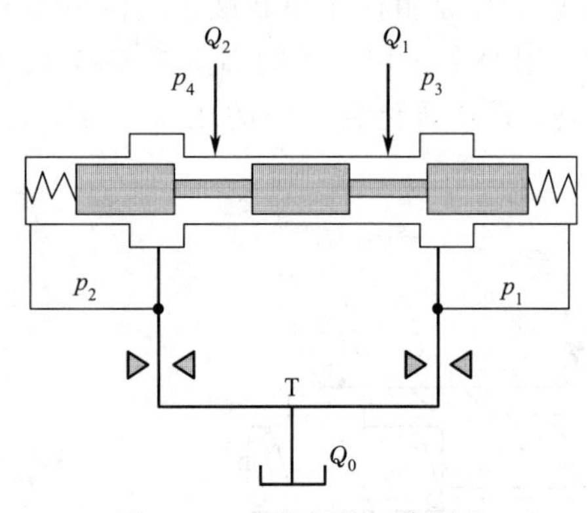

图 7.13　集流阀的工作原理

7.5.3 分流集流阀

分流集流阀又称同步阀，它同时具有分流阀和集流阀两者的功能，能保证执行元件进油和回油时均能同步。

图 7.14 所示为挂钩式分流集流阀的结构原理。分流时，因 $p_0>p_1$（或 $p_0>p_2$），此压差将两挂钩阀芯 1、2 推开，处于分流工况，此时的分流可变节流口是由挂钩阀芯 1、2 的内棱边和阀套 5、6 的外棱边组成的；集流时，因 $p_0<p_1$（或 $p_0<p_2$），此压差将挂钩阀芯 1、2 合拢，处于集流工况，此时的集流可变节流口是由挂钩阀芯 1、2 的外棱边和阀套 5、6 的内棱边组成的。

7.5.4 分流阀精度及影响分流阀精度的因素

分流阀的分流精度高低可用分流误差 ξ 的大小来表示：

$$\xi=\frac{q_1-q_2}{q_0/2}\times 100\%$$

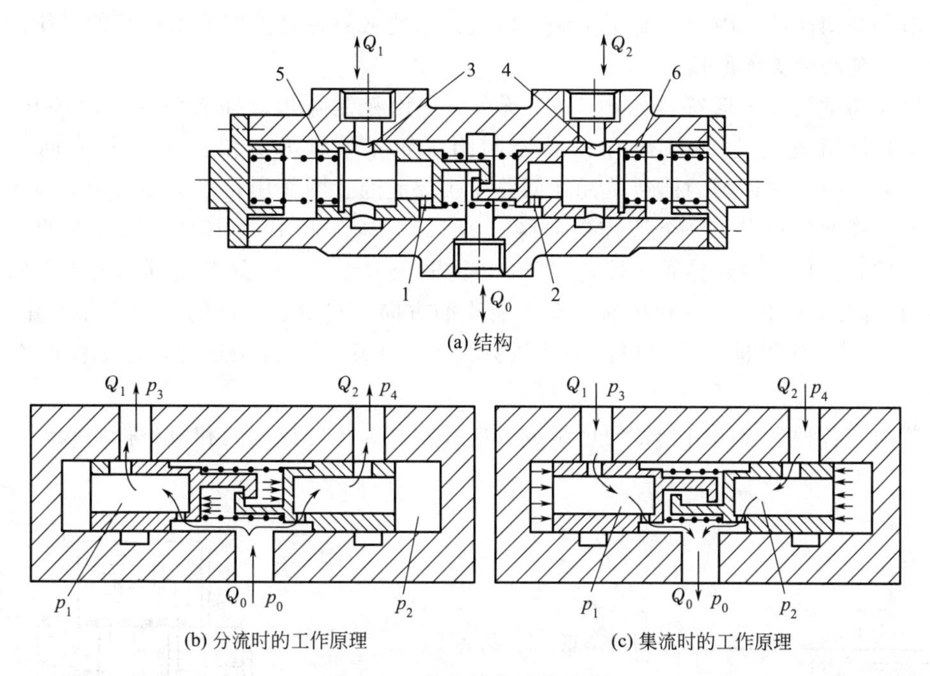

(a) 结构

(b) 分流时的工作原理

(c) 集流时的工作原理

图 7.14　挂钩式分流集流阀

1,2—挂钩阀芯；3,4—可变节流口；5,6—阀套

一般分流阀的分流精度为2%～5%，其值的大小与进口流量的大小和两出口油液压差的大小有关。分流阀的分流精度还与使用情况有关，如果使用方法适当，可以提高其分流精度，使用方法不适当，则会降低分流精度。

影响分流精度的因素有以下几方面。

① 固定节流口的压差太小时，分流效果差，分流精度低。压差大时，分流效果好，也比较稳定。但压差太大时又带来分流阀的压力损失大。希望在保证一定的分流精度下，压力损失尽量小一些。推荐固定节流口的压差不低于0.5～1MPa。

② 两个可变节流口处的液动力和阀芯与阀套间的摩擦力不完全相等而产生的分流误差。

③ 阀芯两端弹簧力不相等引起的分流误差。

④ 两个固定节流口几何尺寸误差带来的分流误差。

必须指出：在采用分流（集流）阀构成的同步系统中，液压缸的加工误差及其泄漏、分流阀之后设置的其他阀的外部泄漏、油路中的泄漏等，虽然对分流阀本身的分流精度没有影响，但对系统中执行元件的同步精度却有直接影响。

7.6　插装阀、比例阀、伺服阀

前面所介绍的方向阀、压力阀、流量阀是普通液压阀，除此之外还有一些特殊的液压阀，如插装阀、比例阀和伺服阀等。本节对这些特殊用途的液压阀只作简要介绍。

7.6.1　插装阀

插装阀（逻辑阀），是一种较新型的液压元件，它的特点是通流能力大，密封性能好，动作灵敏、结构简单，因而主要用于流量较大的系统或对密封性能要求较高的系统。

(1) 插装阀的工作原理

插装阀的结构及图形符号如图 7.15 所示。它由控制盖板、插装单元（由阀套、弹簧、阀芯及密封件组成）、插装块体和先导控制阀（如先导阀为二位三通电磁换向阀，见图 7.16）组成。由于这种阀的插装单元在回路中主要起通、断作用，故又称二通插装阀。二通插装阀的工作原理相当于一个液控单向阀。图 7.15 中 A 和 B 为主油路仅有的两个工作油口，K 为控制油口（与先导阀相接）。当 K 口无液压力作用时，阀芯受到的向上的液压力大于弹簧力，阀芯开启，A 与 B 相通，至于液流的方向，视 A、B 口的压力大小而定。反之，当 K 口有液压力作用时，且 K 口的油液压力大于 A 和 B 口的油液压力，才能保证 A 与 B 之间关闭。

插装阀与各种先导阀组合，便可组成方向控制阀、压力控制阀和流量控制阀。

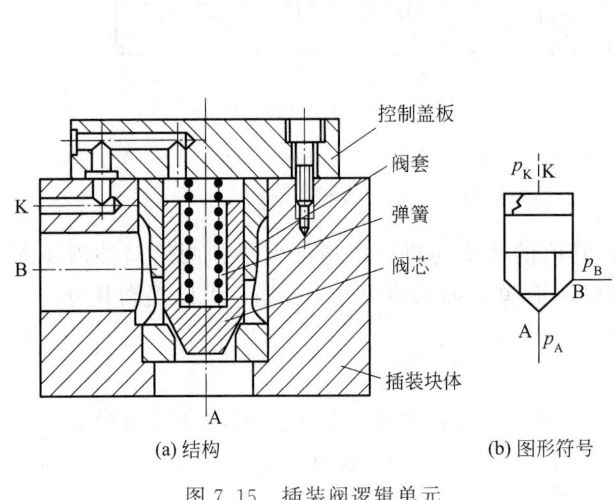

(a) 结构　　(b) 图形符号

图 7.15　插装阀逻辑单元

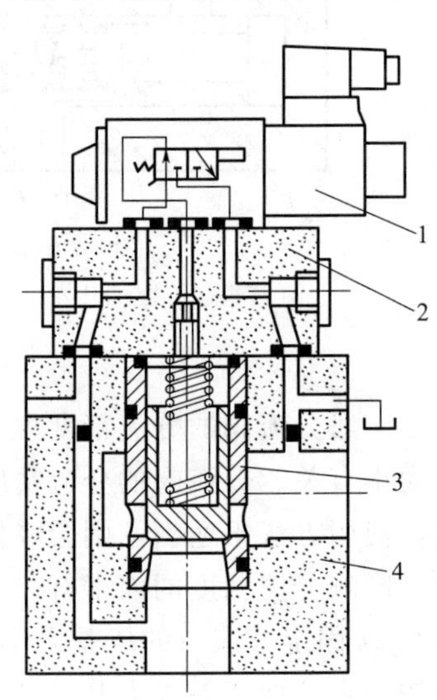

图 7.16　插装阀的组成

1—先导控制阀；2—控制盖板；3—逻辑单元（主阀）；4—插装块体

(2) 方向控制插装阀

插装阀组成的各种方向控制阀如图 7.17 所示。图 7.17(a) 所示为单向阀，当 $p_A > p_B$ 时，阀芯关闭，A 与 B 不通；而当 $p_B > p_A$ 时，阀芯开启，油液从 B 流向 A。图 7.17(b) 所示为二位二通阀，当电磁阀断电时，阀芯开启，A 与 B 接通；电磁阀通电时，阀芯关闭，A 与 B 不通。图 7.17(c) 所示为二位三通阀，当电磁阀断电时，A 与 T 接通；电磁阀通电时，A 与 P 接通。图 7.17(d) 所示为二位四通阀，电磁阀断电时，P 与 B 接通，A 与 T 接通；电磁阀通电时，P 与 A 接通，B 与 T 接通。

(3) 压力控制插装阀

插装阀组成的压力控制阀如图 7.18 所示。在图 7.18(a) 中，如 B 接油箱，则插装阀用作溢流阀，其原理与先导式溢流阀相同。如 B 接负载时，则插装阀起顺序阀作用。图 7.18(b) 所示为电磁溢流阀，当二位二通电磁阀通电时起卸荷作用。

(4) 流量控制插装阀

二通插装节流阀的结构及图形符号如图 7.19 所示。在插装阀的控制盖板上有阀芯限位

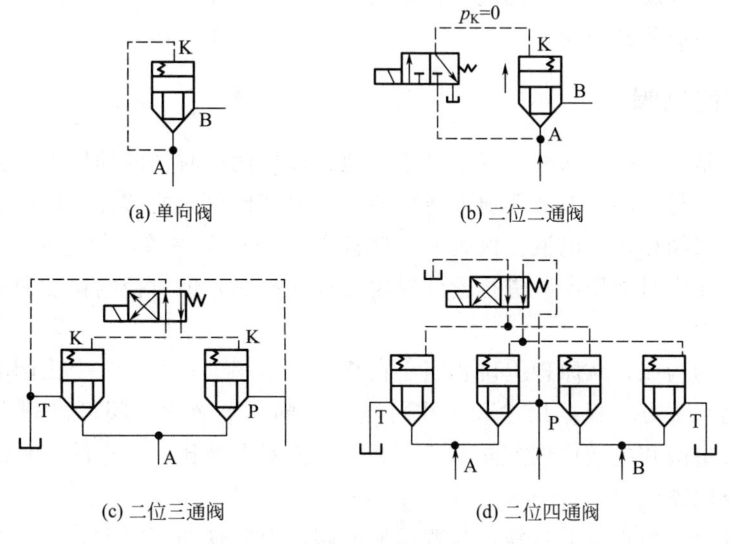

图 7.17　插装阀用作方向控制阀

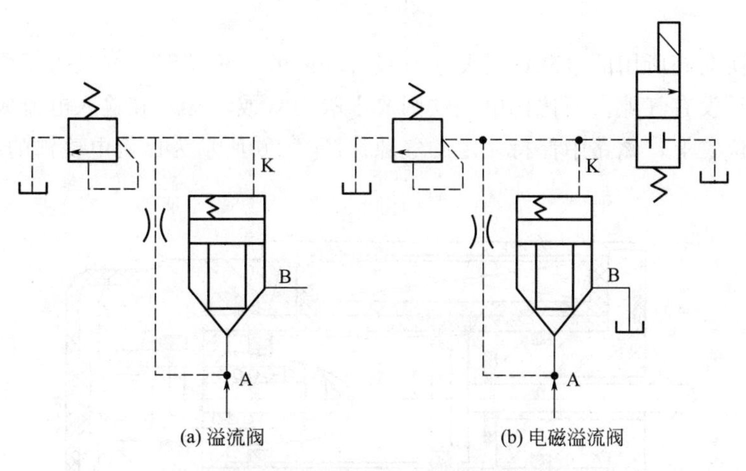

图 7.18　插装阀用作压力控制阀

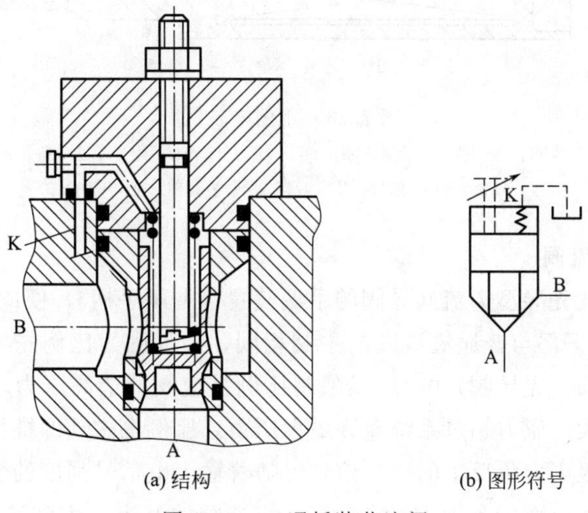

图 7.19　二通插装节流阀

器，用来调节阀芯开度，从而起到流量控制阀的作用。若在二通插装阀前串联一个定差减压阀，则可组成二通插装调速阀。

7.6.2 电液比例阀

电液比例阀是一种按输入的电气信号连续地、按比例地对油液的压力、流量或方向进行远距离控制的阀。与手动调节的普通液压阀相比，电液比例阀能够提高液压系统参数的控制水平；与电液伺服阀相比，电液比例阀在某些性能方向稍差一些，但它结构简单、成本低，所以广泛应用于要求对液压参数进行连续控制或程序控制，但对控制精度和动态特性要求不太高的液压系统中。

电液比例阀的构成，从原理上讲相当于在普通液压阀上，装上一个比例电磁铁以代替原有的控制（驱动）部分。根据用途和工作特点的不同，电液比例阀可以分为电液比例压力阀、电液比例流量阀和电液比例方向阀三大类。下面对电液比例阀作简要介绍。

(1) 比例电磁铁

比例电磁铁是一种直流电磁铁，与普通换向阀用电磁铁的不同主要在于，比例电磁铁的输出推力与输入的线圈电流基本成比例。这一特性使比例电磁铁可作为液压阀中的信号给定元件。

普通电磁换向阀所用的电磁铁只要求有吸合和断开两个位置，并且为了增加吸力，在吸合时磁路中几乎没有气隙。而比例电磁铁则要求吸力（或位移）和输入电流成比例，并在衔铁的全部工作位置上，磁路中保持一定的气隙。图 7.20 所示为比例电磁铁的结构。

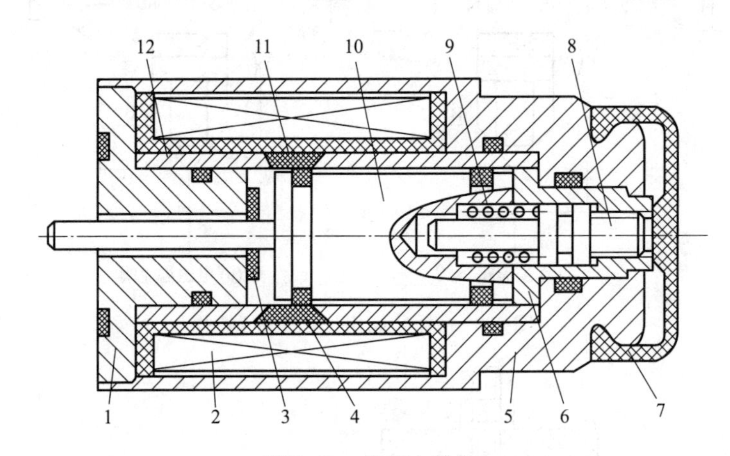

图 7.20　比例电磁铁

1—轭铁；2—线圈；3—限位环；4—隔磁环；5—壳体；6—内盖；7—盖；8—调节螺钉；9—弹簧；10—衔铁；11—(隔磁) 支承环；12—导向套

(2) 电液比例溢流阀

用比例电磁铁取代先导型溢流阀导阀的手调装置（调压手柄），便成为先导型比例溢流阀，如图 7.21 所示。该阀下部与普通溢流阀的主阀相同，上部则为比例先导压力阀。该阀还附有一个手动调整的安全阀（先导阀）9，用以限制比例溢流阀的最高压力，以避免因电子仪器发生故障使控制电流过大，压力超过系统允许最大压力。比例电磁铁的推杆向先导阀阀芯施加推力，该推力作为先导级压力负反馈的指令信号。随着输入电信号强度的变化，比例电磁铁的电磁力将随之变化，从而改变指令力 $F_{指}$ 的大小，使锥阀的开启压力随输入信号的变化而变化。

若输入信号连续地、按比例地或按一定程序变化，则比例溢流阀所调节的系统压力也连续地、按比例地或按一定的程序进行变化。因此比例溢流阀多用于系统的多级调压或实现连续的压力控制。直动型比例溢流阀作先导阀与其他普通的压力阀的主阀相配，便可组成先导型比例溢流阀、比例顺序阀和比例减压阀。图 7.22 所示为先导型比例溢流阀的工作原理。

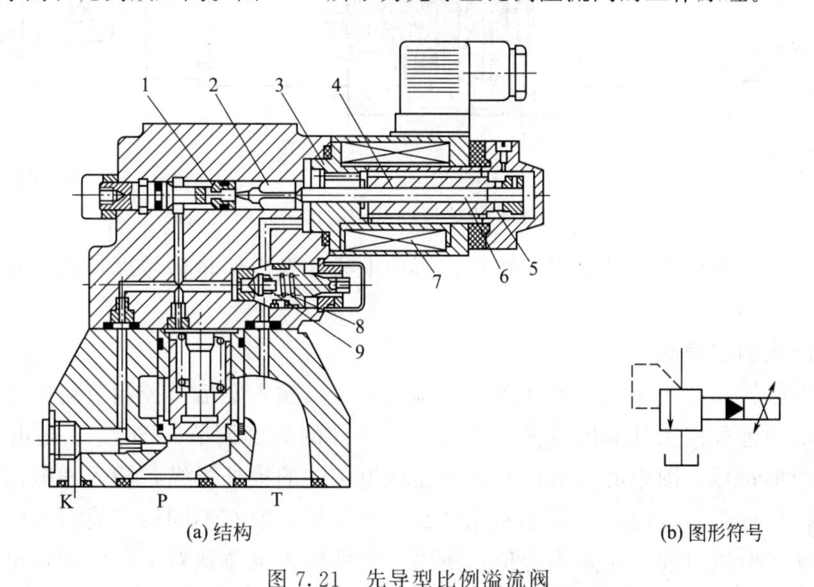

(a) 结构　　(b) 图形符号

图 7.21　先导型比例溢流阀

1—阀座；2—先导锥阀；3—轭铁；4—衔铁；5,8—弹簧；6—推杆；7—线圈；9—先导阀

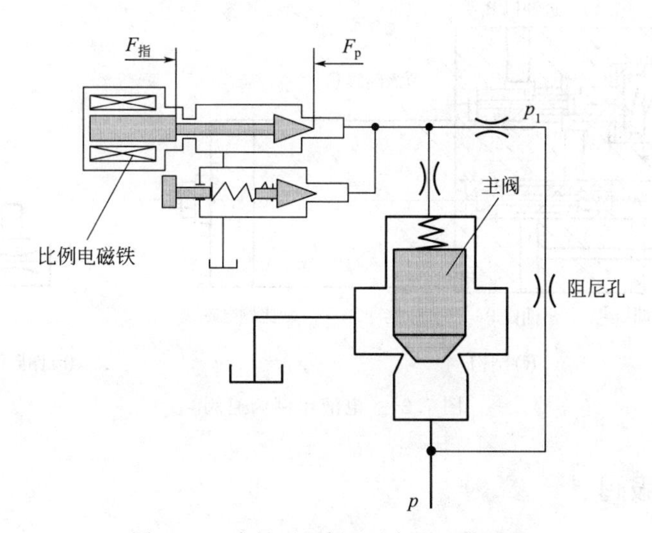

图 7.22　先导型比例溢流阀的工作原理

(3) 比例方向节流阀

用比例电磁铁取代电磁换向阀中的普通电磁铁，便构成直动型比例方向节流阀，如图 7.23 所示。由于使用了比例电磁铁，阀芯不仅可以换位，而且换位的行程可以连续地或按比例地变化，因而连通油口间的通流面积也可以连续地或按比例地变化，所以比例方向节流阀不仅能控制执行元件的运动方向，而且能控制其速度。

部分比例电磁铁前端还附有位移传感器（或称差动变压器），这种比例电磁铁称为行程控制比例电磁铁。位移传感器能准确地测定电磁铁的行程，并向放大器发出电反馈信号。电

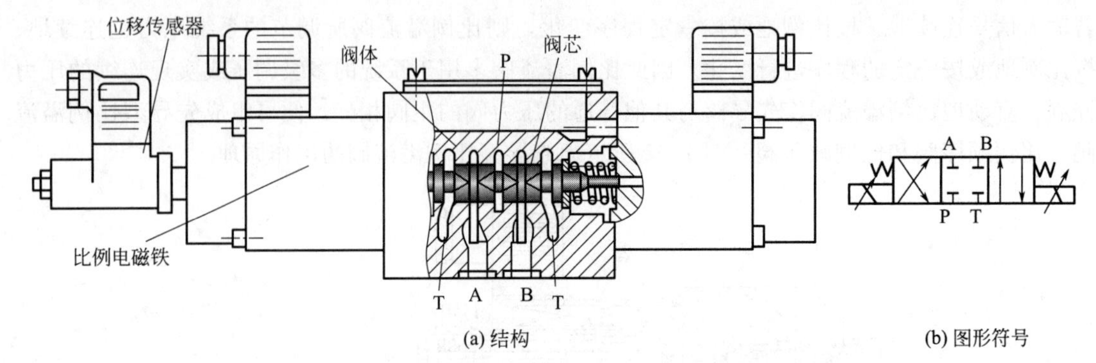

(a) 结构　　(b) 图形符号

图 7.23　带位移传感器的直动型比例方向节流阀

放大器将输入信号和反馈信号加以比较后，再向电磁铁发出纠正信号以补偿误差，因此阀芯位置的控制更加精确。

(4) 电液比例调速阀

用比例电磁铁取代节流阀或调速阀的手调装置，以输入电信号控制节流口开度，便可连续地或按比例地远程控制其输出流量，实现执行部件的速度调节。图 7.24 是电液比例调速阀的结构及图形符号，图中的节流阀阀芯由比例电磁铁的推杆操纵，输入的电信号不同，则电磁力不同，推杆受力不同，与阀芯左端弹簧力平衡后，便有不同的节流口开度。由于定差减压阀已保证了节流口前后压差为定值，所以一定的输入电流就对应一定的输出流量，不同的输入信号变化，就对应着不同的输出流量变化。

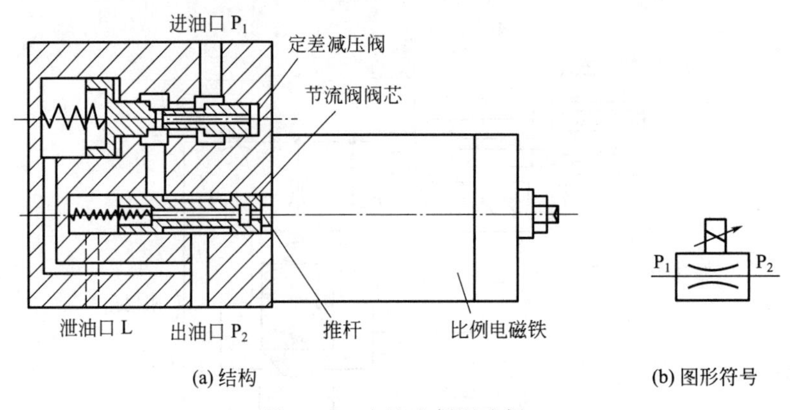

(a) 结构　　(b) 图形符号

图 7.24　电液比例调速阀

7.6.3　电液伺服阀

电液伺服阀是一种比电液比例阀的精度更高、响应更快的液压控制阀。其输出流量或压力受输入的电气信号控制，主要用于高速闭环液压控制系统，而比例阀多用于响应速度相对较低的开环控制系统中。伺服阀价格较高，对过滤精度的要求也较高。电液伺服阀和电液伺服系统中复杂的动态过程无法简单描述，这里仅对电液伺服阀工作原理作简要介绍。

电液伺服阀多为两级阀，有压力型伺服阀和流量型伺服阀之分，绝大部分伺服阀为流量型伺服阀。在流量型伺服阀中，要求主阀芯的位移与输入电流信号成比例，为了保证主阀芯的定位控制，主阀和先导阀之间设有位置负反馈，反馈的形式主要有直接位置反馈和位置-力反馈两种。

(1) 直接位置反馈型电液伺服阀

直接位置反馈型电液伺服阀的主阀阀芯与先导阀阀芯构成直接位置比较和反馈，其工作原理如图 7.25 所示，图中先导阀直径较小，直接由动圈式力马达的线圈驱动，力马达的输入电流约为 0～±300mA。当输入电流为零时，力马达线圈的驱动力也为零，先导阀阀芯位于主阀零位没有运动；当输入电流逐步加大到 $I=300$mA 时，力马达线圈的驱动力也逐步加大到约 40N，压缩力马达弹簧后，使先导阀阀芯产生位移约为 4mm；当输入电流改变方向，$I=-300$mA 时，力马达线圈的驱动力也变成约 −40N，带动先导阀阀芯产生反向位移约 −4mm。上述过程说明先导阀阀芯的位移与输入电流成比例，运动方向与电流方向保持一致。先导阀阀芯直径小，无法控制系统中的大流量；主阀阀芯的阻力很大，力马达的推力又不足以驱动主阀阀阀芯。解决的办法是，先用力马达按比例地驱动直径小的先导阀阀芯，再用位置随动（直接位置反馈）的办法让主阀阀芯等量跟随先导阀运动，最后达到用小信号按比例地控制系统中的大流量的目的。

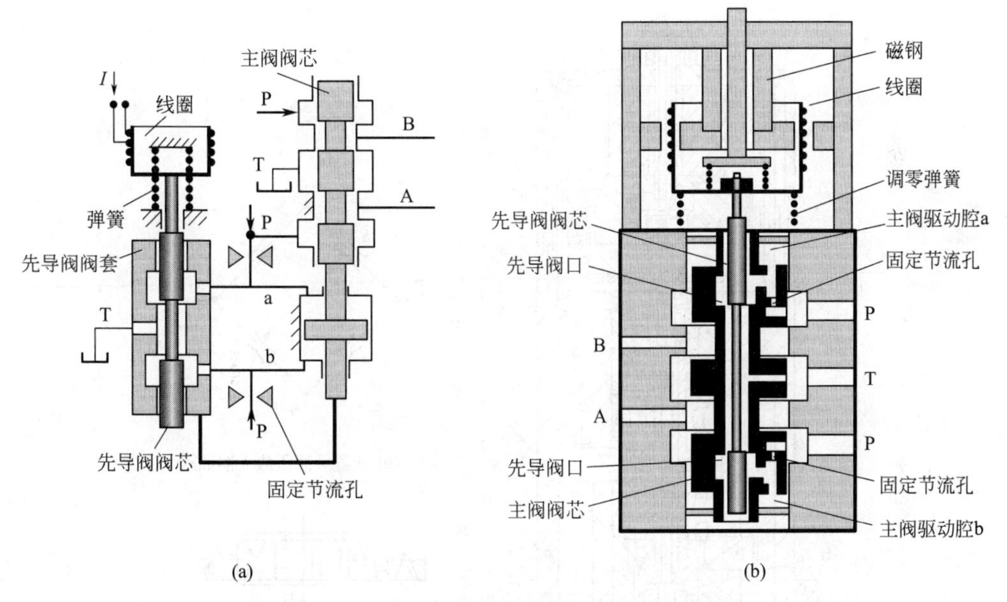

图 7.25　直接位置反馈型电液伺服阀的工作原理

设计时，将主阀阀芯两端容腔视为驱动主阀阀芯的对称双作用液压缸，该缸由先导阀供油，以控制主阀阀芯上下运动。由于先导阀阀芯直径小，加工困难，为了降低加工难度，可将先导阀上用于控制主阀阀芯上下两腔的进油阀口由两个固定节流孔代替，这样先导阀可视为由两个带固定节流孔的半桥组成的全桥。为了实现直接位置反馈，将主阀阀芯、驱动油缸、先导阀阀套三者做成一体，因此主阀阀芯位移 x_{p}（被控位移）反馈到先导阀上，与先导阀阀套位移 $x_{套}$ 相等。当先导阀阀芯在力马达的驱动下向上运动产生位移 $x_{芯}$ 时，先导阀阀芯与阀套之间产生开口量 $x_{芯}-x_{套}$，主阀阀芯上腔的回油口打开，压差驱动主阀阀芯自下而上运动，同时先导阀口在反馈的作用下逐步关小。当先导阀口关闭时，主阀停止运动且主阀位移 $x_{\mathrm{p}}=x_{套}=x_{芯}$。反向运动亦然。在这种反馈中，主阀阀芯等量跟随先导阀运动，故称为直接位置反馈。

图 7.26(a) 所示为 DY 型直接位置反馈型电液伺服阀的结构。上部为动圈式力马达，下部是两级滑阀装置。压力油由 P 口进入，A、B 口接执行元件，T 口回油。由动圈 7 带动

的小滑阀（先导阀）6 与空心主滑阀 4 的内孔配合，动圈与先导滑阀固连，并用两个弹簧 8、9 定位对中。小滑阀上的两条控制边与主滑阀上两个横向孔形成两个可变节流口 11、12。P 口来的压力油除经主控油路外，还经过固定节流口 3、5 和可变节流口 11、12，先导阀的环形槽和主滑阀中部的横向孔到了回油口，形成如图 7.26(b) 所示的前置液压放大器油路(桥路)。显然，前置级液压放大器是由具有两个可变节流口 11、12 的先导滑阀和两个固定节流口 3、5 组合而成的。桥路中固定节流口与可变节流口连接的节点 a、b 分别与主滑阀上、下两个台肩端面连通，主滑阀可在节点压力作用下运动。平衡位置时，节点 a、b 的压力相同，主滑阀保持不动。如果先导滑阀在动圈作用下向上运动，节流口 11 加大，12 减小，a 点压力降低，b 点压力上升，主滑阀随之向上运动。由于主滑阀又兼作先导滑阀的阀套（位置反馈），故当主滑阀向上移动的距离与先导滑阀一致时，停止运动。同样，在先导滑阀向下运动时，主滑阀也随之向下移动相同的距离，故为直接位置反馈系统。这种情况下，动圈只需带动小滑阀，力马达的结构尺寸就不至于太大。

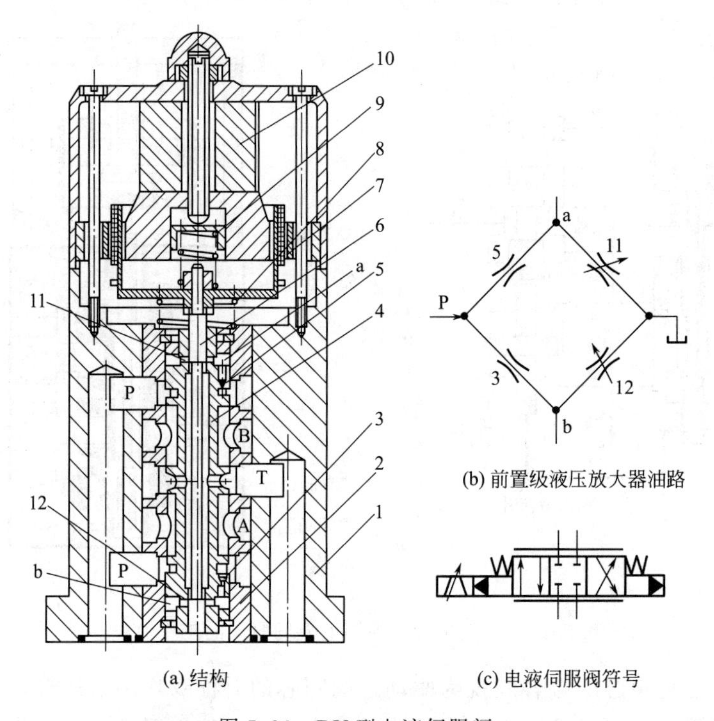

图 7.26　DY 型电液伺服阀

1—阀体；2—阀座；3,5—固定节流口；4—主滑阀；6—先导阀；7—线圈（动圈）；8—下弹簧；9—上弹簧；10—磁钢（永久磁铁）；11,12—可变节流口

以滑阀作前置级的优点是：功率放大系数大，适合于大流量控制。其缺点是：滑阀阀芯受力较多、较大，因此要求驱动力大；由于摩擦力大，使分辨率和滞环增大；因运动部分质量大，动态响应慢；公差要求严，制造成本高。

(2) 喷嘴挡板式力反馈电液伺服阀

喷嘴挡板式电液伺服阀由电磁部分和液压两部分组成，电磁部分是一个动铁式力矩马达，液压部分为两级，第一级是双喷嘴挡板阀，称前置级（先导阀），第二级是四边滑阀，称功率放大级（主阀）。

由双喷嘴挡板阀构成的前置级如图 7.27 所示，它由两个固定节流口、两个喷嘴和一个挡板组成。两个对称配置的喷嘴共用一个挡板，挡板和喷嘴之间形成可变节流口，挡板一般由扭轴或弹簧支承，且可绕支点偏转，挡板由力矩马达驱动。当挡板上没有作用输入信号时，挡板处于中间位置——零位，与两喷嘴之距均为 x_0，此时两喷嘴控制腔的压力 p_1 与 p_2 相等。当挡板转动时，两个控制腔的压力一边升高，另一边降低，就有负载压力 p_L（$p_L=p_1-p_2$）输出。双喷嘴挡板阀有四个通道（一个供油口，一个回油口和两个负载口），有四个节流口（两个固定节流口和两个可变节流口），是一种全桥结构。

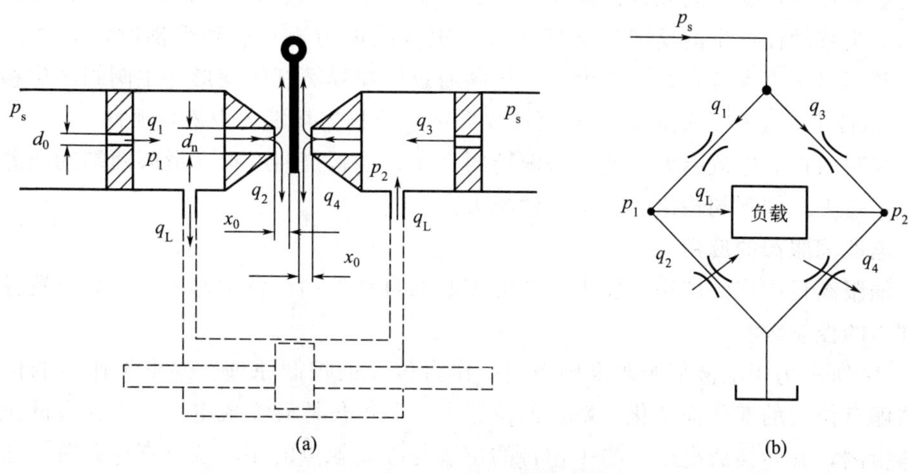

图 7.27　由双喷嘴挡板阀构成的前置级

力反馈型喷嘴挡板式电液伺服阀的工作原理如图 7.28 所示。主阀阀芯两端容腔可视为驱动主阀的对称油缸，由先导级的双喷嘴挡板阀控制。挡板 5 的下部延伸一个反馈弹簧杆 11，并通过一钢球与主阀阀芯相连。主阀位移通过反馈弹簧杆转化为弹性变形力作用在挡板

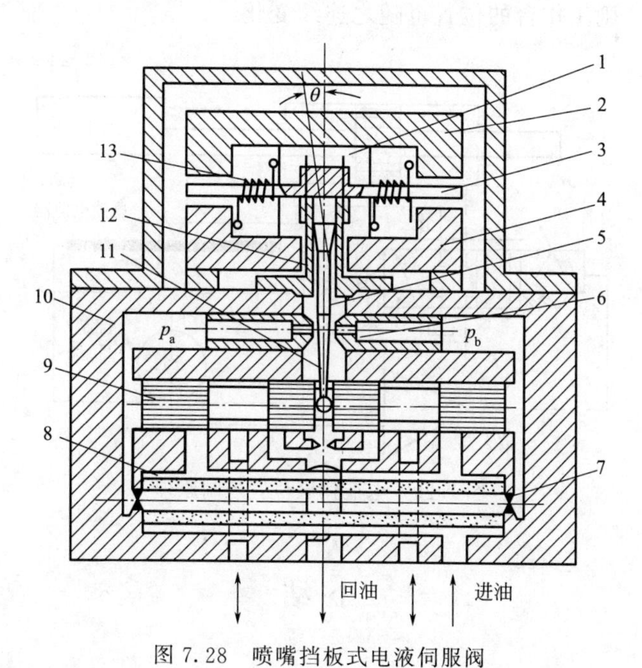

图 7.28　喷嘴挡板式电液伺服阀

1—永久磁铁；2,4—导磁体；3—衔铁；5—挡板；6—喷嘴；7—固定节流孔；8—滤油器；9—滑阀；10—阀体；11—反馈弹簧杆；12—弹簧管；13—线圈

上与电磁力矩相平衡（即力矩比较）。当线圈 13 中没有电流通过时，力矩马达无力矩输出，挡板 5 处于两喷嘴中间位置。当线圈通入电流后，衔铁 3 因受到电磁力矩的作用偏转角度 θ，由于衔铁固定在弹簧管 12 上，这时，弹簧管上的挡板也偏转相应的 θ 角，使挡板与两喷嘴的间隙改变，如果右面间隙增加，左喷嘴腔内压力升高，右腔压力降低，主阀（滑阀 9）芯在此压差作用下右移。由于挡板的下端是反馈弹簧杆 11，反馈弹簧杆下端是球头，球头嵌放在滑阀 9 的凹槽内，在阀芯移动的同时，球头通过反馈弹簧杆带动上部的挡板一起向右移动，使右喷嘴与挡板的间隙逐渐减小。当作用在衔铁-挡板组件上的电磁力矩与作用在挡板下端因球头移动而产生的反馈弹簧杆变形力矩（反馈力矩）达到平衡时，滑阀便不再移动，并使其阀口一直保持在这一开度上。该阀通过反馈弹簧杆的变形将主阀阀芯位移反馈到衔铁-挡板组件上与电磁力矩进行比较而构成反馈，故称力反馈式电液伺服阀。

通过线圈的控制电流越大，使衔铁偏转的力矩、挡板挠曲变形、滑阀两端的压差以及滑阀的位移量越大，伺服阀输出的流量也就越大。

(3) 电液伺服阀的应用

电液伺服阀目前广泛应用于要求高精度控制的自动控制设备中，用以实现位置控制、速度控制和力的控制等。

图 7.29 所示为用电液伺服阀准确控制工作台位置的控制原理。要求工作台的位置随控制电位器触点位置的变化而变化。触点的位置由控制电位器转换成电压。工作台的位置由反馈电位器检测，并转换成电压。当工作台的位置与控制触点的相应位置有偏差时，通过桥式电路即可获得该偏差值的偏差电压。若工作台位置落后于控制触点的位置时，偏差电压为正值，送入放大器，放大器便输出一正向电流给电液伺服阀。伺服阀给液压缸一正向流量，推动工作台正向移动，减小偏差，直至工作台与控制触点相应位置吻合时，伺服阀输入电流为零，工作台停止移动。当偏差电压为负值时，工作台反向移动，直至消除偏差时为止。如果控制触点连续变化，则工作台的位置也随之连续变化。

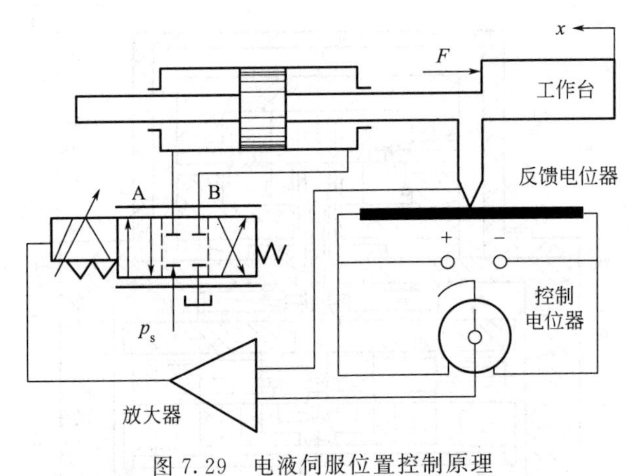

图 7.29　电液伺服位置控制原理

小结

流量阀中，调速阀和分流阀是根据流量负反馈原理工作的，用于调节和稳定流量。流量负反馈的核心是将被控流量转化为力信号与指令力比较，指令力可用调压弹簧或比例电磁铁产生，比较元件一般是流量调节阀芯或先导阀。

流量负反馈比压力负反馈更为复杂，关键在于要将流量转化成便于比较的力以后，再反馈到阀芯上。将流量转化成力的过程称为流量的传感与测量，转换部件称为流量传感器。流量阀的流量测量方法有两种：压差法和位移法。用压差法测量时，先将流量转化成压力差，再用测压法测量，因此用于稳定流量的调速阀被称为定差阀。用位移法测量时，先将流量转化成传感器的位移，再用弹簧将其转化为反馈力。位移法比压差法复杂，需要先导级才能构成反馈，应用较少。

节流阀没有流量负反馈，因此无法自动稳定流量，但用于节流调速系统时功率损失比调速阀小。轴向三角槽式节流口的水力半径较大，加工简单，应用较广。

电液比例阀能按输入的电气信号连续地、成比例地控制压力或流量，与电液伺服阀相比，响应速度和精度低一些，多用于开环比例控制。

电液伺服阀精度高、响应快，多用于闭环控制。

插装阀可组成方向阀、压力阀、流量阀，它相当于电液动阀，流量大、密封好，常用于大流量系统中。

习题

7.1 如何计算通过节流阀的流量？哪些因素影响流量的稳定性？

7.2 调速阀为什么能保证通过它的流量稳定？

7.3 使用调速阀时，进、出油口能不能反接？试分析原因。

7.4 将调速阀和溢流节流阀分别装在负载（油缸）的回油路上，能否起稳定速度的作用？

7.5 溢流阀和节流阀都能作背压阀用，其差别是什么？

7.6 电液比例阀与普通阀比较，有何特点？

7.7 简述电液伺服阀的工作原理、特点及应用。

7.8 简述插装阀的工作原理、特点及应用。

8 液压基本回路

8.1 快速运动回路

快速运动回路的功用在于使执行元件获得尽可能大的工作速度，以提高劳动生产率并使功率得到合理的利用。实现快速运动可以有几种方法，这里仅介绍液压缸差动连接的快速运动回路和双泵供油的快速运动回路。

8.1.1 液压缸差动连接的快速运动回路

如图 8.1 所示，换向阀 2 处于原位时，液压泵 1 输出的液压油同时与液压缸 3 的左、右两腔相通，两腔压力相等。由于液压缸无杆腔的有效面积 A_1 大于有杆腔的有效面积 A_2，使活塞受到的向右作用力大于向左的作用力，导致活塞向右运动。于是无杆腔排出的油液与泵 1 输出的油液合流进入无杆腔，亦即相当于在不增加泵的流量的前提下增加了供给无杆腔的油液量，使活塞快速向右运动。这种回路比较简单也比较经济，但液压缸的速度加快有限，差动连接与非差动连接的速度之比为$\frac{v_1'}{v_1}=\frac{A_1}{A_1-A_2}$，有时仍不能满足快速运动的要求，常常要求和其他方法（如限压式变量泵）联合使用。值得注意的是，在差动回路中，泵

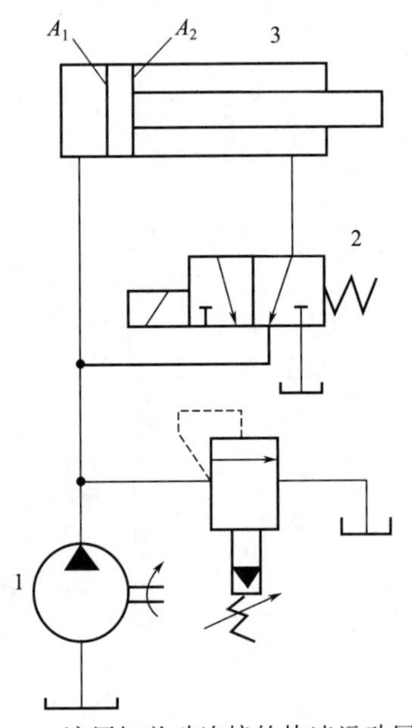

图 8.1　液压缸差动连接的快速运动回路

1—液压泵；2—换向阀；3—液压缸

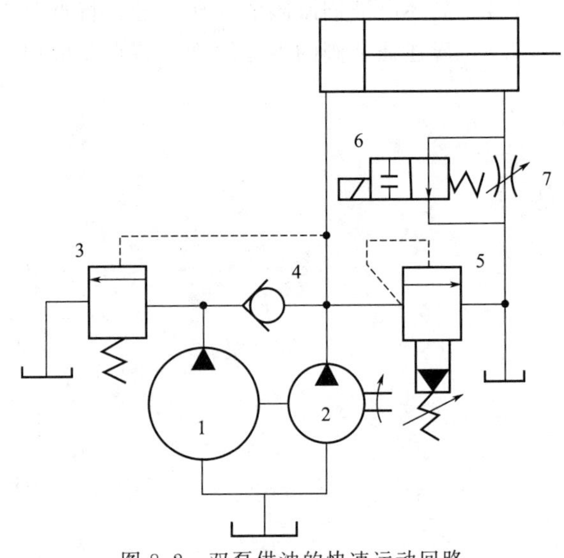

图 8.2　双泵供油的快速运动回路

1,2—液压泵；3—顺序阀；4—单向阀；5—溢流阀；6—换向阀；7—节流阀

的流量和液压缸有杆腔排出的流量合在一起流过的阀和管路应按合流流量来选择其规格，否则会产生较大的压力损失，增加功率消耗。

8.1.2 双泵供油的快速运动回路

如图 8.2 所示，由低压大流量泵 1 和高压小流量泵 2 组成的双联泵作为动力源。外控顺序阀 3 和溢流阀 5 分别设定双泵供油和小泵 2 单独供油时系统的最高工作压力。当换向阀 6 处于图 8.2 所示位置，并且由于外负载很小，使系统压力低于顺序阀 3 的调定压力时，两个泵同时向系统供油，活塞快速向右运动；当换向阀 6 的电磁铁通电，右位工作，液压缸有杆腔经节流阀 7 回油箱，当系统压力达到或超过顺序阀 3 的调定压力，大流量泵 1 通过阀 3 卸荷，单向阀 4 自动关闭，只有小流量泵 2 单独向系统供油，活塞慢速向右运动，小流量泵 2 的最高工作压力由溢流阀 5 调定。这里应注意，顺序阀 3 的调定压力至少应比溢流阀 5 的调定压力低 10%～20%。大流量泵 1 的卸荷减少了动力消耗，回路效率较高。这种回路常用在执行元件快进和工进速度相差较大的场合，特别是在机床中得到了广泛的应用。

8.2 调速回路

8.2.1 调速方法简介

在液压系统中往往需要调节液压执行元件的运动速度，以适应主机的工作循环需要。液压系统中的执行元件主要是液压缸和液压马达，其运动速度或转速与输入的流量及自身的几何参数有关。在不考虑油液压缩性和泄漏的情况下，液压缸的速度为

$$v=\frac{q}{A}$$

液压马达的转速为

$$n=\frac{q}{V_{\mathrm{M}}}$$

式中 q——输入液压缸或液压马达的流量；

A——液压缸的有效作用面积；

V_{M}——液压马达的排量。

由以上两式可以看出，要调节或控制液压缸和液压马达的工作速度，可以通过改变进入执行元件的流量来实现，也可以通过改变执行元件的几何参数来实现。对于确定的液压缸来说，通过改变其有效作用面积 A 来调速是不现实的，一般只能用改变输入液压缸流量的方法来调速。对变量马达来说，既可以用改变输入流量的办法来调速，也可通过改变马达排量的方法来调速。目前常用的调速回路主要有以下几种。

① 节流调速回路　采用定量泵供油，通过改变回路中流量控制元件通流面积的大小来控制输入或流出执行元件的流量，以调节其速度。

② 容积调速回路　通过改变回路中变量泵或变量马达的排量等方式来调节执行元件的运动速度。

③ 容积节流调速回路（联合调速）　采用压力反馈式变量泵供油，由流量控制元件改变

流入或流出执行元件的流量来调节速度。同时，又使变量泵的输出流量与通过流量控制元件的流量相匹配。

下面主要讨论节流调速回路和容积调速回路。

8.2.2 采用节流阀的节流调速回路

节流调速回路根据流量控制元件在回路中安放的位置不同，分为进油路节流调速、回油路节流调速、旁油路节流调速三种基本形式，下面以定量泵-液压缸为例，分析采用节流阀的节流调速回路的机械特性、功率特性等。

8.2.2.1 进油路节流调速回路

如图 8.3 所示，将节流阀串联在液压泵和液压缸之间，用它来控制进入液压缸的流量，从而达到调速的目的，称为进油路节流调速回路。在这种回路中，定量泵输出的多余流量通过溢流阀流回油箱。由于溢流阀有溢流，泵的出口压力 p_p 为溢流阀的调定压力并保持定值，这是进油路节流调速回路能够正常工作的条件。

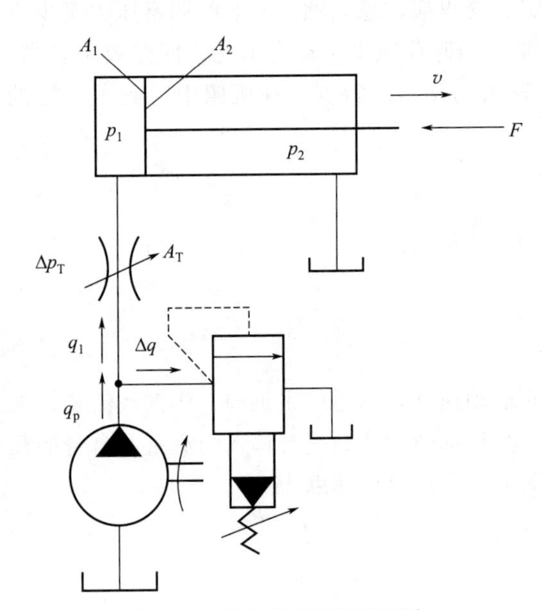

图 8.3 进油路节流调速回路

(1) 速度-负载特性

当不考虑回路中各处的泄漏和油液的压缩时，活塞运动速度为

$$v=\frac{q_1}{A_1} \tag{8.1}$$

活塞受力方程为

$$p_1A_1=p_2A_2+F \tag{8.2}$$

式中 F——外负载力；

p_2——液压缸回油腔压力，当回油腔通油箱时，$p_2\approx 0$。

于是

$$p_1=\frac{F}{A_1}$$

进油路上通过节流阀的流量方程为

$$q_1=CA_T(\Delta p_T)^m$$

$$q_1=CA_T(p_p-p_1)^m=CA_T\left(p_p-\frac{F}{A_1}\right)^m \tag{8.3}$$

于是

$$v=\frac{q_1}{A_1}=\frac{CA_T}{A_1^{1+m}}(p_pA_1-F)^m \tag{8.4}$$

式中 C——与油液种类等有关的系数；

A_T——节流阀的通流面积；

Δp_T——节流阀前后的压差，$\Delta p_T=p_p-p_1$；

m——节流阀的指数，当为薄壁孔口时，$m=0.5$。

式(8.4)即为进油路节流调速回路的速度-负载特性方程，它描述了执行元件的速度 v 与负载 F 之间的关系。如以 v 为纵坐标，F 为横坐标，将式(8.4)按不同节流阀通流面积 A_T 作图，可得一组抛物线，称为进油路节流调速回路的速度-负载特性曲线，如图 8.4 所示。由式(8.4)和图 8.4 可以看出，其他条件不变时，活塞的运动速度 v 与节流阀通流面积 A_T 成正比，调节 A_T 就能实现无级调速。这种回路的调速范围较大，$R_{cmax}=\frac{v_{max}}{v_{min}}\approx 100$。当节流阀通流面积 A_T 一定时，活塞运动速度 v 随着负载 F 的增加按抛物线规律下降。但不论节流阀通流面积如何变化，当 $F=p_pA_1$ 时，节流阀两端压差为零，没有流体通过节流阀，活塞也就停止运动，此时液压泵的全部流量经溢流阀流回油箱。该回路的最大承载能力即为 $F_{max}=p_pA_1$。

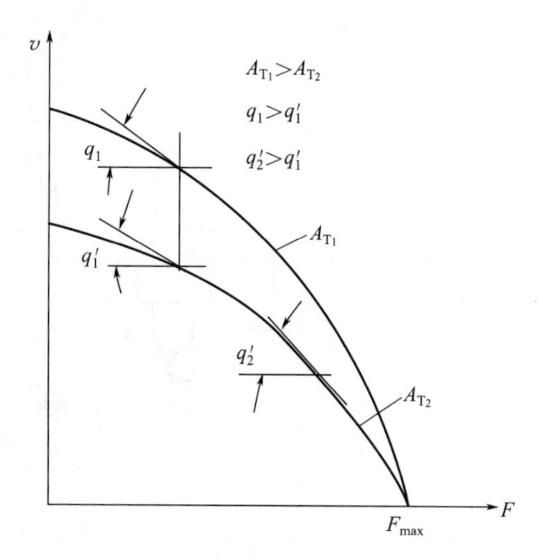

图 8.4 进油路节流调速回路速度-负载特性曲线

(2) 功率特性

调速回路的功率特性是以其自身的功率损失（不包括液压缸、液压泵和管路中的功率损失）、功率损失分配情况和效率来表达的。在图 8.3 中，液压泵输出功率即为该回路的输入功率：

$$P_p=p_pq_p$$

液压缸输出的有效功率为

$$P_1=Fv=F\frac{q_1}{A_1}=p_1q_1$$

回路的功率损失为

$$\Delta P=P_p-P_1=p_pq_p-p_1q_1=p_p(q_1+\Delta q)-(p_p-\Delta p_T)q_1=p_p\Delta q+\Delta p_Tq_1 \tag{8.5}$$

式中 Δq——溢流阀的溢流量，$\Delta q=q_p-q_1$。

由式(8.5)可知，进油路节流调速回路的功率损失由两部分组成：溢流功率损失 $\Delta P_1=p_p\Delta q$ 和节流功率损失 $\Delta P_2=\Delta p_Tq_1$。

回路的输出功率与回路的输入功率之比定义为回路的效率。进油路节流调速回路的回路效率为

$$\eta=\frac{P_p-\Delta P}{P_p}=\frac{p_1q_1}{p_pq_p} \tag{8.6}$$

8.2.2.2 回油路节流调速回路

如图 8.5 所示，将节流阀串联在液压缸的回油路上，借助节流阀控制液压缸的排油量来调节其运动速度，称为回油路节流调速回路。

采用同样的分析方法可以得到与进油路节流调速回路相似的速度-负载特性：

$$v=\frac{CA_T}{A_2^{1+m}}(p_pA_1-F)^m \tag{8.7}$$

其功率特性与进油路节流调速回路相同。

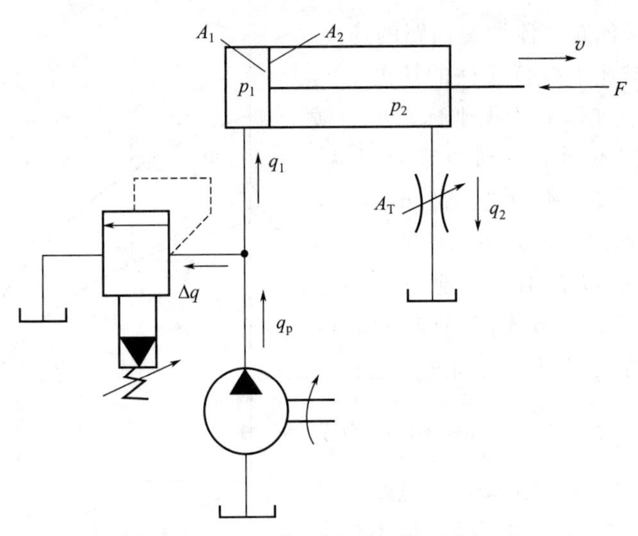

图 8.5　回油路节流调速回路

虽然进油路和回油路节流调速的速度-负载特性公式形式相似，功率特性相同，但它们在以下几方面的性能有明显差别，在选用时应加以注意。

① 承受负值负载的能力　负值负载就是作用力的方向与执行元件的运动方向相同的负载。回油路节流调速的节流阀在液压缸的回油腔能形成一定的背压，能承受一定的负值负载；对于进油路节流调速回路，要使其能承受负值负载就必须在执行元件的回油路上加上背压阀，这必然会导致功率消耗增加，油液发热量增大。

② 运动平稳性　回油路节流调速回路由于回油路上存在背压，可以有效地防止空气从回油路吸入，因而低速运动时不易爬行，高速运动时不易颤振，即运动平稳性好；进油路节流调速回路在不加背压阀时不具备这种特点。

③ 油液发热对回路的影响　进油路节流调速回路中，通过节流阀产生的节流功率损失转变为热量，一部分由元件散发出去，另一部分使油液温度升高，直接进入液压缸，会使缸的内外泄漏增加，速度稳定性不好；回油路节流调速回路油液经节流阀升温后，直接回油箱，经冷却后再进入系统，对系统泄漏影响较小。

④ 启动性能　回油路节流调速回路中若停车时间较长，液压缸回油箱的油液会泄漏回油箱，重新启动时背压不能立即建立，会引起瞬间工作机构的前冲现象；对于进油路节流调速，只要在开车时关小节流阀即可避免启动冲击。

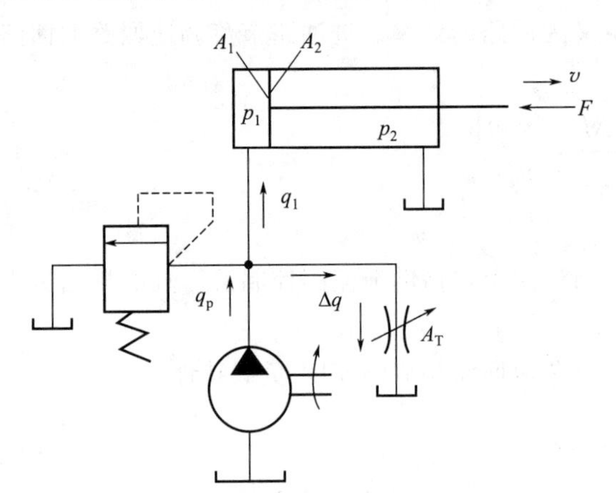

图 8.6　旁油路节流调速回路

综上所述，进油路、回油路节流调速回路结构简单，价格低廉，但效率较低，只宜用在负载变化不大，低速、小功率场合，如某些机床的进给系统中。

8.2.2.3　旁油路节流调速回路

把节流阀装在与液压缸并联的支路上，利用节流阀把液压泵供油的一部分排回油箱实现速度调节的回路，称为旁油路节流调速回路，如图 8.6 所示。在这个回路中，由于溢流功能由节流阀来完成，故正常工作时，溢流阀处于关闭状态，溢流阀作安全阀用，其调定压力为最大负载压力的1.1～1.2倍，液压泵的供油压力p_p取决于负载。

(1) 速度-负载特性

考虑到泵的工作压力随负载变化，泵的输出流量q_p应计入泵的泄漏量随压力的变化Δq_p，采用与前述相同的分析方法可得速度表达式为

$$v=\frac{q_1}{A_1}=\frac{q_{pt}-\Delta q_p-\Delta q}{A_1}=\frac{q_{pt}-k\left(\dfrac{F}{A_1}\right)-CA_T\left(\dfrac{F}{A_1}\right)^m}{A_1} \tag{8.8}$$

式中 q_{pt}——泵的理论流量；

k——泵的泄漏系数。

其余符号意义同前。

(2) 功率特性

回路的输入功率为

$$P_p=p_1q_p$$

回路的输出功率为

$$P_1=Fv=p_1A_1v=p_1q_1$$

回路的功率损失为

$$\Delta P=P_p-P_1=p_1q_p-p_1q_1=p_1\Delta q \tag{8.9}$$

回路效率为

$$\eta=\frac{P_1}{P_p}=\frac{p_1q_1}{p_1q_p}=\frac{q_1}{q_p} \tag{8.10}$$

由式(8.9)和式(8.10)看出，旁油路节流调速只有节流损失，而无溢流损失，因而功率损失比前两种调速回路小，效率高。这种调速回路一般用于功率较大且对速度稳定性要求不高的场合。

使用节流阀的节流调速回路，速度受负载变化的影响较大，亦即速度-负载特性比较软，变载荷下的运动平稳性较差。为了克服这个缺点，回路中的节流阀可用调速阀来代替。由于调速阀本身能在负载变化的条件下保证节流阀进、出油口间的压差基本不变，因而使用调速阀后，节流调速回路的速度-负载特性将得到改善。但所有性能上的改进都是以加大流量控制阀的工作压差，亦即增加泵的供油压力为代价的。调速阀的工作压差一般最小需0.5MPa，高压调速阀需1.0MPa左右。

8.2.3 容积调速回路

容积调速回路可用变量泵供油，根据需要调节泵的输出流量，或应用变量液压马达，调节其每转排量以进行调速，也可以采用变量泵和变量液压马达联合调速。容积调速回路的主要优点是没有节流调速时通过溢流阀和节流阀的溢流功率损失和节流功率损失，所以发热少，效率高，适用于功率较大，并需要有一定调速范围的液压系统中。容积调速回路按所用执行元件的不同，分为泵-缸式回路和泵-马达式回路。这里主要介绍泵-马达式容积调速回路。

8.2.3.1 变量泵-定量马达容积调速回路

图8.7所示为变量泵-定量马达容积调速回路。回路中压力管路上的安全阀4，用以防止

回路过载，低压管路上连接一个小流量的辅助泵 1，以补偿泵 3 和马达 5 的泄漏，其供油压力由溢流阀 6 调定。辅助泵与溢流阀使低压管路始终保持一定压力，不仅改善了主泵的吸油条件，而且可置换部分发热油液，降低系统温升。

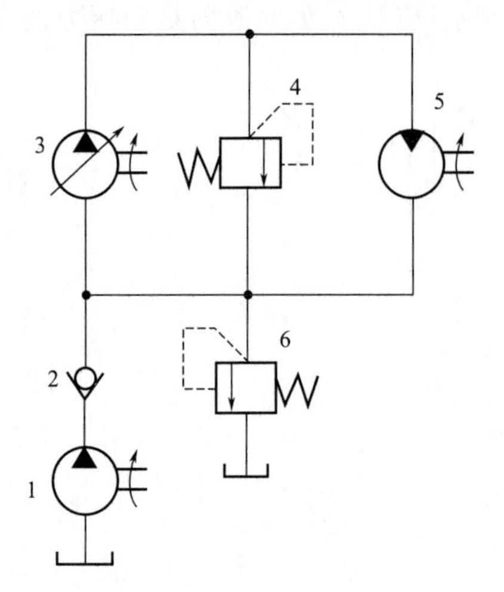

图 8.7 变量泵-定量马达容积调速回路

1,3—液压泵；2—单向阀；4—安全阀；5—液压马达；6—溢流阀

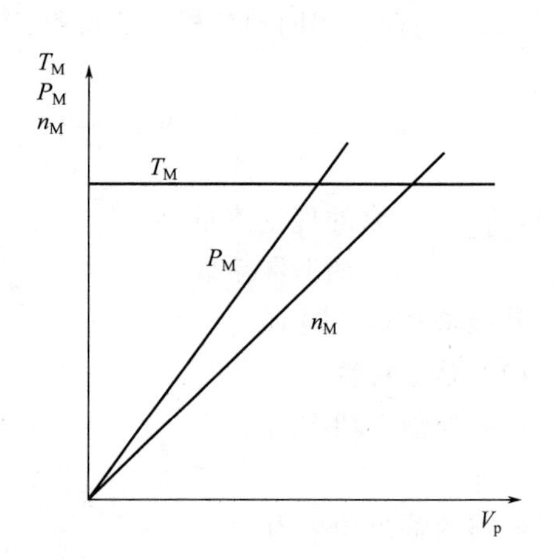

图 8.8 变量泵-定量马达容积调速回路工作特性曲线

在这种回路中，液压泵转速 n_p 和液压马达排量 V_M 都为恒值，改变液压泵排量 V_p 可使马达转速 n_M 和输出功率 P_M 随之成比例地变化。马达的输出转矩 T_M 和回路的工作压力 p 都由负载转矩来决定，不因调速而发生改变，所以这种回路常被称为恒转矩调速回路，回路特性曲线如图 8.8 所示。值得注意的是，在这种回路中，因泵和马达的泄漏量随负载的增加而增加，致使马达输出转速下降。该回路的调速范围 $R_c \approx 40$。

8.2.3.2 定量泵-变量马达容积调速回路

图 8.9 所示为定量泵-变量马达容积调速回路，定量泵 1 的排量 V_p 不变，变量液压马达 2 的排量 V_M 的大小可以调节，3 为安全阀，4 为补油泵，5 为补油泵的低压溢流阀。

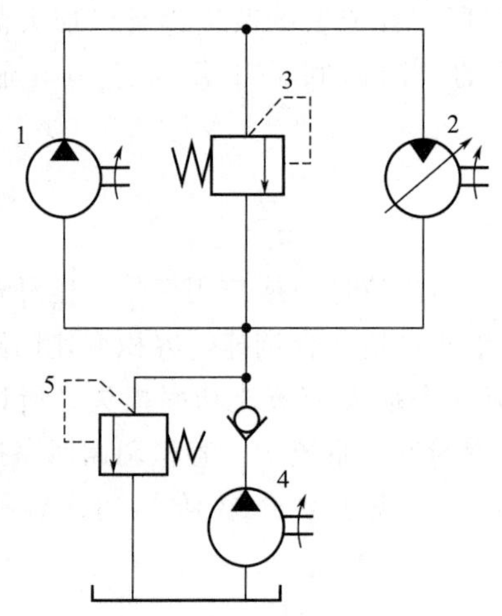

图 8.9 定量泵-变量马达容积调速回路

1,4—液压泵；2—液压马达；3—安全阀；5—溢流阀

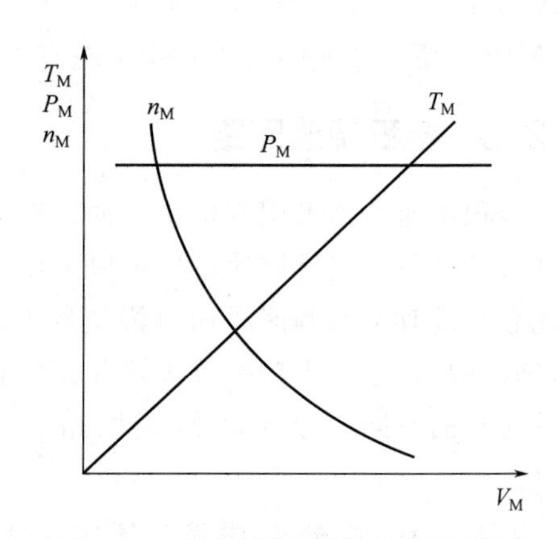

图 8.10 定量泵-变量马达容积调速回路工作特性曲线

在这种回路中，液压泵转速 n_p 和排量 V_p 都是常值，改变液压马达排量 V_M 时，马达输出转矩的变化与 V_M 成正比，输出转速 n_M 则与 V_M 成反比。马达的输出功率 P_M 和回路的工作压力 p 都由负载功率决定，不因调速而发生变化，所以这种回路常被称为恒功率调速回路。回路的工作特性曲线如图 8.10 所示。该回路的优点是能在各种转速下保持很大输出功率不变，其缺点是调速范围小（$R_c \leqslant 3$），因此这种调速方法往往不能单独使用。

8.2.3.3 变量泵-变量马达容积调速回路

图 8.11 所示为双向变量泵和双向变量马达组成的容积式调速回路。回路中各元件对称布置，改变泵的供油方向，就可实现马达的正反向旋转，单向阀 4 和 5 用于辅助泵 3 双向补油，单向阀 6 和 7 使溢流阀 8 在两个方向上都能对回路起过载保护作用。一般机械要求低速时输出转矩大，高速时能输出较大的功率，这种回路恰好可以满足这一要求。在低速段，先将马达排量调大，用变量泵调速，当泵的排量由小调大，马达转速随之升高，输出功率随之线性增加，此时因马达排量最大，马达能获得最大输出转矩，且处于恒转矩状态；高速段，泵为最大排量，用变量马达调速，将马达排量由大调小，马达转速继续升高，输出转矩随之降低，此时因泵处于最大输出功率状态，故马达处于恒功率状态。回路特性曲线如图 8.12 所示，该回路调速范围 $R_c \leqslant 100$。

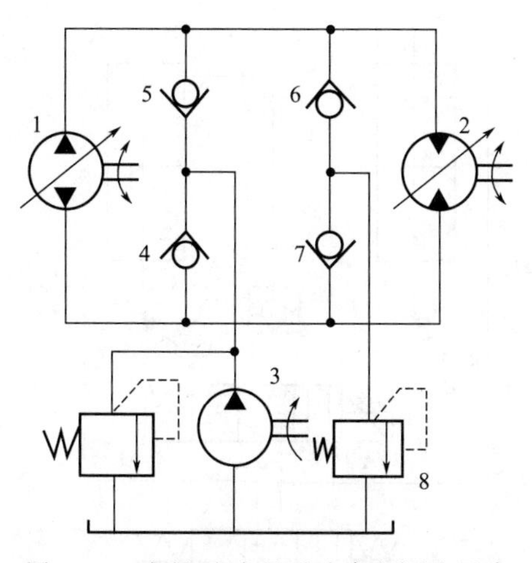

图 8.11 变量泵-变量马达容积调速回路

1，3—液压泵；2—液压马达；4～7—单向阀；8—溢流阀

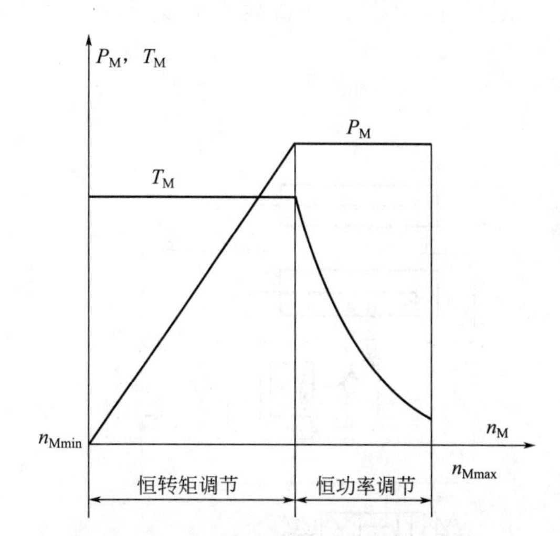

图 8.12 变量泵-变量马达容积调速回路工作特性曲线

8.3 同步回路

在多缸工作的液压系统中，常常会遇到要求两个或两个以上的执行元件同时动作的情况，并要求它们在运动过程中克服负载、摩擦、泄漏、制造精度和结构变形上的差异，维持相同的速度或相同的位移，即作同步运动。同步运动包括速度同步和位置同步两类。速度同步是指各执行元件的运动速度相同；而位置同步是指各执行元件在运动中或停止时都保持相同的位移量。同步回路就是用来实现同步运动的回路。由于负载、摩擦、泄漏等因素的影

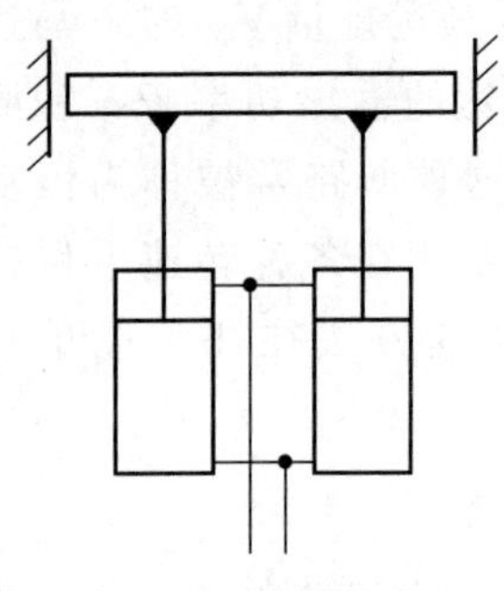

图 8.13 液压缸机械连接的同步回路

响，很难做到精确同步。下面介绍的几种同步回路，只能做到基本上同步。

8.3.1 液压缸机械连接的同步回路

这种同步回路是用刚性梁、齿轮、齿条等机械零件在两个液压缸的活塞杆间实现刚性连接来实现位移的同步。图 8.13 所示为液压缸机械连接的同步回路，这种同步方法比较简单经济，能基本上保证位置同步的要求，但由于机械零件在制造和安装上的误差，同步精度不高。同时，两个液压缸的负载差异不宜过大，否则会造成卡死现象。

8.3.2 采用调速阀的同步回路

图 8.14 所示是采用调速阀的单向同步回路。两个液压缸是并联的，在它们的进（回）油路上，分别串接一个调速阀，仔细调节两个调速阀的开口大小，便可控制或调节进入或自两个液压缸流出的流量，使两个液压缸在一个运动方向上实现同步，即单向同步。这种同步回路结构简单，但是两个调速阀的调节比较麻烦，而且还受油温、泄漏等的影响，故同步精度不高，不宜用在偏载或负载变化频繁的场合。

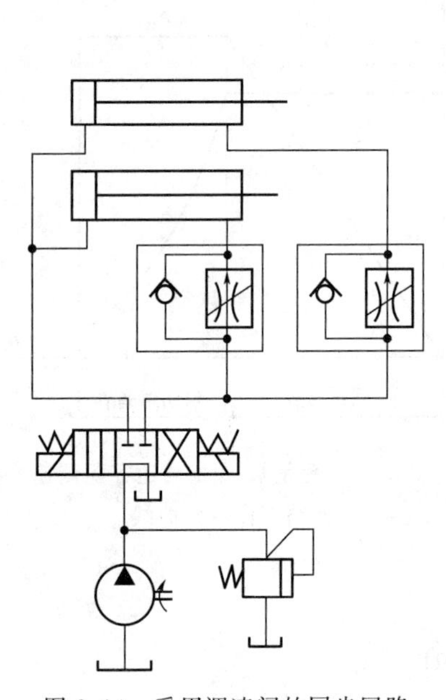

图 8.14 采用调速阀的同步回路

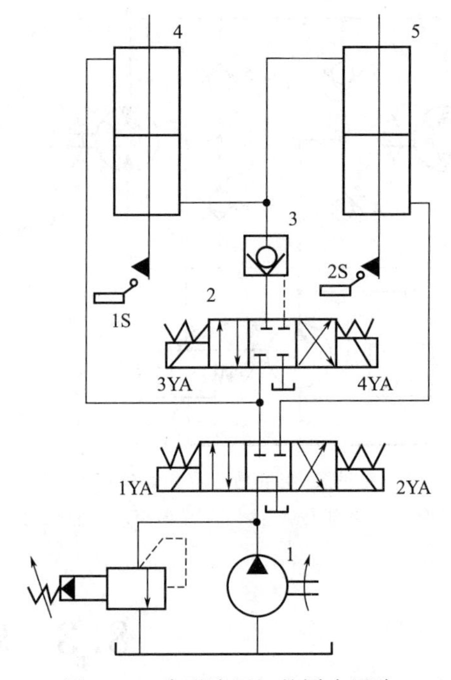

图 8.15 串联液压缸的同步回路

1—液压泵；2—换向阀；3—液控单向阀；4，5—液压缸

8.3.3 用串联液压缸的同步回路

图 8.15 所示为带有补偿装置的两个液压缸串联的同步回路。当两缸同时下行时，若缸 4 活塞先到达行程端点，则挡块压下行程开关 1S，电磁铁 3YA 得电，换向阀 2 左位投入工

作，压力油经换向阀 2 和液控单向阀 3 进入缸 5 上腔，进行补油，使其活塞继续下行到达行程端点。如果缸 5 活塞先到达端点，行程开关 2S 使电磁铁 4YA 得电，换向阀 2 右位投入工作，压力油进入液控单向阀控制腔，打开阀 3，缸 4 下腔与油箱接通，使其活塞继续下行达到行程端点，从而消除累积误差。这种回路允许较大偏载，偏载所造成的压差不影响流量的改变，只会导致微小的压缩和泄漏，因此同步精度较高，回路效率也较高。应注意的是这种回路中泵的供油压力至少是两个液压缸工作压力之和。

8.4 顺序回路

当用一个液压泵向几个执行元件供油时，如果这些元件需要按一定顺序依次动作，就应采用顺序回路。如转位机构的转位和定位，夹紧机构的定位和夹紧等。

顺序回路根据其控制方式的不同，分为行程控制、压力控制和时间控制三类。其中以前两种用得最多，这里只对前两种进行介绍。

8.4.1 行程控制顺序回路

图 8.16 所示为一种采用行程开关和电磁换向阀配合的顺序回路。操作时首先按下启动按钮，使电磁铁 1YA 得电，压力油进入油缸 1 的左腔，使活塞按箭头①所示方向向右运动。当活塞杆上的挡块压下行程开关 6S 后，通过电气上的联锁使 1YA 断电，3YA 得电。油缸 1 的活塞停止运动，压力油进入油缸 2 的左腔，使其按箭头②所示的方向向右运动。当活塞杆上的挡块压下行程开关 8S，使 3YA 断电，2YA 得电，压力油进入缸 1 的右腔，使其活塞按箭头③所示的方向向左运动。当活塞杆上的挡块压下行程开关 5S，使 2YA 断电，4YA 得

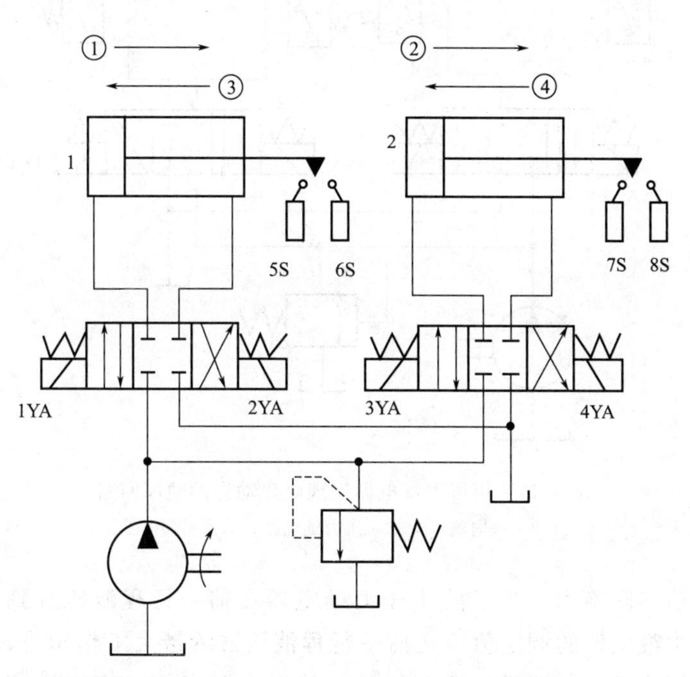

图 8.16　用行程开关和电磁换向阀配合的顺序回路

1，2—液压缸

电，压力油进入油缸 2 右腔，使其活塞按箭头④的方向返回。当挡块压下行程开关 7S 时，4YA 断电，活塞停止运动，至此完成一个工作循环。

这种顺序回路的优点是，调整行程比较方便，改变电气控制线路就可以改变油缸的动作顺序，利用电气互锁，可以保证顺序动作的可靠性。

8.4.2 压力控制顺序回路

图 8.17 所示为利用压力继电器实现顺序动作的顺序回路。按启动按钮，使 1YA 得电，换向阀 1 左位工作，液压缸 7 的活塞向右移动，实现动作顺序①；到右端后，缸 7 左腔压力上升，达到压力继电器 3 的调定压力时发出信号，使电磁铁 1YA 断电，3YA 得电，换向阀 2 左位工作，压力油进入缸 8 的左腔，其活塞右移，实现动作顺序②；到行程端点后，缸 8 左腔压力上升，达到压力继电器 5 的调定压力时发出信号，使电磁铁 3YA 断电，4YA 得电，换向阀 2 右位工作，压力油进入缸 8 的右腔，其活塞左移，实现动作顺序③；到行程端点后，缸 8 右腔压力上升，达到压力继电器 6 的调定压力时发出信号，使电磁铁 4YA 断电，2YA 得电，换向阀 1 右位工作，缸 7 的活塞向左退回，实现动作顺序④。到左端后，缸 7 右端压力上升，达到压力继电器 4 的调定压力时发出信号，使电磁铁 2YA 断电，1YA 得电，换向阀 1 左位工作，压力油进入缸 7 左腔，自动重复上述动作循环，直到按下停止按钮为止。

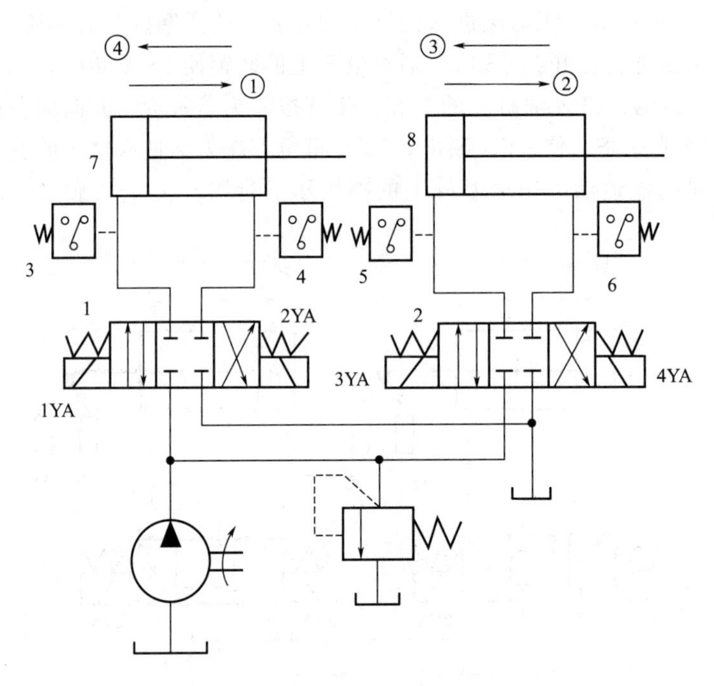

图 8.17　用压力继电器实现顺序动作的顺序回路

1,2—换向阀；3～6—压力继电器；7,8—液压缸

在这种顺序动作回路中，为了防止压力继电器在前一行程液压缸到达行程端点以前发生误动作，压力继电器的调定值应比前一行程液压缸的最大工作压力高 0.3～0.5MPa，同时，为了能使压力继电器可靠地发出信号，其压力调定值又应比溢流阀的调定压力低 0.3～0.5MPa。

8.5 平衡回路

为了防止立式液压缸与垂直运动的工作部件由于自重而自行下落造成事故或冲击，可以在立式液压缸下行时的回路上设置适当的阻力，产生一定的背压，以阻止其下降或使其平稳地下降，这种回路即为平衡回路。

8.5.1 采用单向顺序阀的平衡回路

图 8.18 所示为采用单向顺序阀的平衡回路。调节单向顺序阀 1 的开启压力，使其稍大于立式液压缸下腔的背压。活塞下行时，由于回路上存在一定背压支承重力负载，活塞将平稳下落；换向阀 2 处于中位时，活塞停止运动。此处的单向顺序阀又称平衡阀。这种平衡回路由于回路上有背压，功率损失较大。另外，由于顺序阀和滑阀存在内泄，活塞不可能长时间停在任意位置，故这种回路适用于工作负载固定且活塞闭锁要求不高的场合。

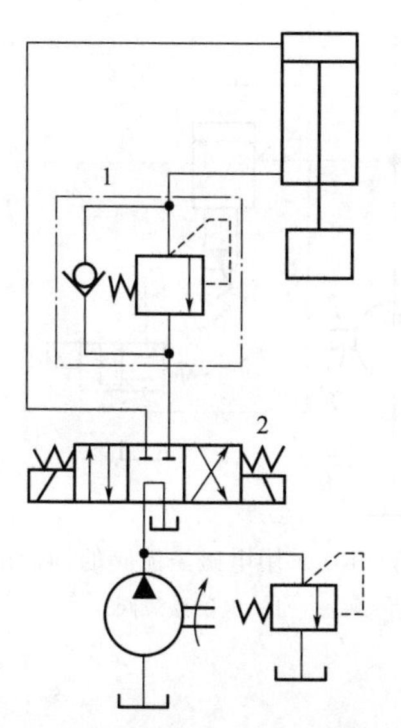

图 8.18 采用单向顺序阀的平衡回路

1—单向顺序阀；2—换向阀

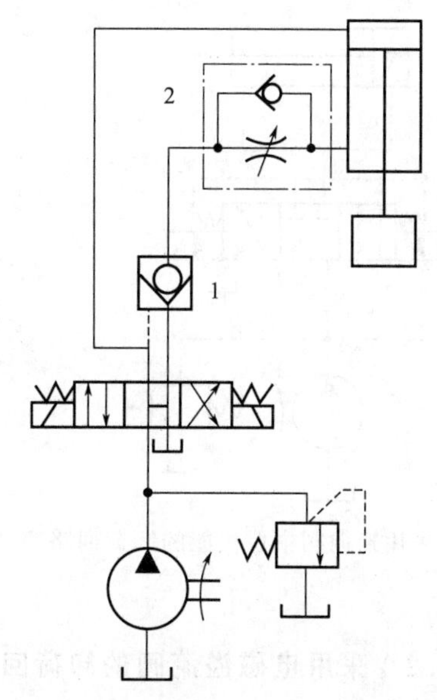

图 8.19 采用液控单向阀的平衡回路

1—液控单向阀；2—单向节流阀

8.5.2 采用液控单向阀的平衡回路

图 8.19 所示为采用液控单向阀的平衡回路。由于液控单向阀是锥面密封，泄漏小，故其闭锁性能好。回油路上的单向节流阀 2 用于保证活塞向下运动的平稳性。假如回油路上没有节流阀，活塞下行时，液控单向阀 1 将被控制油路打开，回油腔无背压，活塞会加速下降，使液压缸上腔供油不足，液控单向阀会因控制油路失压而关闭。但关闭后控制油路又建立起压力，又将阀 2 打开，致使液控单向阀时开时闭，活塞下行时很不平稳，产生振动或冲击。

8.6 卸荷回路

当系统中执行元件短时间工作时，常使液压泵在很小的功率下作空运转，而不是频繁启动驱动液压泵的原动机。因为泵的输出功率为其输出压力与输出流量之积，当其中的一项数值等于或接近于零时，即为液压泵卸荷。这样可以减少液压泵磨损，降低功率消耗，减小温升。卸荷的方式有两类：一类是液压缸卸荷，执行元件不需要保持压力；另一类是液压泵卸荷，但执行元件仍需保持压力。

8.6.1 执行元件不需保压的卸荷回路

8.6.1.1 采用换向阀中位机能的卸荷回路

图 8.20 所示为采用 M 型（或 K 型、H 型）中位机能换向阀实现液压泵卸荷的回路。当换向阀处于中位时，液压泵出口直通油箱，泵卸荷。因回路需保持一定的控制压力以操纵执行元件，故在泵出口安装单向阀。

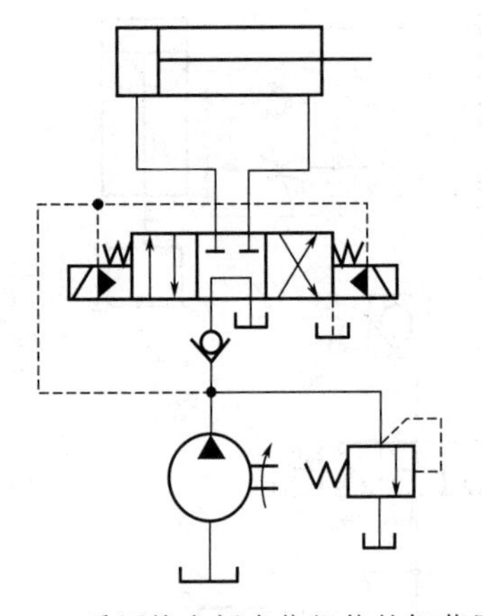

图 8.20 采用换向阀中位机能的卸荷回路

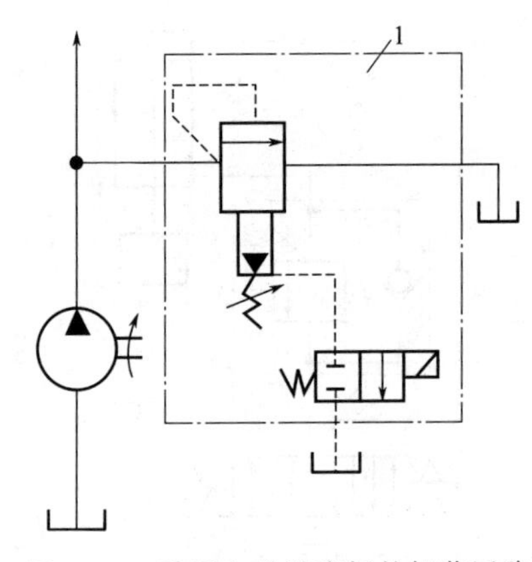

图 8.21 采用电磁溢流阀的卸荷回路
1—电磁溢流阀

8.6.1.2 采用电磁溢流阀的卸荷回路

图 8.21 所示为采用电磁溢流阀的卸荷回路。电磁溢流阀是带遥控口的先导式溢流阀与二位二通电磁阀的组合。当执行元件停止运动时，二位二通电磁阀得电，溢流阀的遥控口通过电磁阀回油箱，泵输出的油液以很低的压力经溢流阀回油箱，实现泵卸荷。

8.6.2 执行元件需要保压的卸荷回路

8.6.2.1 采用限压式变量泵的卸荷回路

图 8.22 所示为采用限压式变量泵的卸荷回路。当系统压力升高达到变量泵压力调节螺钉调定压力时，压力补偿装置动作，液压泵 3 输出流量随供油压力升高而减小，直到维持系统压力所必需的流量，回路实现保压卸荷，系统中的溢流阀 1 作安全阀用，以防止泵的压力补偿装置的失效而导致压力异常。

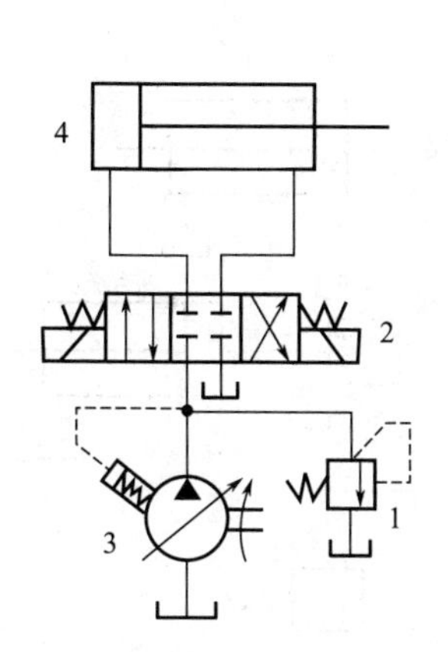

图 8.22 采用限压式变量泵的卸荷回路

1—溢流阀；2—换向阀；3—液压泵；4—液压缸

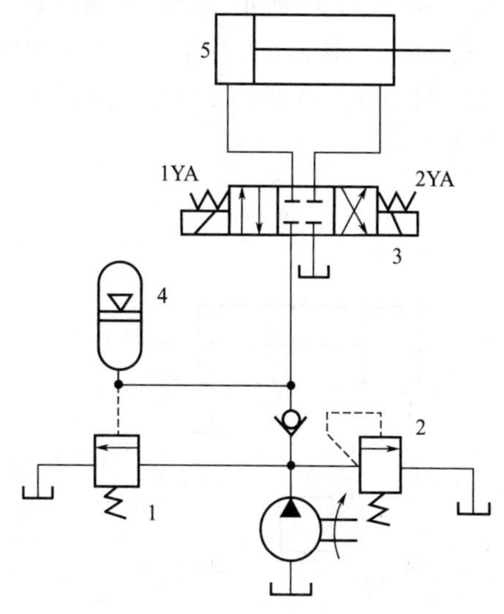

图 8-23 采用卸荷阀的卸荷回路

1—卸荷阀；2—溢流阀；3—换向阀；4—蓄能器；5—液压缸

8.6.2.2 采用卸荷阀的卸荷回路

图 8.23 所示为用蓄能器保持系统压力而采用卸荷阀使泵卸荷的回路。当电磁铁 1YA 得电时，泵和蓄能器同时向液压缸左腔供油，推动活塞右移，接触工件后，系统压力升高。当系统压力升高到卸荷阀 1 的调定值时，卸荷阀打开，液压泵通过卸荷阀卸荷，而系统压力用蓄能器保持。若蓄能器压力降低到允许的最小值时，卸荷阀关闭，液压泵重新向蓄能器和液压缸供油，以保证液压缸左腔的压力在允许的范围内。图 8.23 中的溢流阀 2 作安全阀用。

小结

本章所介绍的是一些比较典型和比较常用的基本回路。学习基本回路的目的，就是要掌握它的基本原理、特点，并能将它们有机地组合应用于复杂液压系统的设计当中，以满足所设计系统特定的工作要求。

习题

8.1 什么是液压基本回路？按所能完成的功能，液压基本回路通常分为哪几类？

8.2 什么是压力控制回路？压力控制回路有几种？各有什么功用？

8.3 什么是多缸工作控制回路？多缸工作控制回路有几种？各有什么功用？

8.4 在容积节流调速回路中，流量阀和变量液压泵之间是如何实现流量匹配的？

8.5 在液压系统中，当执行元件短时间停止工作后，使液压泵卸荷有什么好处？常用的卸荷方法有哪些？

8.6 什么是速度控制回路？速度控制回路有几种？各有什么功用？

8.7　如图 8.24 所示回路，若液压缸的有效工作面积为 $100\mathrm{cm}^2$，负载为 25000N，节流阀的压降为 0.3MPa，在不计其他损失的情况下，溢流阀的调定压力应为多少？若溢流阀按上述要求调好后，负载从 25000N 降低至零时，液压泵的工作压力和活塞运动速度各有什么变化趋势？

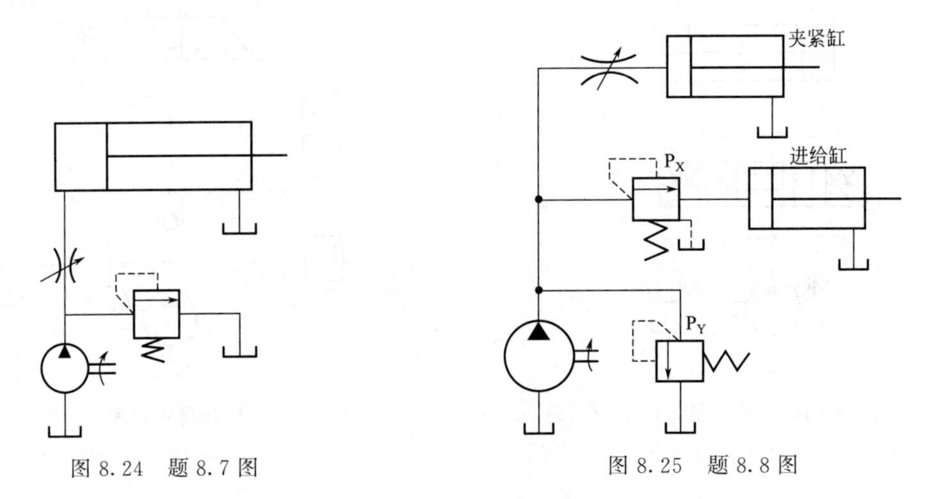

图 8.24　题 8.7 图　　　　图 8.25　题 8.8 图

8.8　试分析图 8.25 所示的回路能否实现“夹紧缸先夹紧工件，然后进给缸再动作”的顺序（要求夹紧缸的速度必须能够调节）。如不能实现，应该如何解决？

8.9　试分析图 8.26 所示的顺序动作回路是如何实现①→②→③→④顺序动作的。在液压元件数目不增加的前提下，如何实现①→②→④→③的顺序动作？

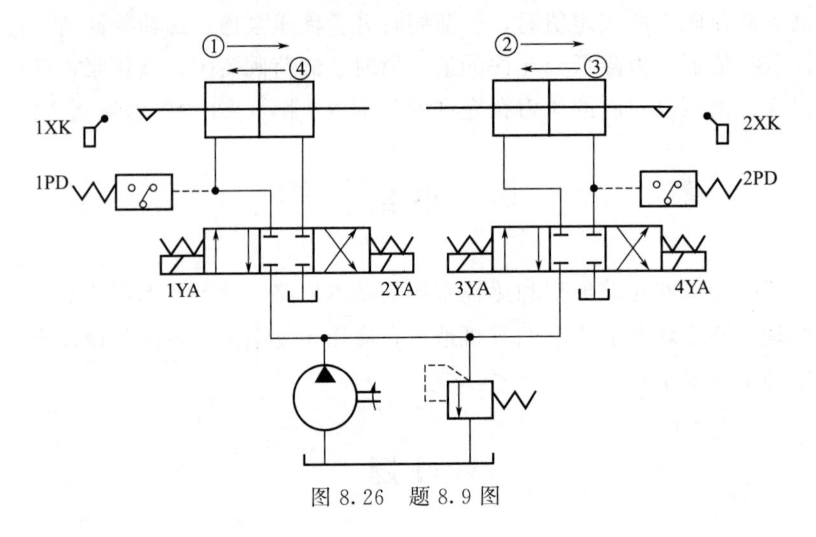

图 8.26　题 8.9 图

9 典型液压系统及实例

近年来，液压传动技术已广泛应用于工程机械、起重运输机械、冶金机械、矿山机械、建筑机械、农业机械、轻工机械及航空航天等领域。由于液压系统所服务的主机的工作循环、动作特点等各不相同，相应的各液压系统的组成、作用和特点也不尽相同。本章通过对四个典型液压系统的分析，使读者进一步熟悉各液压元件在系统中的作用和各种基本回路的组成，并掌握分析液压系统的方法和步骤。

9.1 组合机床动力滑台液压系统

组合机床是由通用部件和某些专用部件所组成的高效率和自动化程度较高的专用机床。它能完成钻、镗、铣、刮端面、倒角、攻螺纹等加工和工件的转位、定位、夹紧、输送等动作。

动力滑台是组合机床的一种通用部件。在滑台上可以配置各种工艺用途的切削头，如安装动力箱和主轴箱、钻削头、铣削头、镗削头等。YT4543 型组合机床液压动力滑台可以实现多种不同的工作循环，其中一种比较典型的工作循环是：快进→一工进→二工进→死挡铁停留→快退→停止。完成这一动作循环的动力滑台液压系统工作原理如图 9.1 所示。系统中采用限压式变量叶片泵供油，并使液压缸差动连接以实现快速运动。由电液动换向阀换向，用行程阀、液控顺序阀实现快进与工进的转换，用二位二通电磁换向阀实现一工进和二工进之间的速度换接。为保证进给的尺寸精度，采用了死挡铁停留来限位。实现工作循环的工作原理如下。

(1) 快进

按下启动按钮，三位五通电液动换向阀 5 的先导电磁换向阀 1YA 得电，使其阀芯右移，左位进入工作状态，这时的主油路如下。

进油路：滤油器 1→变量泵 2→单向阀 3→管路 4→电液动换向阀 5 的 P 口到 A 口→管路 10、11→行程阀 17→管路 18→液压缸 19 左腔。

回油路：液压缸 19 右腔→管路 20→电液动换向阀 5 的 B 口到 T 口→管路 8→单向阀 9→管路 11→行程阀 17→管路 18→液压缸 19 左腔。

这时形成差动连接回路。因为快进时，滑台的载荷较小，同时进油可以经行程阀 17 直通液压缸左腔，系统中压力较低，所以变量泵 2 输出流量大，动力滑台快速前进，实现快进。

(2) 第一次工作进给

快进行程结束，滑台上的挡铁压下行程阀 17，行程阀上位工作，使管路 11 和 18 断开。

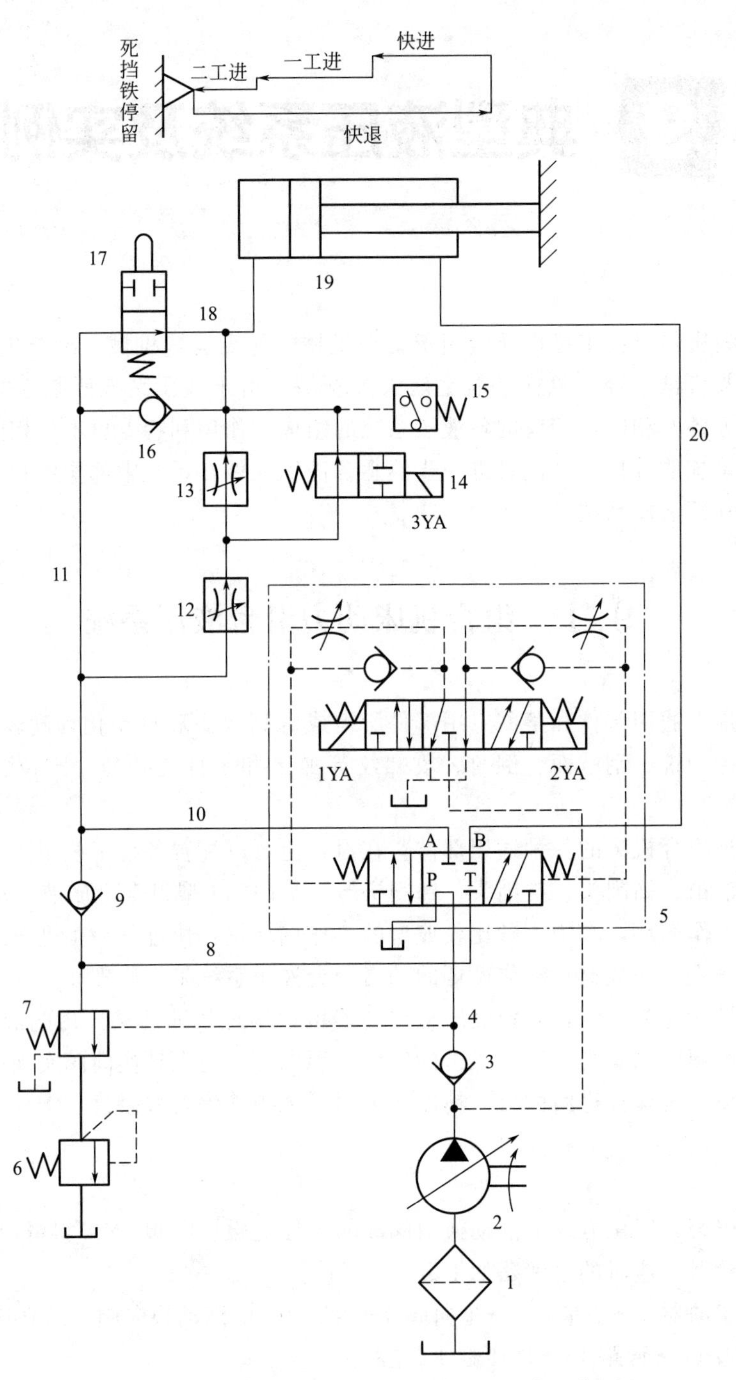

图 9.1　YT4543 型组合机床动力滑台液压系统工作原理

1—滤油器；2—变量泵；3,9,16—单向阀；4,8,10,11,18,20—管路；5—电液动换向阀；6—背压阀；7—顺序阀；12,13—调速阀；14—电磁换向阀；15—压力继电器；17—行程阀；19—液压缸

电磁铁 1YA 继续通电，电液动换向阀 5 左位仍在工作，电磁换向阀 14 的电磁铁处于断电状态。进油路必须经调速阀 12 进入液压缸左腔，与此同时，系统压力升高，将液控顺序阀 7 打开，并关闭单向阀 9，使液压缸实现差动连接的油路切断。回油经顺序阀 7 和背压阀 6 回到油箱。这时的主油路如下。

进油路：滤油器 1→变量泵 2→单向阀 3→电液动换向阀 5 的 P 口到 A 口→管路 10→调速阀 12→二位二通电磁换向阀 14→管路 18→液压缸 19 左腔。

回油路：液压缸 19 右腔→管路 20→电液动换向阀 5 的 B 口到 T 口→管路 8→顺序阀 7→背压阀 6→油箱。

因为工作进给时油压升高，所以变量泵 2 的流量自动减小，动力滑台向前作第一次工作进给，进给量的大小可以用调速阀 12 调节。

(3) 第二次工作进给

在第一次工作进给结束时，滑台上的挡铁压下行程开关，使电磁换向阀 14 的电磁铁 3YA 得电，其右位接入工作，切断了该阀所在的油路，经调速阀 12 的油液必须经过调速阀 13 进入液压缸的右腔，其他油路不变。由于调速阀 13 的开口量小于阀 12，进给速度降低，进给量的大小可由调速阀 13 来调节。

(4) 死挡铁停留

当动力滑台第二次工作进给终了碰上死挡铁后，液压缸停止不动，系统的压力进一步升高，达到压力继电器 15 的调定值时，经过时间继电器的延时，再发出电信号，使滑台退回。在时间继电器延时动作前，滑台停留在死挡块限定的位置上。

(5) 快退

时间继电器发出电信号后，2YA 得电，1YA 失电，3YA 断电，电液动换向阀 5 右位工作，这时的主油路如下。

进油路：滤油器 1→变量泵 2→单向阀 3→管路 4→电液动换向阀 5 的 P 口到 B 口→管路 20→液压缸 19 的右腔。

回油路：液压缸 19 的左腔→管路 18→单向阀 16→管路 11→电液动换向阀 5 的 A 口到 T 口→油箱。

这时系统的压力较低，变量泵 2 输出流量大，动力滑台快速退回。由于活塞杆的面积大约为活塞的一半，所以动力滑台快进、快退的速度大致相等。

(6) 原位停止

当动力滑台退回到原始位置时，挡块压下行程开关，这时电磁铁 1YA、2YA、3YA 都失电，电液动换向阀 5 处于中位，动力滑台停止运动，变量泵 2 输出油液的压力升高，使泵的流量自动减至最小。

表 9.1 是这个液压系统的电磁铁和行程阀的动作表。

表 9.1　YT4543 型组合机床动力滑台液压系统电磁铁和行程阀的动作表

动作	1YA	2YA	3YA	行程阀
快进	+	−	−	−
一工进	+	−	−	+
二工进	+	−	+	+
死挡铁停留	−	−	−	−
快退	−	+	−	−
原位停止	−	−	−	−

通过以上分析可以看出，为了实现自动工作循环，该液压系统应用了下列一些基本回路。

① 调速回路：采用了由限压式变量泵和调速阀的调速回路，调速阀放在进油路上，回油经过背压阀。

② 快速运动回路：应用限压式变量泵在低压时输出流量大的特点，并采用差动连接来实现快速前进。

③ 换向回路：应用电液动换向阀实现换向，工作平稳、可靠，并由压力继电器与时间继电器发出的电信号控制换向信号。

④ 快速运动与工作进给的换接回路：采用行程换向阀实现速度的换接，换接的性能较好，同时利用换向后，系统中的压力升高使液控顺序阀接通，系统由快速运动的差动连接转换为使回油排回油箱。

⑤ 两种工作进给的换接回路：采用了两个调速阀串联的回路结构。

9.2 液压机液压系统

液压机是用于调直、压装、冷冲压、冷挤压和弯曲等工艺的压力加工机械，它是最早应用液压传动的机械之一。液压机液压系统用于机器的主传动，以压力控制为主，系统压力高、流量大、功率大，应特别注意如何提高系统效率和防止液压冲击。

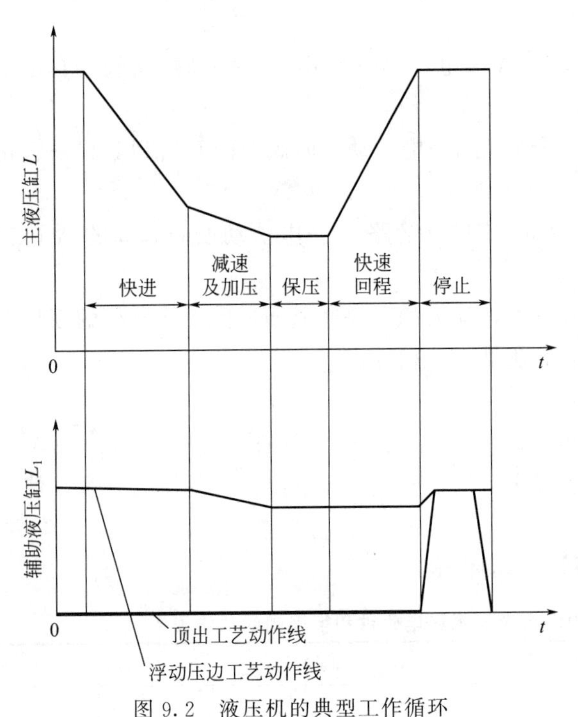

图 9.2 液压机的典型工作循环

液压机的典型工作循环如图 9.2 所示。一般主缸的工作循环要求有“快进→减速接近工件及加压→保压延时→泄压→快速回程及保持活塞停留在行程的任意位置”等基本动作。当有辅助缸时，如需顶料，顶料缸的动作循环一般是“活塞上升→停止→向下退回”；薄板拉伸则要求有“液压垫上升→停止→压力回程”等动作；有时还需要压边缸将料压紧。

图 9.3 所示为双动薄板冲压机液压系统原理，本机最大工作压力为 450kN，用于薄板的拉伸成形等冲压工艺。

系统采用恒功率变量柱塞泵供油，以满足低压快速行程和高压慢速行程的要求，最高工作压力由电磁溢流阀 4 的远程调压阀 3 调定，其工作原理如下。

(1) 启动

按启动按钮，电磁铁全部处于失电状态，恒功率变量泵输出的油以很低的压力经电磁溢流阀溢流回油箱，泵空载启动。

(2) 拉伸滑块和压边滑块快速下行

使电磁铁 1YA 和 3YA、6YA 得电，电磁溢流阀 4 的二位二通电磁铁右位工作，切断泵的卸荷通路。同时三位四通电液动换向阀 11 的左位接入工作，泵向拉伸滑块液压缸 35 上腔

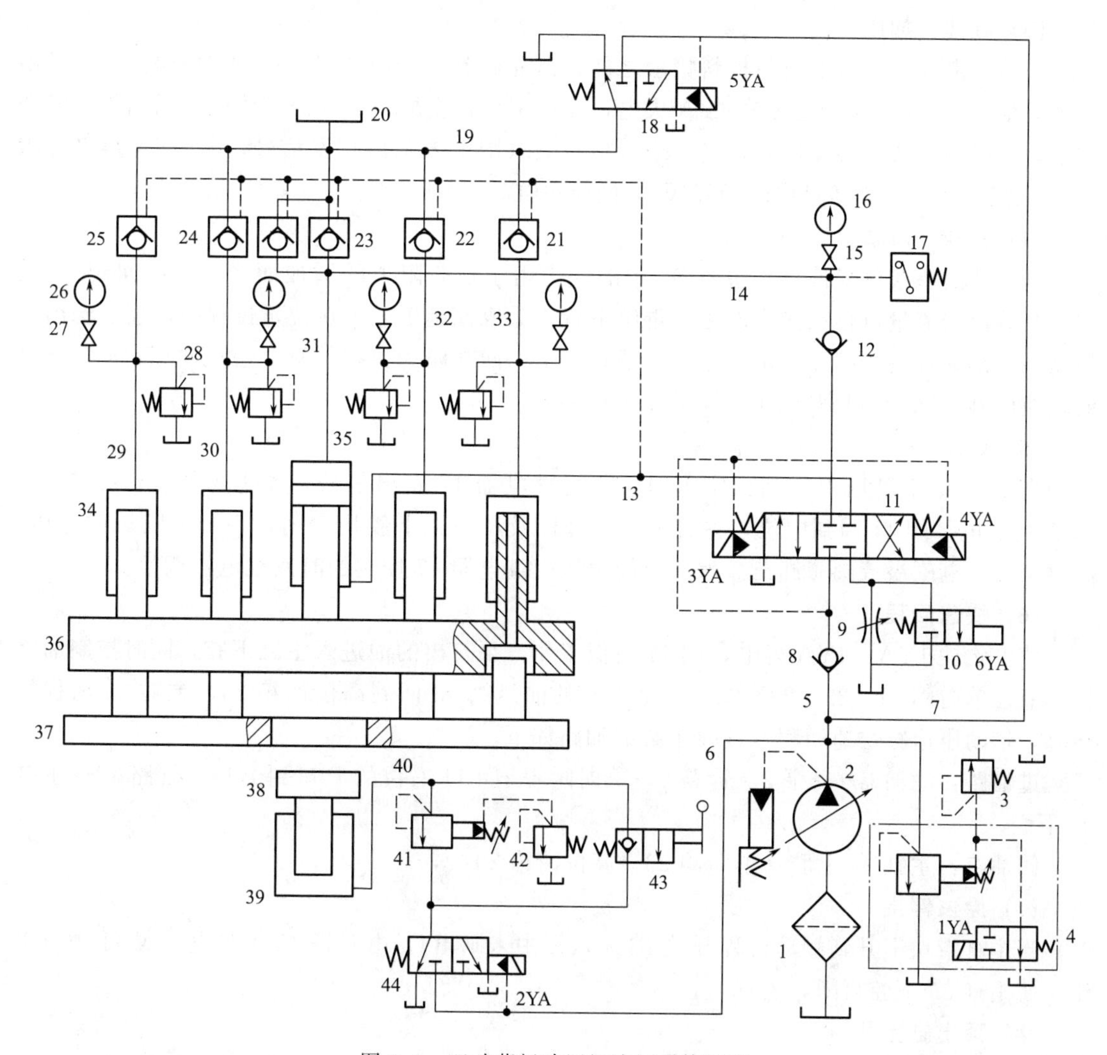

图 9.3　双动薄板冲压机液压系统原理

1—滤油器；2—变量泵；3,42—远程调压阀；4—电磁溢流阀；5～7,13,14,19,29～33,40—管路；8,12,21～25—单向阀；9—节流阀；10—电磁换向阀；11—三位四通电液动换向阀；15,27—压力表开关；16,26—压力表；17—压力继电器；18,44—二位三通电液动换向阀；20—高位油箱；28—安全阀；34—压边缸；35—拉伸缸；36—拉伸滑块；37—压边滑块；38—顶出块；39—顶出缸；41—先导溢流阀；43—手动换向阀

供油。因阀 10 的电磁铁 6YA 得电，其右位接入工作，所以回油经阀 11 和阀 10 回油箱，使其快速下行。同时带动压边缸 34 快速下行，压边缸从高位油箱 20 补油。这时的主油路如下。

进油路：滤油器 1→变量泵 2→管路 5→单向阀 8→三位四通电液动换向阀 11 的 P 口到 A 口→单向阀 12→管路 14→管路 31→拉伸缸 35 上腔。

回油路：拉伸缸 35 下腔→管路 13→三位四通电液动换向阀 11 的 B 口到 T 口→换向阀 10→油箱。

拉伸滑块液压缸快速下行时泵始终处于最大流量状态，但仍不能满足其需要，因而其上腔形成负压，高位油箱 20 中的油液经单向阀 23 向主缸上腔充液。

(3) 减速、加压

在拉伸滑块和压边滑块与板料接触之前，首先碰到一个行程开关（图中未画出），发出一个电信号，使阀 10 的电磁铁 6YA 失电，左位工作，主缸回油需经节流阀 9 回油箱，实现慢进。当压边滑块接触工件后，又一个行程开关（图中未画出）发信号，使 5YA 得电，阀 18 右位接入工作，泵 2 打出的油经阀 18 向压边缸 34 加压。

(4) 拉伸、压紧

当拉伸滑块接触工件后，主缸 35 中的压力由于负载阻力的增加而增加，单向阀 23 关闭，泵输出的流量也自动减小。主缸继续下行，完成拉延工艺。在拉延过程中，泵 2 输出的最高压力由远程调压阀 3 调定，主缸进油路同上。回油路为：拉伸缸 35 下腔→管路 13→电液动换向阀 11 的 B 口到 T 口→节流阀 9→油箱。

(5) 保压

当主缸 35 上腔压力达到预定值时，压力继电器 17 发出信号，使电磁铁 1YA、3YA、5YA 均失电，阀 11 回到中位，主缸上、下腔以及压边缸上腔均封闭，主缸上腔短时保压，此时泵 2 经电磁溢流阀 4 卸荷。保压时间由压力继电器 17 控制的时间继电器调整。

(6) 快速回程

使电磁铁 1YA、4YA 得电，阀 11 右位工作，泵打出的油进入主缸下腔，同时控制油路打开液控单向阀 21、22、23、24，主缸上腔的油经阀 23 回到高位油箱 20，主缸 35 回程的同时，带动压边缸快速回程。这时主缸的油路如下。

进油路：滤油器 1→泵 2→管路 5→单向阀 8→阀 11 右位的 P 口到 B 口→管路 13→主缸 35 下腔。

回油路：主缸 35 上腔→单向阀 23→高位油箱 20。

(7) 原位停止

当主缸滑块上升到触动行程开关 1S 时（图中未画出），电磁铁 4YA 失电，阀 11 中位工作，使主缸 35 下腔封闭，主缸停止不动。

(8) 顶出缸上升

在行程开关 1S 发出信号使 4YA 失电的同时也使 2YA 得电，使阀 44 右位接入工作，泵 2 打出的油经管路 6→阀 44→手动换向阀 43 左位→管路 40，进入顶出缸 39，顶出缸上行完成顶出工作，顶出压力由远程调压阀 42 设定。

(9) 顶出缸下降

在顶出缸顶出工件后，行程开关 4S（图中未画出）发出信号，使 1YA、2YA 均失电，泵 2 卸荷，阀 44 右位工作。阀 43 左位工作，顶出缸在自重作用下下降，回油经阀 43、44 回油箱。

该系统采用高压大流量恒功率变量泵供油和利用拉伸滑块自动充油的快速运动回路，既符合工艺要求，又节省了能量。

表 9.2 是双动薄板冲压机液压系统电磁铁动作顺序表。

表 9.2 双动薄板冲压机液压系统电磁铁动作顺序表

拉伸滑块	压边滑块	顶出缸	电磁铁						手动换向阀
			1YA	2YA	3YA	4YA	5YA	6YA	
快速下降	快速下降		+	−	+	−	−	+	
减速	减速		+	−	+	−	+	−	

续表

拉伸滑块	压边滑块	顶出缸	电磁铁						手动换向阀
			1YA	2YA	3YA	4YA	5YA	6YA	
拉伸	压紧工件		+	−	+	−	+	+	
快退返回	快退返回		+	−	−	+	−	−	
		上升	+	+	−	−	−	−	左位
		下降	+	−	−	−	−	−	右位
液压泵卸荷			−	−	−	−	−	−	

9.3 汽车起重机液压系统

汽车起重机是将起重机安装在汽车底盘上的一种起重运输设备。它主要由起升、回转、变幅、伸缩和支腿等工作机构组成（图 9.4），这些动作的完成由液压系统来实现。对于汽车起重机的液压系统，一般要求输出力大、动作平稳、耐冲击、操作灵活、方便、可靠、

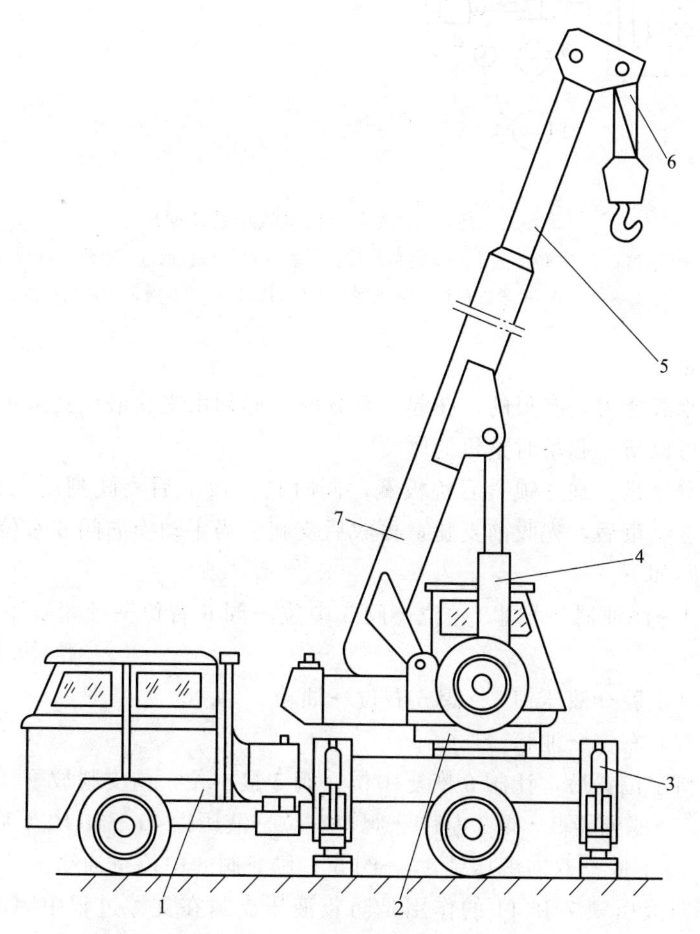

图 9.4　Q_2-8 型汽车起重机外形

1—载重汽车；2—回转机构；3—支腿；4—吊臂变幅缸；5—吊臂伸缩缸；6—起升机构；7—基本臂

安全。

图 9.5 所示为 Q_2-8 型汽车起重机液压系统原理，下面对其完成各个动作的回路进行介绍。

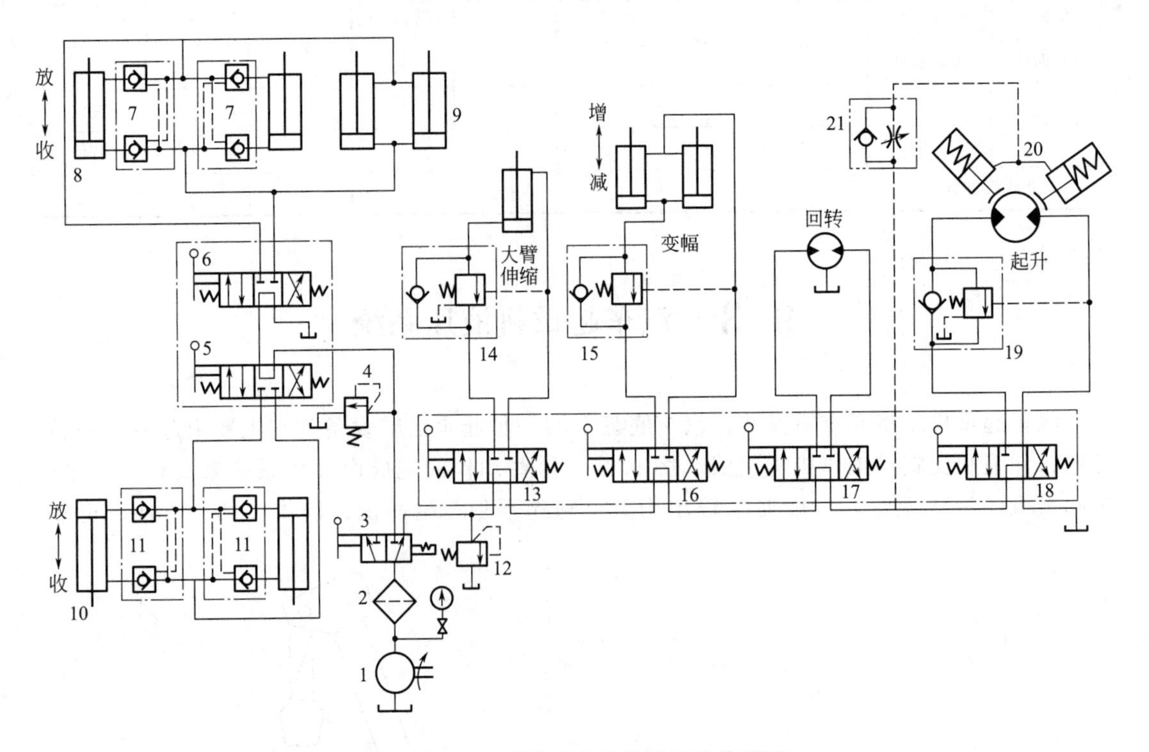

图 9.5 Q_2-8 型汽车起重机液压系统原理

1—液压泵；2—滤油器；3—二位三通手动换向阀；4,12—溢流阀；5,6,13,16～18—三位三通手动换向阀；7,11—液压锁；8—后支腿缸；9—锁紧缸；10—前支腿缸；14,15,19—平衡阀；20—制动缸；21—单向节流阀

(1) 支腿回路

汽车轮胎的承载能力是有限的，在起吊重物时，必须由支腿液压缸来承受负载，而使轮胎架空，这样也可以防止起吊时整机的倾覆。

支腿动作的顺序是：缸 9 锁紧后桥板簧，同时缸 8 放下后支腿到所需位置，再由缸 10 放下前支腿。作业结束后，先收前支腿，再收后支腿。当手动换向阀 6 右位接入工作时，后支腿放下，其油路如下。

进油路：泵 1→滤油器 2→阀 3 左位→阀 5 中位→阀 6 右位→锁紧缸下腔锁紧板簧→液压锁 7→缸 8 下腔。

回油路：缸 8 上腔→液压锁 7→阀 6 右位→油箱。

缸 9 上腔→阀 6 右位→油箱。

后支腿放到指定位置后，让阀 6 恢复中位，阀 5 接右位，前支腿放下，其油路如下。

进油路：泵 1→滤油器 2→阀 3 左位→阀 5 右位→液压锁 11→缸 10 下腔。

回油路：缸 10 上腔→双向液压锁 11→阀 5 右位→阀 6 中位→油箱。

回路中的双向液压锁 7 和 11 的作用是防止液压支腿在支撑过程中因泄漏出现“软腿”现象，或行走过程中支腿自行下落，或因管道破裂而发生倾斜事故。

(2) 起升回路

起升机构要求所吊重物可升降或在空中停留，速度要平稳，变速要方便，冲击要小，启动转矩和制动力要大，本回路中采用 ZMD40 型柱塞液压马达带动重物升降，变速和换向是通过改变手动换向阀 18 的开口大小来实现的，用液控单向顺序阀来限制重物超速下降。单作用液压缸 20 是制动缸，单向节流阀 21 是保证液压油先进入马达，使马达产生一定的转矩，再解除制动，以防止重物带动马达旋转而向下滑，并保证吊物升降停止时，制动缸中的油马上与油箱相通，使马达迅速制动。

起升重物时，手动换向阀 18 切换至左位工作，泵 1 打出的油经滤油器 2、阀 3 右位、阀 13、16、17 中位，阀 18 左位、阀 19 中的单向阀进入马达左腔；同时压力油经单向节流阀到制动缸 20，从而解除制动，使马达旋转。

重物下降时，手动换向阀 18 切换至右位工作，液压马达反转，回油经阀 19 的液控顺序阀，阀 18 右位回油箱。

当停止作业时，阀 18 处于中位，泵卸荷。制动缸 20 上的制动瓦在弹簧作用下使液压马达制动。

(3) 大臂伸缩回路

本机大臂伸缩采用单级长液压缸驱动。工作中，改变阀 13 的开口大小和方向，即可调节大臂运动速度和使大臂伸缩。行走时，应将大臂缩回。大臂缩回时，因液压力与负载力方向一致，为防止吊臂在重力作用下自行收缩，在收缩缸的下腔安置了平衡阀 14，提高了收缩运动的可靠性。

(4) 变幅回路

大臂变幅机构用于改变作业高度，要求能带载变幅，动作要平稳。本机采用两个液压缸并联，提高了变幅机构承载能力。其要求以及油路与大臂伸缩油路相同。

(5) 回转油路

回转机构要求大臂能在任意方位起吊。本机采用 ZMD40 型柱塞液压马达，回转速度 1～3r/min。由于惯性小，一般不设缓冲装置，操作换向阀 17，可使马达正、反转或停止。

该液压系统的特点如下。

① 因重物在下降时以及大臂收缩和变幅时，负载与液压力方向相同，执行元件会失控，为此，在其回油路上必须设置平衡阀。

② 因作业的随机性较大，且动作频繁，所以大多采用手动弹簧复位的多路换向阀来控制各动作。换向阀常用 M 型中位机能。当换向阀处于中位时，各执行元件的进油路均被切断，液压泵出口通油箱使泵卸荷，减少了功率损失。

9.4 电弧炼钢炉液压传动系统

电弧炼钢炉的结构形式很多，这里以 20t 电弧炼钢炉为例对其液压传动系统进行分析。

20t 电弧炼钢炉本身由炉体和炉盖构成。炉体前有炉门，后有出钢槽，以废钢为主要原料。装炉料时，必须将炉盖移走。炉料从炉身上方装入炉内，然后盖上炉盖，插入电极就可

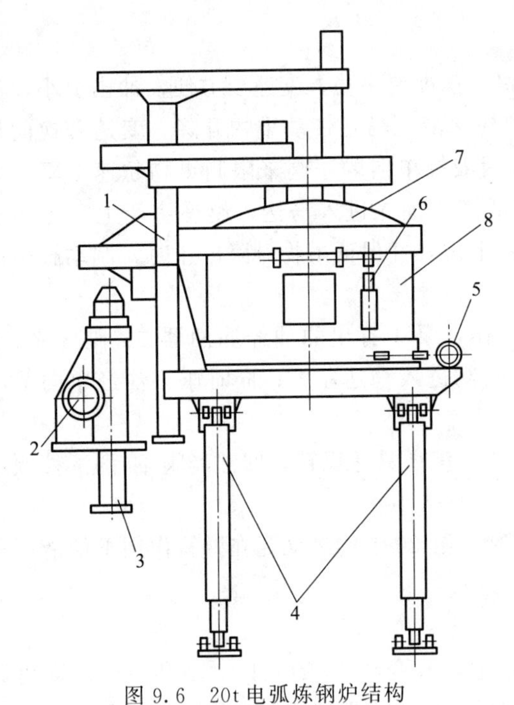

图 9.6　20t 电弧炼钢炉结构

1—电极升降装置；2—炉盖旋转机构；3—炉盖顶起装置；4—倾炉装置；5—炉体旋转机构；6—炉门升降机构；7—炉盖；8—炉体

开始熔炼。在熔炼过程中，铁合金等原料从炉门加入。出渣时，将炉体向炉门方向倾斜约 12°，使炉渣从炉门溢出，流到炉体下的渣罐中。当炉内的钢水成分和温度合格后，就可打开出钢口，将炉体向出钢口方向倾斜约 45°，使钢水自出钢槽流入钢水包。为满足工艺要求，电弧炼钢炉的液压传动机构由电极升降、炉门升降、炉体旋转、炉盖顶起、炉盖旋转及倾炉六部分组成（图 9.6）。

图 9.7 所示为电弧炼钢炉液压传动系统原理。它属于多缸工作回路，现分析如下。系统采用乳化液作为工作介质，价格低廉，不易发生火灾。两台液压泵 2，一台工作，另一台备用，并用蓄能器 6 辅助供油，主油路压力取决于电磁溢流阀 4。二位四通电液阀 5（作二位二通用）为常开式，如果系统出现事故，如高压软管破裂等，系统压力突然下降，则阀 5 立即关闭，防止工作介质大量流失。控制油路所用工作介质为矿物油。

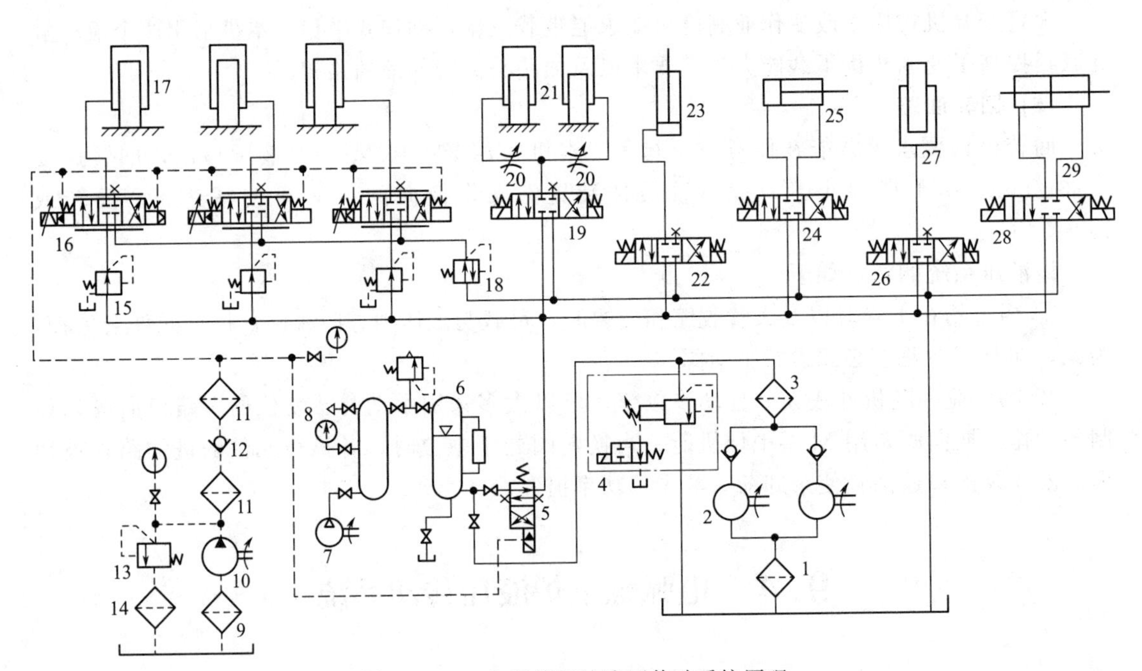

图 9.7　20t 电弧炼钢炉液压传动系统原理

1,9—吸油滤油器；2—主液压泵；3,11—压油滤油器；4—电磁溢流阀；5—二位四通电液阀；6—蓄能器；7—气泵；8—电接点压力表；10—控制液压泵；12—单向阀；13—溢流阀；14—回油滤油器；15—减压阀；16—电液伺服阀；17—电极升降缸；18—背压阀；19,22,24,26,28—电磁换向阀；20—节流阀；21—炉体倾动缸；23—炉门提升缸；25—炉盖旋转缸；27—炉盖提升缸；29—炉体回转缸

(1) 换向回路

炉盖提升缸 27、炉盖旋转缸 25、炉体回转缸 29 及炉门提升缸 23 均采用三位四通 O 型中位机能的电磁换向阀的换向操作回路，没有其他特别要求，也不同时操作。

(2) 炉体同步倾动回路

炉体倾动缸 21 有两个，要求同步操作。由于炉体倾斜缸均固定在炉体上，炉体重量很大，实际上是刚性同步，故采用换向阀 19 和两个节流阀 20 即可。在安装后，对两个节流阀 20 作适当调节，使流量基本相同即可。

(3) 电极升降位置伺服控制与减压回路

电极升降缸 17 共有三个，各自有相同的独立回路，均使用电液伺服阀 16 进行操作。一般是从电极电流取出信号（感应电压）与给定值进行比较，其差值使电液伺服阀动作。当电极电流大于给定值时，电液伺服阀使电极升降缸进油，电极提升；反之则排油，使电极下降。当电极升降缸下降排油时，要求动作稳定，故在电液伺服阀的回油路上设有背压阀 18，使回油具有一定的背压，油缸下降稳定。伺服阀的控制回路所用的油由专门的控制液压泵 10 来提供。减压阀 15 用于调节和稳定伺服阀的进口压力。

(4) 电液伺服阀的控制油路

电液伺服阀控制油路所用液压泵 10 为叶片泵，经过吸油滤油器 9 和两级压油滤油器 11 以及单向阀 12 将低压油送到电液伺服阀的控制级。控制油压由溢流阀 13 调定。

小结

通过对典型液压系统的分析，应掌握对液压系统进行分析的步骤和方法，并确定系统所具有的特点，特别要注意基本回路在一个复杂液压系统中的作用等。

习题

9.1　分析 1HY40 型动力滑台液压系统由哪些基本回路组成，并简述此系统的特点。

9.2　M1432B 型万能外圆磨床液压系统是如何保证换向精度的？

9.3　分析图 9.8 所示的液压系统，按电气元件的动作顺序和工作状态，试说明液压缸各动作的工作状态（电气元件通电为“＋”，断电为“－”）。

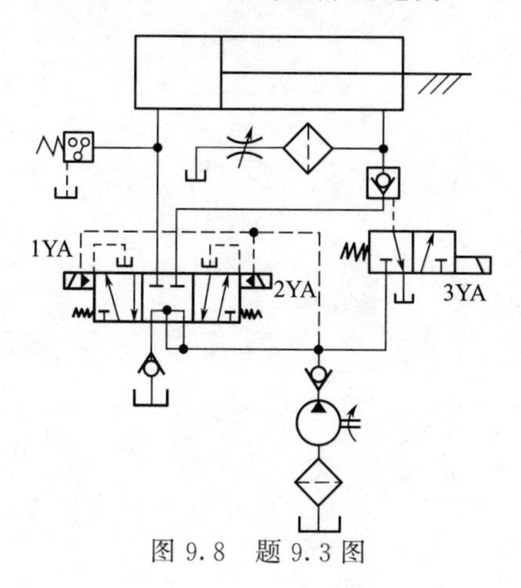

图 9.8　题 9.3 图

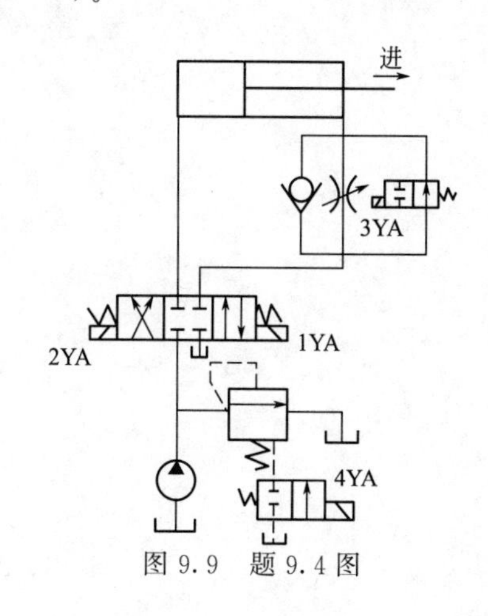

图 9.9　题 9.4 图

9.4　图 9.9 所示液压系统，完成如下动作循环：快进→工进→快退→停止、卸荷。试写出动作循环表，并分析该系统的特点。

9.5　图 9.10 所示液压系统，按动作循环表规定的动作顺序进行系统分析，填写完成该液压系统的电磁铁和压力继电器动作顺序表（表 9.3）（电气元件通电为“+”，断电为“−”）。

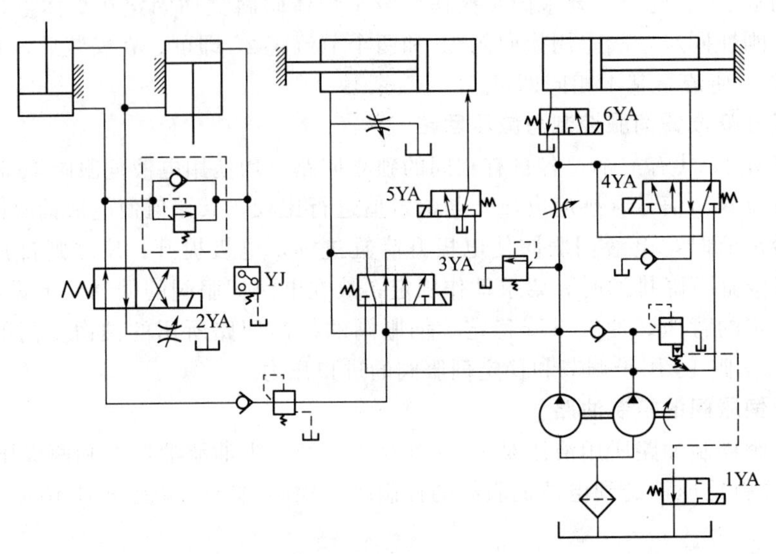

图 9.10　题 9.5 图

表 9.3　题 9.5 表

动作	电气元件						
	1YA	2YA	3YA	4YA	5YA	6YA	YJ
定位夹紧							
快进							
工进(卸荷)							
快退							
松开拔销							
原位(卸荷)							

10 液压传动系统的设计和计算

10.1 液压传动系统的设计步骤

液压传动系统的设计是整机设计的一部分，它除了应符合主机动作循环和静、动态性能等方面的要求外，还应满足结构简单、工作安全可靠、效率高、经济性好、使用维护方便等条件。液压传动系统的设计，根据系统的繁简、借鉴的资料多少和设计人员经验的不同，在做法上有所差异。各部分的设计有时还要交替进行，甚至要经过多次反复才能完成。下面对液压传动系统的设计步骤予以介绍。

10.1.1 明确设计要求、工作环境，进行工况分析

10.1.1.1 明确设计要求及工作环境

液压传动系统的动作和性能要求主要有运动方式、行程、速度范围、负载条件、运动平稳性、精度、工作循环和动作周期、同步或联锁等。就工作环境而言，有环境温度、湿度、尘埃、防火要求及安装空间的大小等。所设计的系统不仅应满足一般的性能要求，还应具有较高的可靠性、良好的空间布局及造型。

10.1.1.2 执行元件的工况分析

对执行元件的工况进行分析，就是查明每个执行元件在各自工作过程中的速度和负载的变化规律，通常是求出一个工作循环内各阶段的速度和负载值。必要时还应作出速度、负载随时间或位移变化的曲线。下面以液压缸为例进行分析，液压马达可作类似处理。

就液压缸而言，承受的负载主要由六部分组成，即工作负载、导向摩擦负载、惯性负载、重力负载、密封负载和背压负载，现简述如下。

(1) 工作负载 F_w

不同的机器有不同的工作负载，对于起重设备来说，为起吊重物的重量；对液压机来说，压制工件的轴向变形力为工作负载。工作负载与液压缸运动方向相反时为正值，方向相同时为负值。工作负载既可以为定量，也可以为变量，其大小及性质要根据具体情况加以分析。

(2) 导向摩擦负载 F_f

导向摩擦负载是指液压缸驱动运动部件时所受的导轨摩擦阻力，其值与运动部件的导轨形式、放置情况及运动状态有关，各种形式导轨的摩擦负载计算公式可查阅有关手册。例如，机床上常用平导轨和 V 形导轨，当其水平放置时，其导向摩擦负载计算公式为

平导轨
$$F_f = f(G + F_N) \tag{10.1}$$

V 形导轨 $$F_f = f\frac{G+F_N}{\sin\frac{\alpha}{2}} \tag{10.2}$$

式中 G——运动部件的重量；

F_N——垂直于导轨的工作负载；

α——V 形导轨的夹角，一般 $\alpha=90°$；

f——摩擦因数，其值可查《机床设计手册》。

(3) 惯性负载 F_a

惯性负载是运动部件在启动加速或制动减速时的惯性力，其值可按牛顿第二定律求出，即

$$F_a = ma = \frac{G}{g}\times\frac{\Delta v}{\Delta t} \tag{10.3}$$

式中 g——重力加速度；

Δt——启动、制动或速度转换时间；

Δv——Δt 时间内的速度变化值。

(4) 重力负载 F_g

垂直或倾斜放置的运动部件，其自重也成为一种负载，倾斜放置时，只计算重力在运动方向上的分力。液压缸上行时重力取正值，反之取负值。

(5) 密封负载 F_s

密封负载是指液压缸密封装置的摩擦力，其值与密封装置的类型、尺寸、液压缸的制造质量和油液的工作压力有关。在未完成液压系统设计之前，不知道密封装置的参数，其值无法计算，一般通过液压缸的机械效率加以考虑，常取机械效率值为 0.90～0.97。

(6) 背压负载 F_b

背压负载是指液压缸回油腔压力所造成的阻力。在系统方案及液压缸结构尚未确定之前也无法计算，在负载计算时可暂不考虑。

液压泵各个主要工作阶段的机械负载 F 可按下列公式计算。

空载启动加速阶段 $$F=(F_f+F_a+F_g)/\eta_m \tag{10.4}$$

快速阶段 $$F=(F_f\pm F_g)/\eta_m \tag{10.5}$$

工进阶段 $$F=(F_f\pm F_w\pm F_g)/\eta_m \tag{10.6}$$

制动减速阶段 $$F=(F_f+F_w-F_a\pm F_g)/\eta_m \tag{10.7}$$

10.1.2 液压系统原理图的拟定

液压系统原理图是表示液压系统的组成和工作原理的重要技术文件。拟定液压系统原理图是设计液压系统的第一步，它对系统的性能及设计方案的合理性、经济性具有决定性的影响。

10.1.2.1 确定油路类型

一般具有较大空间可以存放油箱的系统，都采用开式油路；相反，凡允许采用辅助泵进行补油，并借此进行冷却交换来达到冷却目的的系统，可采用闭式油路。通常节流调速系统采用开式油路，容积调速系统采用闭式油路。

10.1.2.2 选择液压回路

在拟定液压系统原理图时，应根据各类主机的工作特点、负载性质和性能要求，先确定对主机主要性能起决定性影响的主要回路，然后再考虑其他辅助回路。例如，对于机床液压系统，调速和速度换接回路是主要回路；对于压力机液压系统，调压回路是主要回路；有垂直运动部件的系统要考虑平衡回路；惯性负载较大的系统要考虑缓冲制动回路；有多个执行元件的系统要考虑顺序动作、同步或回路隔离；有空载运行要求的系统要考虑卸荷回路等。

10.1.2.3 绘制液压系统原理图

将挑选出来的各典型回路合并、整理，增加必要的元件或辅助回路，加以综合，构成一个结构简单、工作安全可靠、动作平稳、效率高、调整和维护保养方便的液压系统，形成系统原理图。

10.1.3 液压元件的计算和选择

10.1.3.1 执行元件的结构形式及参数的确定

结构参数的确定是指根据液压执行元件的工作压力和最大流量确定执行元件的几何参数，液压传动系统采用的执行元件形式，可视主机所要实现的运动种类和性质而定，参见表 10.1。

表 10.1 选择执行元件的形式

运动形式	往复直线运动		回转运动		往复摆动
	短行程	长行程	高速	低速	
建议采用的执行元件的形式	活塞式液压缸	柱塞式液压缸、液压马达与齿轮/齿条或螺母/丝杠机构	高速液压马达	低速大扭矩液压马达、高速液压马达带减速器	摆动液压缸

(1) 初选执行元件的工作压力

工作压力是确定执行元件结构参数的主要依据。它的大小影响执行元件的尺寸和成本，乃至整个系统的性能。工作压力选得高，执行元件和系统的结构紧凑，但对元件的强度、刚度及密封要求高，且要采用较高压力的液压泵。反之，如果工作压力选得低，就会增大执行元件及整个系统的尺寸，使结构变得庞大。所以，应根据实际情况选取适当的工作压力，执行元件工作压力可以根据总负载值选取，见表 10.2。

表 10.2 按负载选择执行元件的工作压力

负载/kN	＜10	10～20	20～30	30～50	＞50
工作压力/MPa	0.8～1.2	1.5～2.5	3.0～4.0	4.0～5.0	＞5.0

(2) 确定执行元件的主要结构参数

在这里仍然以液压缸为例，需要确定的主要结构尺寸是指缸的内径 D 和活塞杆的直径 d，计算出 D 和 d 后，按系列标准值确定 D 和 d。

对有低速运动要求的系统，尚需对液压缸有效工作面积进行验算，即应保证

$$A \geqslant \frac{q_{\min}}{v_{\min}} \tag{10.8}$$

式中　A——液压缸工作腔的有效工作面积；

q_{min}——控制执行元件速度的流量阀最小稳定流量，可从液压阀产品样本上查得；

v_{min}——液压缸要求达到的最低工作速度。

验算结果若不能满足式(10.8)，则说明按所设计的结构尺寸和方案达不到所需要的最低速度，必须修改设计。

(3) 复算执行元件的工作压力

当液压缸的主要尺寸 D、d 计算出来以后，要按系列标准圆整，经过圆整的标准值与计算值之间一般都存在一定的偏差，因此有必要根据圆整值对工作压力进行一次复算。在按上述方法确定工作压力的过程中，没有计算回油路的背压，因此所确定的工作压力只是执行元件为了克服机械总负载所需要的那部分压力，在结构参数 D、d 确定之后，若取适当的背压估算值，即可求出执行元件工作腔的压力。

对于单杆液压缸，其工作压力 p 可按下列公式复算。

无杆腔进油工进阶段

$$p=\frac{F}{A_1}+\frac{A_2}{A_1}p_b \tag{10.9}$$

有杆腔进油阶段

$$p=\frac{F}{A_2}+\frac{A_1}{A_2}p_b \tag{10.10}$$

式中　F——液压缸在各工作阶段的最大机械总负载；

A_1——液压缸无杆腔的有效面积；

A_2——液压缸有杆腔的有效面积；

p_b——液压缸回油路的背压，在系统设计完成之前根据设计手册取推荐值。

(4) 执行元件的工况图

各执行元件的主要参数确定之后，不但可以复算执行元件在工作循环各阶段内的工作压力，还可求出需要输入的流量和功率，这时就可以作出系统中各执行元件在其工作过程中的工况图，即执行元件在一个工作循环中的压力、流量、功率对时间或位移的变化曲线。将系统中各执行元件的工况图加以合并，便得到整个系统的工况图。液压系统的工况可以显示整个工作循环中的系统压力、流量和功率的最大值及其分布情况，为后续设计步骤中选择元件、选择回路或修正设计提供合理的依据。对于单执行元件系统或某些简单系统，其工况图的绘制可省略，而仅将计算出的各阶段压力、流量和功率值列表表示。

10.1.3.2　选择液压泵

首先根据设计要求和系统工况确定泵的类型，然后根据液压泵的最大供油量和系统工作压力来选择液压泵的规格。

(1) 液压泵的最高供油压力

$$p_p \geqslant p+\sum \Delta p_1 \tag{10.11}$$

式中　p——执行元件的最高工作压力；

Δp_1——进油路上总的压力损失。

如系统在执行元件停止运动时才出现最高工作压力，则 $\sum \Delta p_1=0$；否则，必须计算出油液流过进油路上的控制、调节元件和管道的各项压力损失，初算时可凭经验进行估计，对简单系统取$\sum\Delta p_1=0.2\sim0.5$MPa，对复杂系统取$\sum\Delta p_1=0.5\sim1.5$MPa。

(2) 确定液压泵的最大供油量

$$q_p\geqslant k\sum q_{max} \tag{10.12}$$

式中 k——系统的泄漏修正系数，一般取$k=1.1\sim1.3$，大流量取小值，小流量取大值；

$\sum q_{max}$——同时动作的各执行元件所需流量之和的最大值。

如果液压泵的供油量是按工进工况选取时，其供油量应考虑溢流阀的最小流量。

(3) 选择液压泵的规格型号

液压泵的规格型号按计算值在产品样本中选取，为了使液压泵工作安全可靠，液压泵应有一定的压力储备量，通常泵的额定压力可比工作压力高25%～60%。泵的额定流量则宜与q_p相当，不要超过太多，以免造成过大的功率损失。

(4) 选择驱动液压泵的电动机

驱动液压泵的电动机根据驱动功率和泵的转速来选择。

在整个工作循环中，泵的压力和流量在较多时间内皆达到最大工作值时，驱动泵的电动机功率为

$$P=\frac{p_p q_p}{\eta_p} \tag{10.13}$$

式中 η_p——液压泵的总效率，数值可见产品样本。

限压式变量叶片泵的驱动功率，可按泵的实际压力流量特性曲线拐点处的功率来计算。

在工作循环中，泵的压力和流量变化较大时，可分别计算出工作循环中各个阶段所需的驱动功率，然后求其均方根值即可。

在选择电动机时，应将求得的功率值与各工作阶段的最大功率值比较，若最大功率符合电动机短时超载25%的范围，则按平均功率选择电动机，否则应按最大功率选择电动机。

10.1.3.3 选择阀类元件

各种阀类元件的规格型号，按液压系统原理图和系统工况提供的情况从产品样本中选取，各种阀的额定压力和额定流量，一般应与其工作压力和最大通过流量相接近，必要时，可允许其最大通过流量超过额定流量的20%。

具体选择时，应注意溢流阀按液压泵的最大流量来选取；流量阀还需考虑最小稳定流量，以满足低速稳定性要求；单杆液压缸系统，若无杆腔有效作用面积为有杆腔有效作用面积的几倍，当有杆腔进油时，则回油流量为进油流量的几倍，此时，应以几倍的流量来选择通过的阀类元件。

10.1.3.4 选择液压辅助元件

油管的规格尺寸大多由所连接的液压元件接口处尺寸决定，只有对一些重要的管道才验算其内径和壁厚。

对于固定式的液压设备，常将液压系统的动力源、阀类元件集中安装在主机外的液压站上，这样能使安装与维修方便，并消除了动力源的振动与油温变化对主机工作精度的影响。而阀类元件在液压站上的配置也有多种形式，配置形式不同，液压系统的压力损失和元件的连接、安装结构也有所不同。液压阀的连接方式有板式、叠加式、插装式和管式（螺纹连接、法兰连接）等多种，它们的特点和选用参见5.5节。

10.1.4 液压系统技术性能的验算

液压系统初步设计完成后，需要对它的主要性能加以验算，以便评判其设计质量，并改进和完善液压系统，下面说明系统压力损失及发热温升的验算方法。

10.1.4.1 系统压力损失的验算

画出管路装配草图后，即可计算管路的沿程压力损失和局部压力损失，它们的计算公式详见《液压流体力学》，管路总的压力损失为沿程压力损失与局部压力损失之和。

在系统的具体管道布置情况没有明确之前，沿程压力损失和局部压力损失仍无法计算。为了尽早地评估系统的主要性能，避免后面的设计工作出现大的反复，在系统方案初步确定后，通常用液流通过阀类元件的局部压力损失来对管路的压力损失进行概略地估算，因为这部分损失在系统的整个压力损失中占很大的比重。

在算出系统油路的总的压力损失后，将此验算值与前述设计过程中初步选取的油路压力损失经验值相比较，若误差较大，一般应对原设计进行必要的修改，重新调整有关阀类元件的规格和管道尺寸等，以降低系统的压力损失。对于较简单的液压系统，压力损失验算可以省略。

10.1.4.2 系统发热温升的验算

液压系统在工作时，有压力损失、容积损失和机械损失，这些损耗能量的大部分转化为热能，使油温升高从而导致油的黏度下降、油液变质、机器零件变形，影响正常工作。为此，必须将温升控制在许可范围内。

功率损失使系统发热，单位时间的发热量为液压泵的输入功率与执行元件的输出功率之差，一般情况下，液压系统的工作循环往往有好几个阶段，其平均发热量为各个工作周期发热量的时均值，即

$$\phi=\frac{1}{t}\sum_{i=1}^{n}(P_{ii}-P_{oi})t_i \tag{10.14}$$

式中 P_{ii}——第 i 个工作阶段系统的输入功率；

P_{oi}——第 i 个工作阶段系统的输出功率；

t——工作循环周期；

t_i——第 i 个工作阶段的持续时间；

n——总的工作阶段数。

液压系统在工作中产生的热量，经过所有元件、附件的表面散发到空气中去，但绝大部分是由油箱散发的，油箱单位时间散发的热量可按下式计算

$$\phi'=k_h A\Delta t \tag{10.15}$$

式中 A——油箱的散热面积；

Δt——液压系统的温升；

k_h——油箱的散热系数，其值可查阅有关液压设计手册。

当液压系统的散热量等于发热量时，系统达到了热平衡，这时系统的温升为

$$\Delta t=\frac{\phi}{k_h A} \tag{10.16}$$

按式(10.16) 算出的温升值如果超过允许数值时，系统必须采取适当的冷却措施或修改液压系统的设计。

10.1.5 绘制正式工作图和编制技术文件

所设计的液压系统经过验算后，即可对初步拟定的液压系统进行修改，并绘制正式工作图和编制技术文件。

10.1.5.1 绘制正式工作图

正式工作图包括液压系统原理图、液压系统装配图、液压缸等非标准元件装配图及零件图。液压系统原理图中应附有液压元件明细表，表中标明各液压元件的型号规格、压力和流量等参数值，一般还应绘出各执行元件的工作循环图和电磁铁的动作顺序表。

液压系统装配图是液压系统的安装施工图，包括油箱装配图、集成油路装配图和管路安装图等，在管路安装图中应画出各油管的走向、固定装置结构、各种管接头的形式和规格等。

10.1.5.2 编制技术文件

技术文件一般包括液压系统设计计算说明书，液压系统使用及维护技术说明书，零、部件目录表及标准件、通用件、外购件表等。

10.2 液压系统设计举例

某厂要设计制造一台双头车床，加工压缩机拖车上一根长轴两端的轴颈。由于零件较长，拟采用零件固定、刀具旋转和进给的加工方式。其加工动作循环是快进→工进→快退→停止。同时要求各个车削头能单独调整。其最大切削力在导轨中心线方向估计为12000N，所要移动的总重量估计为15000N，工作进给要求能在0.02～1.2m/min范围内进行无级调速，快速进、退速度一致，为4m/min，试设计该液压传动系统。图10.1为该机床的外形示意。

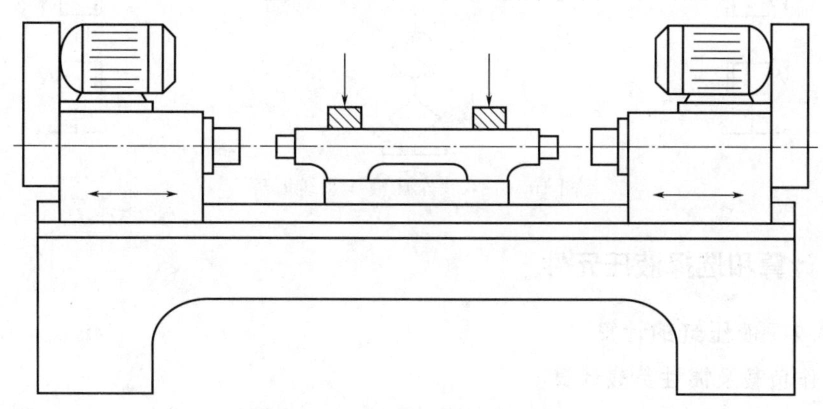

图10.1 双头车床外形示意

10.2.1 确定对液压系统的工作要求

根据加工要求，刀具旋转由机械传动来实现；主轴头沿导轨中心线方向的“快进→工进→快退→停止”工作循环拟采用液压传动方式来实现。故拟选定液压缸作执行机构。

考虑到车削进给系统传动功率不大，且要求低速稳定性好，粗加工时负载有较大变化，故拟选用调速阀、变量泵组成的容积节流调速方式。

为了自动实现上述工作循环，并保证零件一定的加工长度（该长度并无过高的精度要求），拟采用行程开关及电磁换向阀实现顺序动作。

10.2.2 拟定液压系统工作原理图

该系统同时驱动两个车削头，且动作循环完全相同。为了保证快速进、退速度相等，并减小液压泵的流量规格，拟选用差动连接回路。

在行程控制中，由快进转工进时，采用机动滑阀，使速度转换平稳，且工作安全可靠。工进终了时，压下电气行程开关返回。快退到终点，压下电气行程开关，运动停止。

快进转工进后，因系统压力升高，遥控顺序阀打开，回油经背压阀回油箱，系统不再为差动连接。此处放置背压阀使工进时运动平稳，且因系统压力升高，变量泵自动减少输出流量。

两个车削头可分别进行调节。要调整一个时，另一个应停止，三位五通阀处于中位即可。分别调节两个调速阀，可得到不同进给速度；同时，可使两车削头有较高的同步精度。

双头车床液压系统原理如图 10.2 所示。

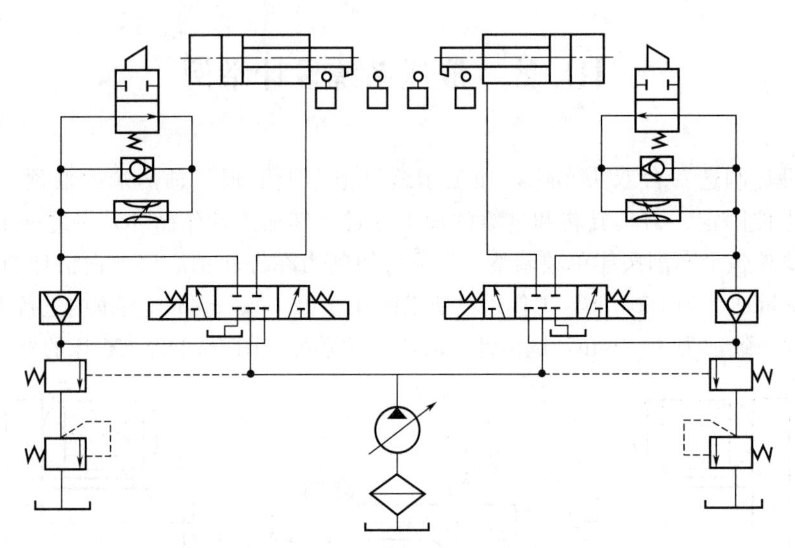

图 10.2 双头车床液压系统原理

10.2.3 计算和选择液压元件

10.2.3.1 液压缸的计算

(1) 工作负载及惯性负载计算

计算液压缸的总机械载荷，根据机构的工作情况，液压缸受力如图 10.3 所示，其在不同阶段的总机械载荷可参照式(10.4)～式(10.7) 计算。

根据题意，工作负载 $F_w=12000N$，油缸所要移动负载总重量 $G=15000N$，选取工进时速度的最大变化量 $\Delta v=0.02m/s$，根据具体情况选取 $\Delta t=0.2s$（其范围通常在 0.01～0.5s），则惯性力为

$$F_a=\frac{G}{g}\times\frac{\Delta v}{\Delta t}=\frac{15000}{9.81}\times\frac{0.02}{0.2}=153\ (N)$$

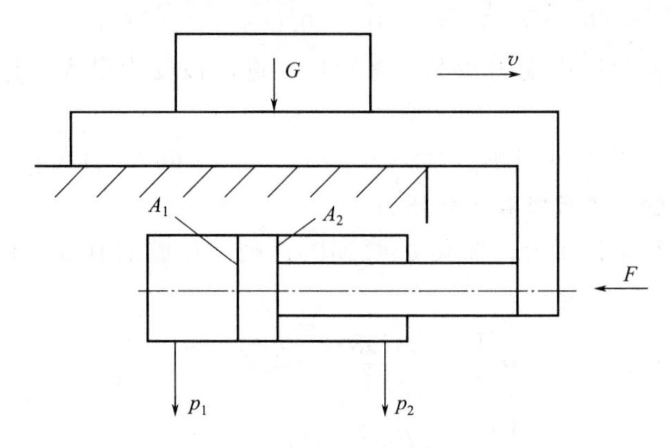

图 10.3　液压缸受力

(2) 密封阻力的计算

液压缸的密封阻力通常折算为克服密封阻力所需的等效压力乘以液压缸的进油腔的有效作用面积。若选取中压液压缸，且密封结构为 Y 型密封，根据资料推荐，等效压力取 $p_{eq}=0.2\mathrm{MPa}$，液压缸的进油腔的有效作用面积初估值为 $A_1=80\mathrm{cm}^2$，则密封阻力为

启动时　　$F_s=p_{eq}A_1=2\times10^5\times0.008=1600\ (\mathrm{N})$

运动时　　$F_s=\dfrac{p_{eq}A_1}{2}=\dfrac{2\times10^5\times0.008}{2}=800\ (\mathrm{N})$

(3) 导轨摩擦阻力的计算

若该机床材料选用铸铁对铸铁，其结构受力情况如图 10.4 所示，根据机床切削原理，一般情况下，$F_x:F_y:F_y=1:0.4:0.3$，由题意知，$F_x=F_w=12000\mathrm{N}$，则由于切削力所产生的与重力方向一致的分力 $F_z=\dfrac{1200}{0.3}=40000\mathrm{N}$，选取摩擦因数 $f=0.1$，V 形导轨的夹角 $\alpha=90°$，则导轨的摩擦力为

$$F_f=\left(\frac{G+F_z}{2}\right)f+\left(\frac{G+F_z}{2}\right)\frac{f}{\cos\dfrac{\alpha}{2}}$$

$$=\left(\frac{15000+40000}{2}\right)\times0.1+\left(\frac{15000+40000}{2}\right)\times\frac{0.1}{\cos45°}=6640\ (\mathrm{N})$$

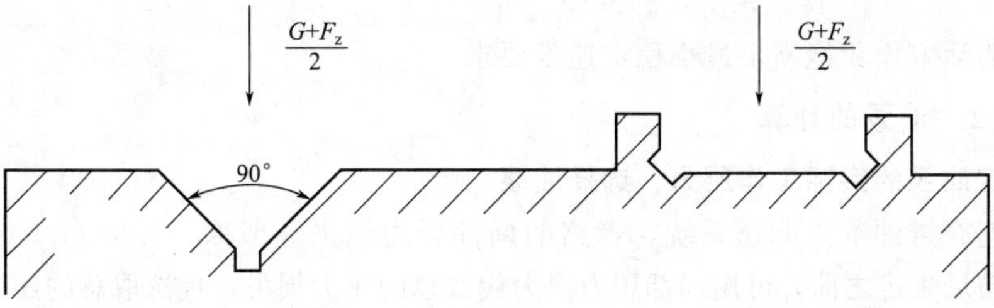

图 10.4　导轨结构受力

(4) 回油背压造成的阻力计算

回油背压一般为 0.3～0.5MPa，取回油背压 $p_b=0.3\mathrm{MPa}$，考虑两边差动比为 2，且已知液压缸进油腔的活塞面积 $A_1=80\mathrm{cm}^2$，取有杆腔活塞面积 $A_2=40\mathrm{cm}^2$ 则

$$F_b = p_b A_2 = 3\times10^5\times0.004 = 1200\ (\mathrm{N})$$

分析液压缸各工作阶段中受力情况，得知在工进阶段受力最大，作用在活塞上的总载荷为

$$F = F_w + F_a + F_s + F_f + F_b = 12000 + 153 + 800 + 6640 + 1200 = 20793\ (\mathrm{N})$$

(5) 确定液压缸的结构尺寸和工作压力

根据经验确定系统工作压力，选取 $p = 3\mathrm{MPa}$，则工作腔的有效工作面积和活塞直径分别为

$$A_1 = \frac{F}{p} = \frac{20793}{3\times10^6} = 0.00693\ (\mathrm{m}^2)$$

$$D = \sqrt{\frac{4A_1}{\pi}} = \sqrt{\frac{4\times0.00693}{\pi}} = 0.094\ (\mathrm{m})$$

因为液压缸的差动比为 2，所以活塞杆直径为

$$d = \frac{D}{\sqrt{2}} = \frac{0.094}{\sqrt{2}} = 0.066\ (\mathrm{m})$$

根据液压技术行业标准，选取标准直径 $D = 0.09\mathrm{m} = 90\mathrm{mm}$，$d = 0.063\mathrm{m} = 63\mathrm{mm}$。

则液压缸实际计算工作压力为

$$p = \frac{4F}{\pi D^2} = \frac{4\times20793}{\pi\times0.09^2} = 3.27\times10^6\ (\mathrm{Pa})$$

实际选取的工作压力为 $p = 3.3\times10^6\mathrm{Pa}$。

由于左右两个切削头工作时需作低速进给运动，在确定液压缸活塞面积 A_1 后，还必须按最低进给速度验算液压缸尺寸，即应保证液压缸有效工作面积 A_1 为

$$A_1 \geqslant \frac{q_{min}}{v_{min}}$$

式中 q_{min}——流量阀最小稳定流量，在此取调速阀最小稳定流量为 50mL/min；

v_{min}——活塞最低进给速度，本题给定为 20mm/min。

根据上面确定的液压缸直径，油缸有效工作面积为

$$A_1 = \frac{\pi}{4}D^2 = \frac{\pi}{4}\times0.09^2 = 6.36\times10^{-3}\ (\mathrm{m}^2)$$

$$\frac{q_{min}}{v_{min}} = \frac{50\times10^{-6}}{20\times10^{-3}} = 2.5\times10^{-3}\ (\mathrm{m}^2)$$

验算说明活塞面积能满足最小稳定速度要求。

10.2.3.2 油泵的计算

(1) 确定油泵的实际工作压力，选择油泵

对于调速阀进油节流调速系统，管路的局部压力损失一般取 $(0.5\sim1.5)\times10^6\mathrm{Pa}$，在系统的结构布局未定之前，可用局部压力损失代替总的压力损失，现选取总的压力损失 $\Delta p_1 = 1\times10^6\mathrm{Pa}$，则液压泵的实际计算工作压力为

$$p_p = p + \Delta p_1 = 3.3\times10^6 + 1\times10^6 = 4.3\times10^6\ (\mathrm{Pa})$$

当液压缸左右两个切削头快进时，所需的最大流量之和为

$$q_{max} = 2\times\frac{\pi}{4}d^2 v_{max} = 2\times\frac{\pi}{4}\times0.063^2\times4\times10^3 = 25\ (\mathrm{L/min})$$

按照常规选取液压系统的泄漏系数 $k_1=1.1$，则液压泵的流量为

$$q_p=k_1 q_{max}=1.1\times25=27.5\ (\text{L/min})$$

根据求得的液压泵的流量和压力，又要求泵变量，选取 YBN-40M 型叶片泵。

(2) 确定液压泵电动机的功率

因该系统选用变量泵，所以应算出空载快速、最大工进时所需的功率，按两者的最大值选取电动机的功率。

最大工进时所需的最大流量为

$$q_{wmax}=\frac{\pi}{4}D^2 v_{wmax}=\frac{\pi}{4}\times0.09^2\times1.2\times10^3=7.6\ (\text{L/min})$$

选取液压泵的总效率为 $\eta=0.8$，则工进时所需的液压泵的最大功率为

$$P_w=2\times\frac{p_p q_{wmax}}{\eta}=2\times\frac{4.3\times10^6\times7.6}{60\times0.8}\times10^{-6}=1.36\ (\text{kW})$$

快速空载时，液压缸承受以下载荷：

惯性力 $$F_a=\frac{G}{g}\times\frac{\Delta v}{\Delta t}\times\frac{15000}{9.81}\times\frac{4/60}{0.2}=510\ (\text{N})$$

密封阻力 $$F_s=\frac{p_{eq}}{2}\times\frac{\pi}{4}d^2=\frac{0.2\times10^6}{2}\times\frac{\pi}{4}\times0.063^2=311.6\ (\text{N})$$

导轨摩擦力 $$F_f=\frac{G}{2}f+\frac{G}{2}\times\frac{f}{\sin\frac{\alpha}{2}}=\frac{15000}{2}\times0.1+\frac{15000}{2}\times\frac{0.1}{\sin45^\circ}=1810\ (\text{N})$$

空载条件下的总负载为

$$F_e=F_a+F_s+F_f=510+311.6+1810=2631.6\ (\text{N})$$

选取空载快速条件下的系统压力损失 $\Delta p_{el}=5\times10^5\text{Pa}$，则空载快速条件下液压泵的输出压力为

$$p_{ep}=\frac{4F_e}{\pi d^2}+\Delta p_{el}=\frac{4\times2631.6}{\pi\times0.063^2}+5\times10^5=13.4\times10^5\ (\text{Pa})$$

空载快速时液压泵所需的最大功率为

$$P_e=\frac{P_{ep}q_p}{\eta}=\frac{13.4\times10^5\times27.5}{60\times0.8}\times10^{-6}=0.77\ (\text{kW})$$

故应按最大工进时所需功率选取电动机。

10.2.3.3 选择控制元件

控制元件的规格应根据系统最高工作压力和通过该阀的最大流量，在标准元件的产品样本中选取。

方向阀：按 $p=4.3\times10^6\text{Pa}$，$q=12.5\text{L/min}$，选 35D-25B（滑阀机能 O 型）。

单向阀：按 $p=3.3\times10^6\text{Pa}$，$q=25\text{L/min}$，选 I-25B。

调速阀：按工进最大流量 $q=7.6\text{L/min}$，工作压力 $p=3.3\times10^6\text{Pa}$，选 Q-10B。

背压阀：调至 $p=3.3\times10^6\text{Pa}$，流量为 $q=7.6\text{L/min}$，选 B-10。

顺序阀：调至大于 $p=3.3\times10^6\text{Pa}$，保证快进时不打开，$q=7.6\text{L/min}$，选 X-B10B。

行程阀：按 $p=1.29\times10^6\text{Pa}$，$q=12.5\text{L/min}$，选 22C-25B。

10.2.3.4 油管及其他辅助装置的选择

查 GB/T 2351 和 JB 827，确定钢管公称通经、外径、壁厚、连接螺纹及推荐流量。

在液压泵的出口，按流量 27.5L/min，查表取管路通径为 ϕ10mm。

在液压泵的入口，选择较粗的管道，选取管径为 ϕ12mm。

其余油管按流量 12.5L/min，查表取 ϕ8mm。

对于一般低压系统，油箱的容量一般取泵流量的 3～5 倍，本题取 4 倍，其有效容积为

$$V_t = 4q_p = 4 \times 27.5 = 110\ (\mathrm{L})$$

在绘制液压系统装配管路图后，可进行压力损失验算。由于该液压系统较简单，该项验算从略。

由于本系统的功率小，又采用限压式变量泵，效率高，发热少，所取油箱容量又较大，故不必进行系统温升的验算。

习题

10.1　设计液压系统一般经过哪些步骤？要进行哪些计算？

10.2　如何拟定液压系统原理图？

10.3　设计一台板料折弯机液压系统。要求完成的动作循环为：快进→工进→快退→停止，且动作平稳。根据实测，最大推力为 15kN，快进、快退速度为 3m/min，工进速度为 1.5m/min，快进行程为 0.1m，工进行程为 0.15m。

10.4　一台专用铣床的铣头驱动电动机功率为 7.5kW，铣刀直径为 120mm，转速为 350r/min。工作行程为 400mm，快进、快退速度为 6m/min，工进速度为 60～1000m/min，加、减速时间为 0.05s。工作台水平放置，导轨摩擦因数为 0.1，运动部件总重量为 4000N。试设计该机床的液压系统。

11 气压传动

11.1 气压传动概述

11.1.1 气压传动的组成及工作原理

气压传动简称气动，是以压缩空气为工作介质进行能量传递和信号传递的一门技术。气压传动系统的工作原理是利用空气压缩机将电动机或其他原动机输出的机械能转变为空气的压力能，然后在控制元件的控制和辅助元件的配合下，通过执行元件把空气的压力能转变为机械能，从而完成直线或回转运动并对外做功。由此可知，气压传动系统和液压传动系统类似，也是由以下四部分组成的。

① 气源装置　是获得压缩空气的装置。它将原动机输出的机械能转变为空气的压力能，其主要设备是空气压缩机。

② 控制元件　用来控制压缩空气的压力、流量和流动方向，以保证执行元件具有一定的输出力和速度，并按设计的程序正常工作，如压力阀、流量阀、方向阀和逻辑阀等。

③ 执行元件　是将空气的压力能转变为机械能的一种能量转换装置，如气缸和气马达。

④ 辅助元件　是用于辅助保证气动系统正常工作的一些装置，如过滤器、干燥器、空气过滤器、消声器和油雾器等。

11.1.2 气压传动的优缺点

气动技术在国内外发展很快，因为以压缩空气为工作介质具有防火、防爆、防电磁干扰，抗振动、冲击、辐射，无污染，结构简单，工作可靠等特点，所以气动技术与液压、机械、电气和电子技术一起，互相补充，已发展成为实现生产过程自动化的一个重要手段，在机械工业、冶金工业、轻纺食品工业、化工、交通运输、航空航天、国防建设等各个部门已得到广泛的应用。

(1) 气压传动的优点

① 空气随处可取，取之不尽，减少了购买、储存、运输介质的费用和麻烦；用后的空气直接排入大气，对环境无污染，处理方便，不必设置回收管路，因而也不存在介质变质、补充和更换等问题。

② 因空气黏度小（约为液压油的万分之一），在管内流动阻力小，压力损失小，便于集中供气和远距离输送。即使有泄漏，也不会像液压油一样污染环境。

③ 与液压相比，气动反应快，动作迅速，维护简单，管路不易堵塞。

④ 气动元件结构简单，制造容易，适于标准化、系列化、通用化。

⑤ 气动系统对工作环境适应性好，特别在易燃、易爆、多尘埃、强磁、辐射、振动等

恶劣工作环境中工作时，安全可靠性优于液压、电子和电气系统。

⑥ 空气具有可压缩性，使气动系统能够实现过载自动保护，也便于储气罐储存能量，以备急需。

⑦ 排气时气体因膨胀而温度降低，因而气动设备可以自动降温，长期运行也不会发生过热现象。

(2) 气压传动的缺点

① 空气具有可压缩性，当载荷变化时，气动系统的动作稳定性差，但可以采用气液联动装置解决此问题。

② 工作压力较低（一般为0.4～0.8MPa），又因结构尺寸不宜过大，因而输出功率较小。

③ 气信号传递的速度比光、电子速度慢，故不宜用于要求高传递速度的复杂回路中，但对一般机械设备，气动信号的传递速度是能够满足要求的。

④ 排气噪声大，需加消声器。

11.2 气源装置及辅件

气源装置包括压缩空气的发生装置以及压缩空气的储存、净化等辅助装置。它为气动系统提供合乎质量要求的压缩空气，是气动系统的一个重要组成部分。

气源装置一般由气压发生装置、净化及储存压缩空气的装置和设备、传输压缩空气的管道系统和气动三联件四部分组成。

11.2.1 气源装置

11.2.1.1 对压缩空气的要求

① 要求压缩空气具有一定的压力和流量。因为压缩空气是气动装置的动力源，没有一定的压力不但不能保证执行元件产生足够的推力，甚至连控制元件都难以正确地动作；没有足够的流量，就不能满足对执行元件运动速度和程序的要求等。总之，压缩空气没有一定的压力和流量，气动装置的一切功能均无法实现。

② 要求压缩空气具有足够的清洁度和干燥度。清洁度是指气源中含油量、含灰尘杂质的质量及颗粒大小都要控制在很低范围内。干燥度是指压缩空气中含水量的多少，气动装置要求压缩空气的含水量越低越好。

因此，气源装置必须设置一些除油、除水、除尘，并使压缩空气干燥，提高压缩空气质量，进行气源净化处理的辅助设备。

11.2.1.2 压缩空气站的设备组成及布置

压缩空气站的设备一般包括产生压缩空气的空气压缩机和使气源净化的辅助设备。图11.1所示为压缩空气站设备组成及布置示意。空气压缩机1用以产生压缩空气，一般由电动机带动。其吸气口装有空气过滤器，以减少进入空气压缩机内气体的杂质量。后冷却器2用以冷却压缩空气，使汽化的水、油凝结。油水分离器3用以分离并排出冷凝的水滴、油滴、杂质等。储气罐4用以储存压缩空气，稳定压缩空气的压力，并除去部分油分和水分。干燥器5用以进一步吸收或排除压缩空气中的水分及油分，使之变成干燥空气。过滤器6用以进一步过滤压缩空气中的灰尘、杂质颗粒。储气罐 4 输出的压缩空气可用于一般要求的气压传动系统，储气罐 7 输出的压缩空气可用于要求较高的气动系统（如气动仪表及射流元件组成的控制回路等）。

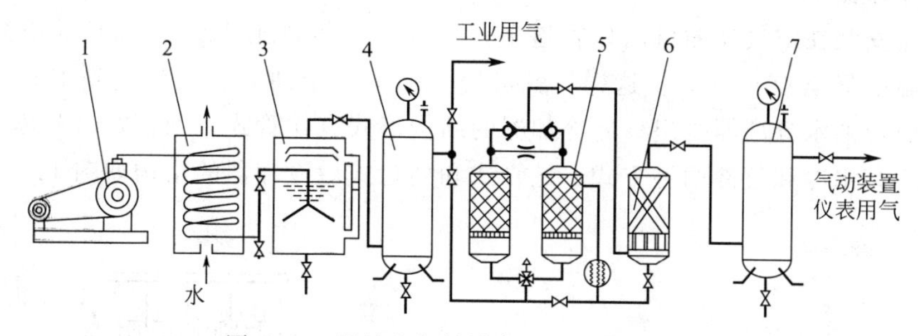

图 11.1　压缩空气站设备组成及布置示意

1—空气压缩机；2—后冷却器；3—油水分离器；4,7—储气罐；5—干燥器；6—过滤器

(1) 空气压缩机的分类及选用原则

① 分类　空气压缩机是一种气压发生装置，它是将机械能转化成气体压力能的能量转换装置，其种类很多，分类形式也有数种。按其工作原理可分为容积型压缩机和速度型压缩机。容积型压缩机的工作原理是压缩气体的体积，使单位体积内气体分子的密度增大以提高压缩空气的压力。速度型压缩机的工作原理是提高气体分子的运动速度，然后使气体的动能转化为压力能以提高压缩空气的压力。

② 选用原则　选用空气压缩机的根据是气压传动系统所需要的工作压力和流量两个参数。一般空气压缩机为中压空气压缩机，额定排气压力为 1MPa。另外还有低压空气压缩机，排气压力为 0.2MPa；高压空气压缩机，排气压力为 10MPa；超高压空气压缩机，排气压力为 100MPa。

输出流量的选择，要根据整个气动系统对压缩空气的需要再加一定的备用余量，作为选择空气压缩机的流量依据。空气压缩机铭牌上的流量是自由空气流量。

(2) 空气压缩机的工作原理

气动系统中最常用的是往复活塞式空压机，其工作原理如图 11.2 所示。当活塞 2 向右运动时，气缸 1 内活塞左腔的压力低于大气压力，吸气阀 6 被打开，空气在大气压力作用下进入气缸 1 内，这个过程称为吸气过程。当活塞左移时，吸气阀 6 在缸内压缩气体的作用下关闭，缸内气体被压缩，这个过程称为压缩过程。当气缸内空气压力增高到略高于输气管内压力后，排气阀 7 被打开，压缩空气进入输气管道，这个过程称为排气过程。活塞 2 的往复运动是由电动机带动曲柄转动，通过连杆、滑块、活塞杆转化为直线往复运动而产生的。

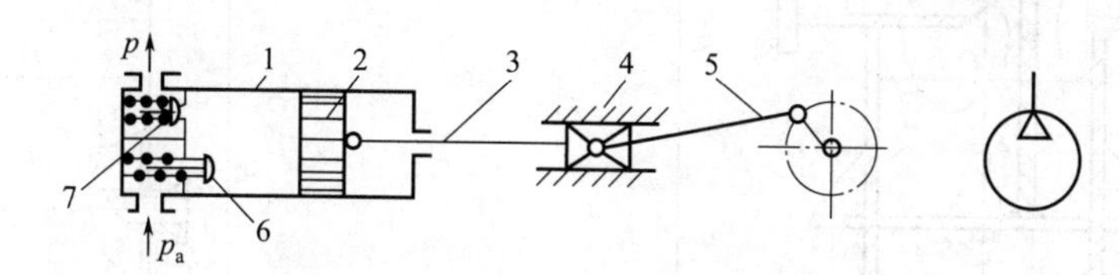

图 11.2　往复活塞式空气压缩机工作原理

1—气缸；2—活塞；3—活塞杆；4—滑块；5—曲柄连杆机构；6—吸气阀；7—排气阀

11.2.2　气动辅助元件

气动辅助元件分为气源净化装置和其他辅助元件两大类。

11.2.2.1 气源净化装置

压缩空气净化装置一般包括后冷却器、油水分离器、储气罐、干燥器、过滤器等。

(1) 后冷却器

后冷却器安装在空气压缩机出口管道上，空气压缩机排出 140～170℃的压缩空气经过后冷却器，温度降至 40～50℃。这样，就可使压缩空气中油雾和水汽达到饱和，使其大部分凝结成滴而经油水分离器排出。后冷却器的结构形式有蛇管式、列管式、散热片式、管套式。冷却方式有水冷和气冷两种方式。蛇管式和列管式后冷却器的结构如图 11.3 所示。

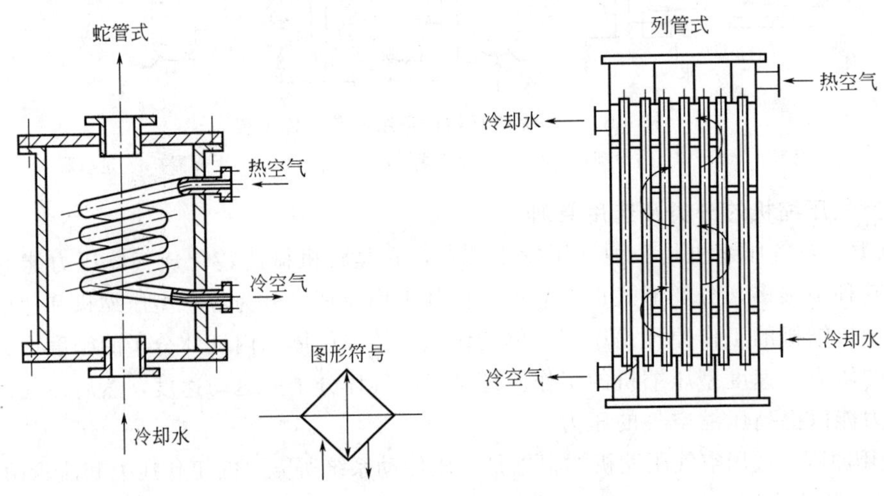

图 11.3　后冷却器

(2) 油水分离器

油水分离器安装在后冷却器出口管道上，它主要利用回转离心、撞击、水浴等方法使水滴、油滴及其他杂质颗粒从压缩空气中分离出来。油水分离器的结构形式有环形回转式、撞击折回式、离心旋转式、水浴式以及以上形式的组合等。撞击折回并回转式油水分离器结构如图 11.4 所示。

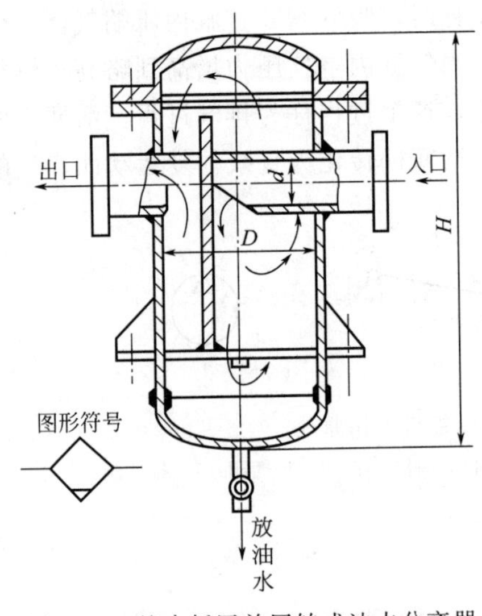

图 11.4　撞击折回并回转式油水分离器

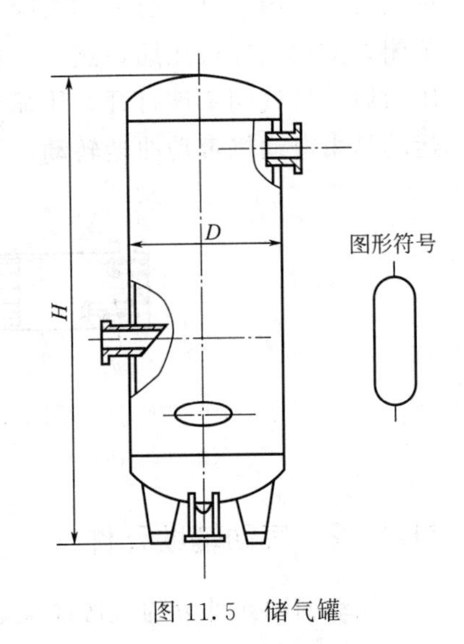

图 11.5　储气罐

(3) 储气罐

储气罐的主要作用是储存一定数量的压缩空气；减少气源输出气流脉动，增加气流连续性，减弱空气压缩机排出气流脉动引起的管道振动；进一步分离压缩空气中的水分和油分。

储气罐一般采用焊接结构，以立式居多，其结构如图 11.5 所示。

(4) 干燥器

干燥器的作用是进一步除去压缩空气中含有的水分、油分和颗粒杂质等，使压缩空气干燥，提供的压缩空气，用于对气源质量要求较高的气动装置、气动仪表等。压缩空气干燥主要采用吸附、离心、机械降水及冷冻等方法。吸附法是干燥处理方法中应用最为普遍的一种方法。吸附式干燥器的结构如图 11.6 所示。

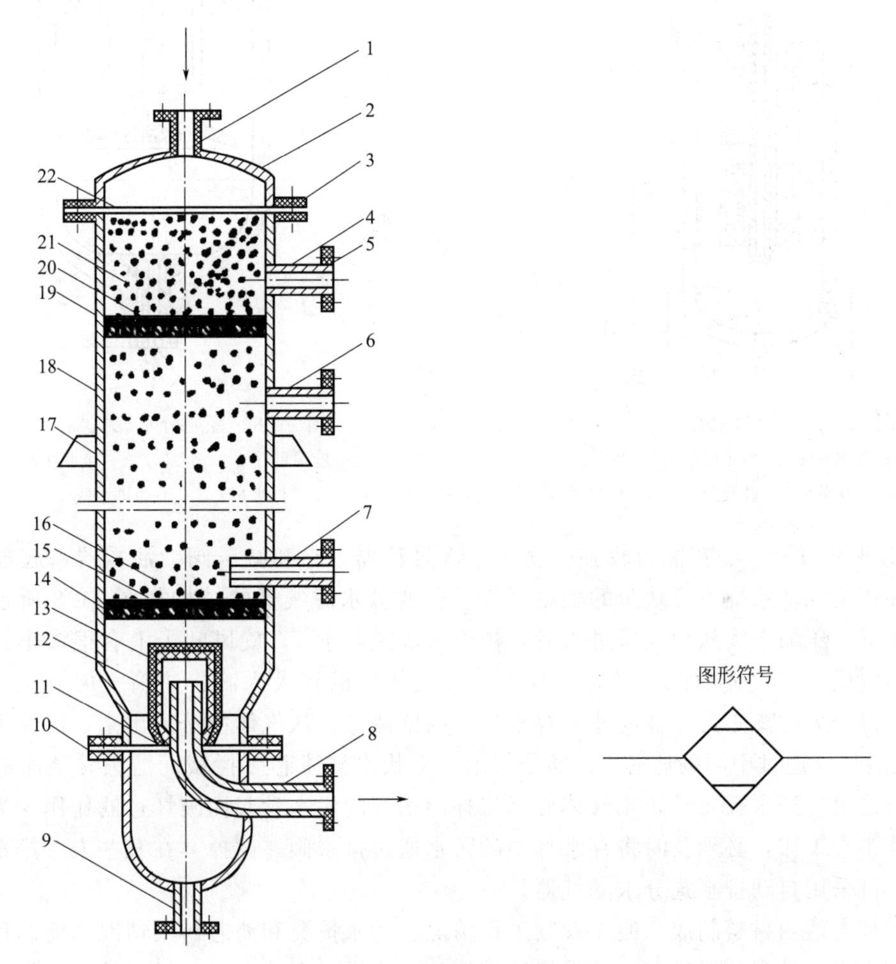

图 11.6 吸附式干燥器

1—湿空气进气管；2—顶盖；3,5,10—法兰；4,6—再生空气排气管；7—再生空气进气管；8—干燥空气输出管；9—排水管；11,22—密封垫；12,15,20—钢丝过滤网；13—毛毡；14—下栅板；16,21—吸附剂层；17—支撑板；18—筒体；19—上栅板

(5) 过滤器

空气的过滤是气压传动系统中的重要环节。不同的场合，对压缩空气的要求也不同。过滤器的作用是进一步滤除压缩空气中的杂质。常用的过滤器有一次性过滤器（也称简易过滤器，滤灰效率为 50%～70%）、二次过滤器（滤灰效率为 70%～99%）。在要求高的特殊场

合，还可使用高效率的过滤器（滤灰效率大于99%）。

① 一次过滤器　图11.7所示为一种一次过滤器，气流由切线方向进入筒内，在离心力的作用下分离出液滴，然后气体由下而上通过多片钢板、毛毡、硅胶、焦炭、滤网等过滤吸附材料，干燥清洁的空气从筒顶输出。

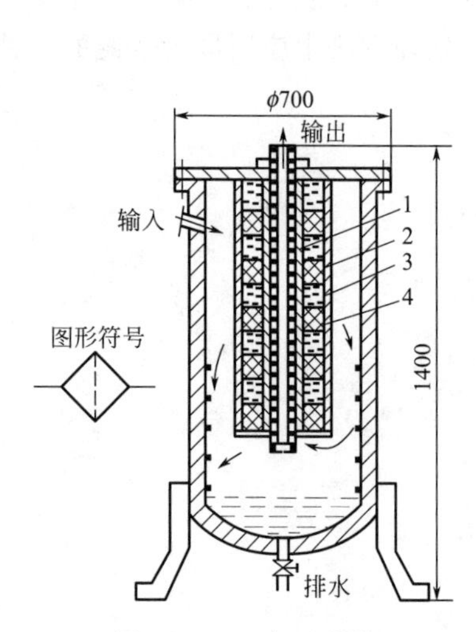

图11.7　一次过滤器

1—ϕ10mm密孔网；2—280目细钢丝网；3—焦炭；4—硅胶等

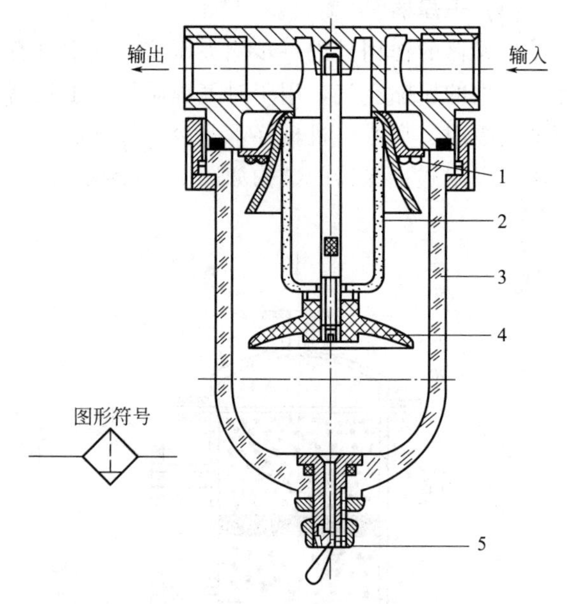

图11.8　普通分水滤气器

1—旋风叶子；2—滤芯；3—存水杯；4—挡水板；5—手动排水阀

② 分水滤气器　滤灰能力较强，属于二次过滤器。它和减压阀、油雾器一起被称为气动三联件，是气动系统不可缺少的辅助元件。普通分水滤气器的结构如图11.8所示。其工作原理如下：压缩空气从输入口进入后，被引入旋风叶子1，旋风叶子上有很多小缺口，使空气沿切线反向产生强烈的旋转，这样夹杂在气体中的较大水滴、油滴、灰尘（主要是水滴）便获得较大的离心力，并高速与存水杯3内壁碰撞，从气体中分离出来，沉淀于存水杯3中，然后气体通过中间的滤芯2，部分灰尘、雾状水被滤芯2拦截而滤去，洁净的空气便从输出口输出。挡水板4是防止气体旋涡将杯中积存的污水卷起而破坏过滤作用。为保证分水滤气器正常工作，必须及时将存水杯中的污水通过排水阀5放掉。在某些人工排水不方便的场合，可采用自动排水式分水滤气器。

存水杯由透明材料制成，便于观察工作情况、污水情况和滤芯污染情况。滤芯目前采用铜粒烧结而成。发现油泥过多，可采用酒精清洗，干燥后再装上，可继续使用。但是这种过滤器只能滤除固体和液体杂质，因此使用时应尽可能装在能使空气中的水分变成液态的部位或防止液体进入的部位，如气动设备的气源入口处。

11.2.2.2　其他辅助元件

（1）油雾器

油雾器是一种特殊的注油装置。它以空气为动力，使润滑油雾化后，注入空气流中，并随空气进入需要润滑的部件，达到润滑的目的。

图11.9所示为普通油雾器（也称一次油雾器）。当压缩空气由输入口进入后，通过喷嘴

1下端的小孔进入阀座4的腔室内，在截止阀的钢球2上下表面形成压差，由于泄漏和弹簧3的作用，而使钢球处于中间位置，压缩空气进入存油杯5的上腔使油面受压，压力油经吸油管6将单向阀7的钢球顶起，钢球上部管道有一个方形小孔，钢球不能将上部管道封死，压力油不断流入视油器9内，再滴入喷嘴1中，被主管气流从上面小孔引射出来，雾化后从输出口输出。节流阀8可以调节流量，使滴油量在每分钟0～120滴内变化。

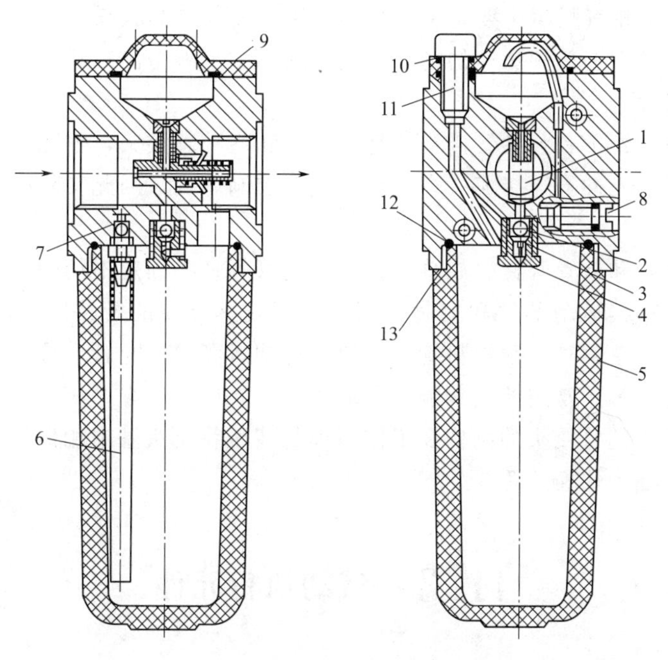

图11.9　普通油雾器（一次油雾器）

1—喷嘴；2—钢球；3—弹簧；4—阀座；5—存油杯；6—吸油管；7—单向阀；8—节流阀；9—视油器；10,12—密封垫；11—油塞；13—螺母、螺钉

二次油雾器能使油滴在雾化器内进行两次雾化，使油雾粒度更小、更均匀，输送距离更远。

油雾器的选择主要是根据气压传动系统所需额定流量及油雾粒径大小来进行的。所需油雾粒径在50μm左右选用一次油雾器。若需油雾粒径很小可选用二次油雾器。油雾器一般应配置在滤气器和减压阀之后，用气设备之前较近处。

（2）消声器

在气压传动系统之中，气缸、气阀等元件工作时，排气速度较高，气体体积急剧膨胀，会产生刺耳的噪声。噪声的强弱随排气的速度、排量和空气通道的形状而变化。排气的速度和功率越大，噪声也越大，一般可达100～120dB，为了降低噪声可以在排气口装消声器。

消声器通过阻尼或增加排气面积来降低排气速度和功率，从而降低噪声。

气动元件使用的消声器一般有三种类型：吸收型消声器、膨胀干涉型消声器和膨胀干涉吸收型消声器。常用的是吸收型消声器。图11.10所示吸收型消声器。这种消声

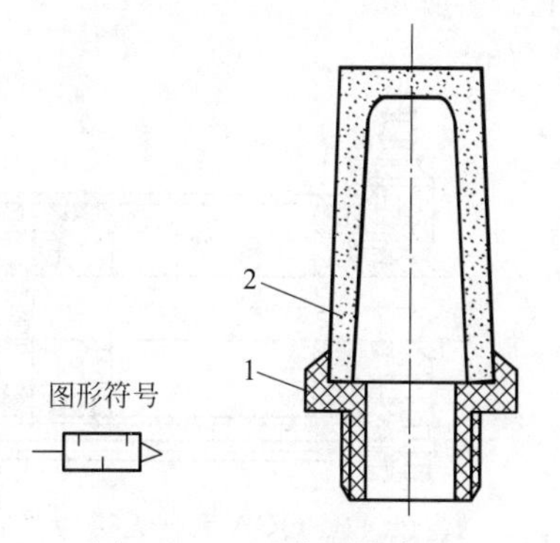

图11.10　吸收型消声器

1—连接螺钉；2—消声罩

器主要依靠吸声材料消声。消声罩2为多孔的吸声材料，一般用聚苯乙烯或铜珠烧结而成。当消声器的通径小于20mm时，多用聚苯乙烯作消声材料制成消声罩，当消声器的通径大于20mm时，消声罩多用铜珠烧结，以增加强度。其消声原理是：当有压气体通过消声罩时，气流受到阻力，声能量被部分吸收而转化为热能，从而降低了噪声强度。

吸收型消声器结构简单，具有良好的消除中、高频噪声的性能。消声效果大于20dB。在气压传动系统中，排气噪声主要是中、高频噪声，尤其是高频噪声，所以采用这种消声器是合适的。在主要是中、低频噪声的场合，应使用膨胀干涉型消声器。

(3) 管道连接件

管道连接件包括管子和各种管接头。有了管子和各种管接头，才能把气动控制元件、气动执行元件以及辅助元件等连接成一个完整的气动控制系统，因此实际应用中，管道连接件是不可缺少的。

管子可分为硬管和软管两种。如总气管和支气管等一些固定不动的、不需要经常装拆的地方，使用硬管。连接运动部件和临时使用、希望装拆方便的管路应使用软管。硬管有铁管、铜管、黄铜管、紫铜管和硬塑料管等；软管有塑料管、尼龙管、橡胶管、金属编织塑料管以及挠性金属导管等。常用的是紫铜管和尼龙管。

气动系统中使用的管接头的结构及工作原理与液压管接头基本相似，分为卡套式、扩口螺纹式、卡箍式、插入快换式等。

11.3 气动执行元件

气动执行元件是将压缩空气的压力能转换为机械能的装置。它包括气缸和气马达。气缸用于直线往复运动或摆动，气马达用于实现连续回转运动。

11.3.1 气缸

气缸是气动系统的执行元件之一。除几种特殊气缸外，普通气缸的种类及结构形式与液压缸基本相同。

目前最常选用的是标准气缸，其结构和参数都已系列化、标准化、通用化。QGA系列为无缓冲普通气缸，其结构如图11.11所示；QGB系列为有缓冲普通气缸，其结构如图11.12所示。

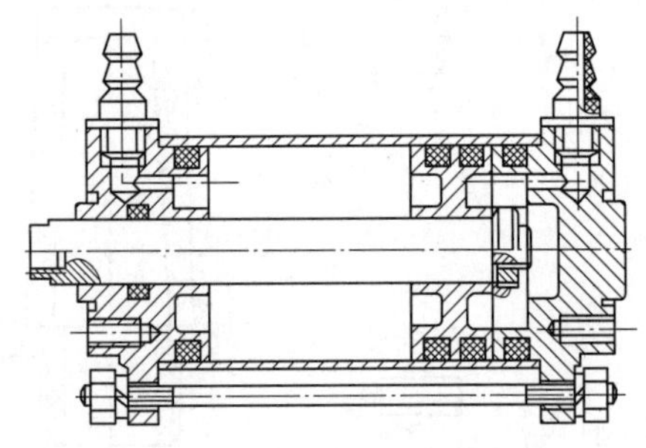

图11.11　QGA系列无缓冲普通气缸

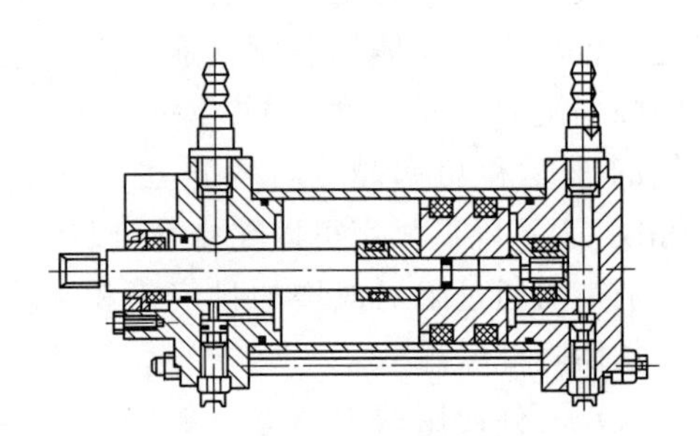

图11.12　QGB系列有缓冲普通气缸

其他几种较为典型的特殊气缸有气液阻尼缸、薄膜式气缸和冲击式气缸等。

(1) 气液阻尼缸

普通气缸工作时，由于气体的压缩性，当外部载荷变化较大时，会产生“爬行”或“自走”现象，使气缸的工作不稳定。为了使气缸运动平稳，普遍采用气液阻尼缸。

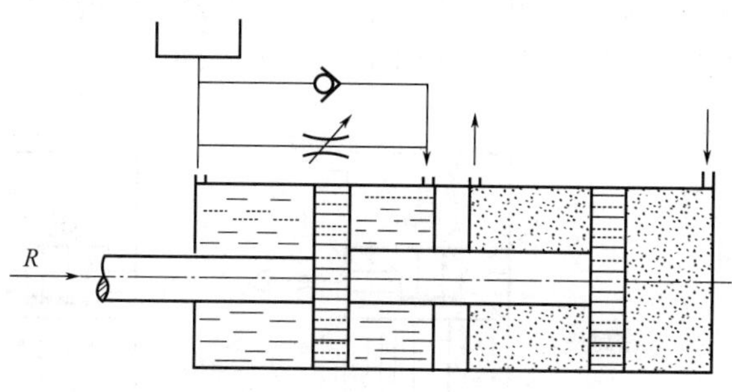

图 11.13 气液阻尼缸的工作原理

气液阻尼缸由气缸和油缸组合而成，工作原理如图 11.13 所示。它是以压缩空气为能源，并利用油液的不可压缩性和控制油液排量来获得活塞的平稳运动和调节活塞的运动速度。它将油缸和气缸串联成一个整体，两个活塞固定在一根活塞杆上。当气缸右端供气时，气缸克服外负载并带动油缸同时向左运动，此时油缸左腔排油、单向阀关闭。油液只能经节流阀缓慢流入油缸右腔，对整个活塞的运动起阻尼作用。调节节流阀的阀口大小就能达到调节活塞运动速度的目的。当压缩空气经换向阀从气缸左腔进入时，油缸右腔排抽，此时因单向阀开启，活塞能快速返回原来位置。

这种气液阻尼缸的结构一般是将双活塞杆缸作为油缸。因为这样可使油缸两腔的排油量相等，此时油箱内的油液只用来补充因油缸泄漏而减少的油量，一般用油杯就可以了。

(2) 薄膜式气缸

薄膜式气缸是一种利用压缩空气通过膜片推动活塞杆作往复直线运动的气缸。它由缸体、膜片、膜盘和活塞杆等主要零件组成。其功能类似于活塞式气缸，分为单作用式和双作用式两种，如图 11.14 所示。

薄膜式气缸的膜片可以做成盘形膜片和平膜片两种形式。膜片材料为夹织物橡胶、钢片或磷青铜片。常用的是夹织物橡胶，橡胶的厚度为 5～6mm，有时也可为 1～3mm。金属式膜片只用于行程较小的薄膜式气缸中。

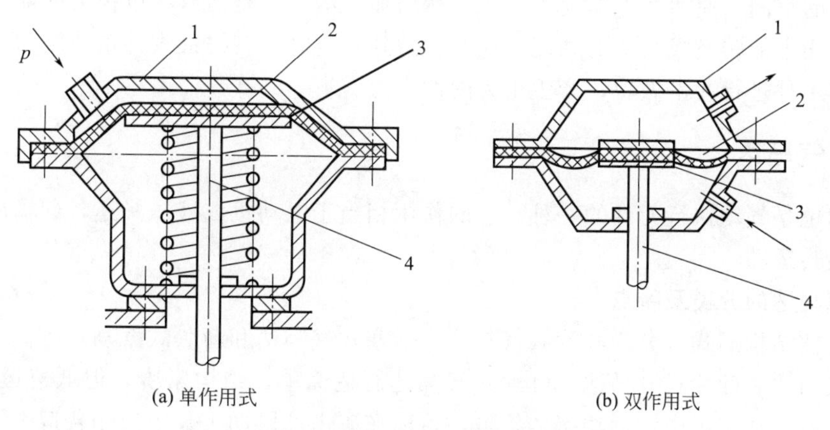

图 11.14 薄膜式气缸

1—缸体；2—膜片；3—膜盘；4—活塞杆

薄膜式气缸和活塞式气缸相比，具有结构简单、紧凑、制造容易、成本低、维修方便、寿命长、泄漏小、效率高等优点。但是膜片的变形量有限，故其行程短（一般不超过 40～50mm），且气缸活塞杆上的输出力随着行程的加大而减小。

(3) 冲击式气缸

冲击式气缸是一种体积小、结构简单、易于制造、耗气功率小但能产生相当大的冲击力的特殊气缸。与普通气缸相比，冲击式气缸的结构特点是增加了一个具有一定容积的蓄能腔和喷嘴。其工作原理如图 11.15 所示。

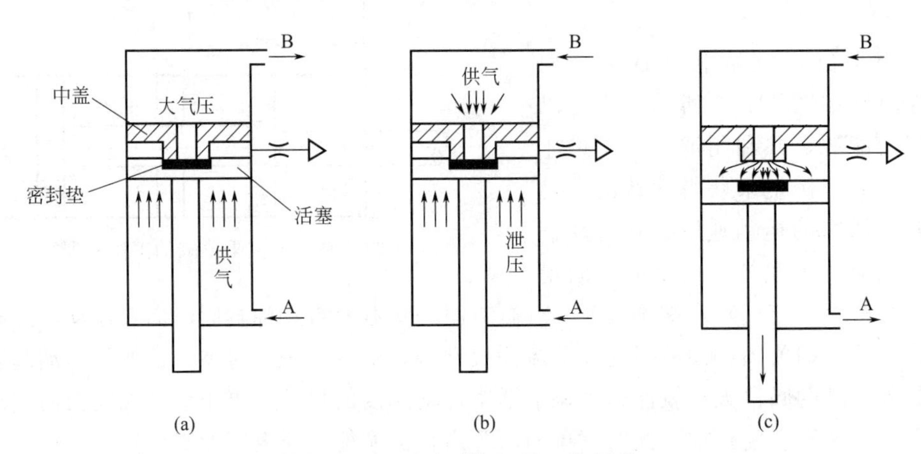

图 11.15 冲击式气缸的工作原理

冲击式气缸的整个工作过程可简单地分为三个阶段。第一阶段［图 11.15(a)］，压缩空气由孔 A 输入冲击式气缸的下腔，蓄气缸经孔 B 排气，活塞上升并用密封垫封住喷嘴，中盖和活塞间的环形空间经排气孔与大气相通。第二阶段［图 11.15(b)］，压缩空气改由孔 B 进气，输入蓄气缸中，冲击式气缸下腔经孔 A 排气。由于活塞上端气压作用在面积较小的喷嘴上，而活塞下端受力面积较大，一般设计成喷嘴面积的 9 倍，缸下腔的压力虽因排气而下降，但此时活塞下端向上的作用力仍大于活塞上端向下的作用力。第三阶段［图 11.15(c)］，蓄气缸的压力继续增大，冲击式气缸下腔的压力继续降低，当蓄气缸内压力高于活塞下腔压力 9 倍时，活塞开始向下移动，活塞一旦离开喷嘴，蓄气缸内的高压气体迅速充入活塞与中盖间的空间，使活塞上端受力面积突然增加 9 倍，于是活塞将以极大的加速度向下运动，气体的压力能转换成活塞的动能。在冲程达到一定时，获得最大冲击速度和能量，利用这个能量对工件进行冲击做功，产生很大的冲击力。

11.3.2 气马达

气马达也是气动执行元件的一种。它的作用相当于电动机或液压马达，即输出转矩，拖动机构作旋转运动。

(1) 气马达的分类及特点

气马达按结构形式可分为叶片式气马达、活塞式气马达和薄膜式气马达等。最为常见的是活塞式气马达和叶片式气马达。叶片式气马达制造简单，结构紧凑，但低速运动转矩小，低速性能不好，适用于中、低功率的机械，目前在矿山及风动工具中应用普遍。活塞式气马达在低速情况下有较大的输出功率，其低速性能好，适宜于载荷较大和要求低速大转矩的机械，如起重机、绞车、绞盘、拉管机等。

与液压马达相比，气马达具有以下特点。

① 工作安全。可以在易燃易爆场所工作，同时不受高温和振动的影响。

② 可以长时间满载工作而温升较小。

③ 可以无级调速。控制进气流量，就能调节马达的转速和功率。额定转速以每分钟几十转到几十万转。

④ 具有较高的启动转矩。可以直接带负载运动。

⑤ 结构简单，操纵方便，维护容易，成本低。

⑥ 输出功率相对较小，最大只有 20kW 左右。

⑦ 耗气量大，效率低，噪声大。

(2) 气马达的工作原理

图 11.16(a) 所示为叶片式气马达的工作原理。它的主要结构和工作原理与液压叶片马达相似，主要包括一个径向装有 3～10 个叶片的转子，偏心安装在定子内，转子两侧有前后盖板（图中未画出），叶片在转子的槽内可径向滑动，叶片底部通有压缩空气，转子转动时靠离心力和叶片底部气压将叶片紧压在定子内表面上。定子内有半圆形的切沟，提供压缩空气及排出废气。

当压缩空气从 A 口进入定子内，会使叶片带动转子作逆时针旋转，产生转矩。废气从排气口 C 排出；而定子腔内残留气体则从 B 口排出。如需改变气马达旋转方向，只需改变进、排气口即可。

图 11.16(b) 所示为径向活塞式马达的工作原理。压缩空气经进气口进入分配阀（又称配气阀）后进入气缸，推动活塞及连杆组件运动，再使曲柄旋转。曲柄旋转的同时，带动固定在曲轴上的分配阀同步转动，使压缩空气随着分配阀角度位置的改变而进入不同的缸内，依次推动各个活塞运动，由各活塞及连杆带动曲轴连续运转。与此同时，与进气缸相对应的气缸则处于排气状态。

图 11.16(c) 所示为薄膜式气马达的工作原理。它实际上是一个薄膜式气缸，当它作往复运动时，通过推杆端部的棘爪使棘轮转动。

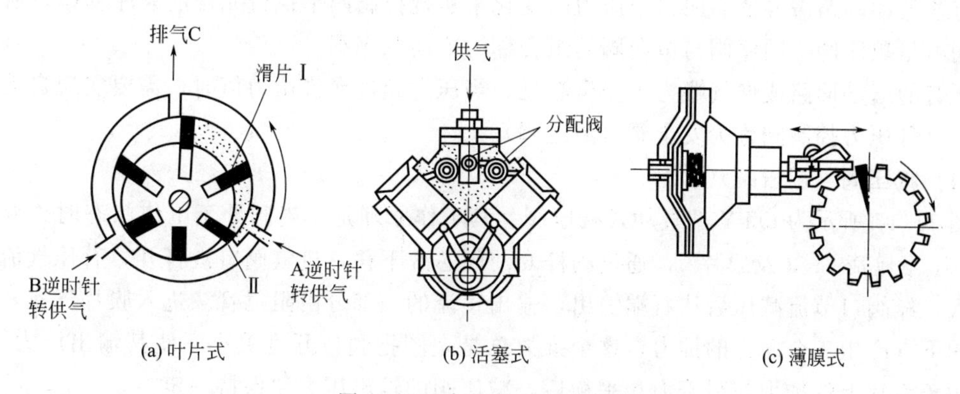

图 11.16　气马达的工作原理

表 11.1 列出了各种气马达的特点及应用范围，可供选择时参考。

表 11.1　各种气马达的特点及应用范围

形式	转矩	速度	功率	每千瓦耗气量/(m³/min)	特点及应用范围
叶片式	低转矩	高速	由零点几千瓦到 1.3kW	小型:1.8～2.3 大型:1.0～1.4	制造简单,结构紧凑,但低速启动转矩小,低速性能不好,适用于要求低或中功率的机械,如手提工具、复合工具、传送带、升降机、泵、拖拉机等

续表

形式	转矩	速度	功率	每千瓦耗气量/(m^3/min)	特点及应用范围
活塞式	中高转矩	低速或中速	由零点几千瓦到1.7kW	小型:1.9～2.3 大型:1.0～1.4	在低速时有较大的功率输出和较好的转矩特性。启动准确,且启动和停止特性均较叶片式好,适用于载荷较大和要求低速转矩较高的机械,如手提工具、起重机、绞车、绞盘、拉管机等
薄膜式	高转矩	低速	小于1kW	1.2～1.4	适用于控制要求很精确、启动转矩极高和速度低的机械

11.4 气动控制元件

在气压传动系统中，气动控制元件是控制和调节压缩空气的压力、流量和方向的控制阀，其作用是保证气动执行元件（如气缸、气马达等）按设计的程序正常地进行工作。

11.4.1 压力控制阀

气动系统不同于液压系统，一般每一个液压系统都自带液压源（液压泵）；而在气动系统中，一般来说由空气压缩机先将空气压缩，储存在储气罐内，然后经管路输送给各个气动装置使用。而储气罐的空气压力往往比各台设备实际所需要的压力高些，同时其压力波动值也较大。因此需要用减压阀（调压阀）将其压力减到每台装置所需的压力，并使减压后的压力稳定在所需压力值上。

有些气动回路需要依靠回路中压力的变化来实现控制两个执行元件的顺序动作，所用的这种阀就是顺序阀。顺序阀与单向阀的组合称为单向顺序阀。

所有的气动回路或储气罐为了安全起见，当压力超过允许压力值时，需要实现自动向外排气，这种压力控制阀称为安全阀（溢流阀）。

(1) 减压阀（调压阀）

图11.17所示为QTY型直动式减压阀。其工作原理是：当阀处于工作状态时，调节手柄1、压缩弹簧2、3及膜片5，通过阀杆6使阀芯8下移，进气阀口被打开，有压气流从左端输入，经阀口节流减压后从右端输出，输出气流的一部分由阻尼管7进入膜片气室，在膜片5的下方产生一个向上的推力，这个推力总是企图把阀口开度关小，使其输出压力下降，当作用于膜片上的推力与弹簧力相平衡后，减压阀的输出压力便保持一定。

当输入压力发生波动时，如输入压力瞬时升高，输出压力也随之升高，作用于膜片5上的气体推力也随之增大，破坏了原来的力平衡，使膜片5向上移动，有少量气体经溢流口4、排气孔11排出。在膜片上移的同时，因复位弹簧10的作用，使输出压力下降，直到新的平衡为止。重新平衡后的输出压力又基本上恢复至原值。反之，输出压力瞬时下降，膜片下移，进气口开度增大，节流作用减小，输出压力又基本上回升至原值。

调节手柄1使弹簧2、3恢复自由状态，输出压力降至零，阀芯8在复位弹簧10的作用下，关闭进气阀口，这样，减压阀便处于截止状态，无气流输出。

QTY型直动式减压阀的调压范围为0.05～0.63MPa。为限制气体流过减压阀所造成的

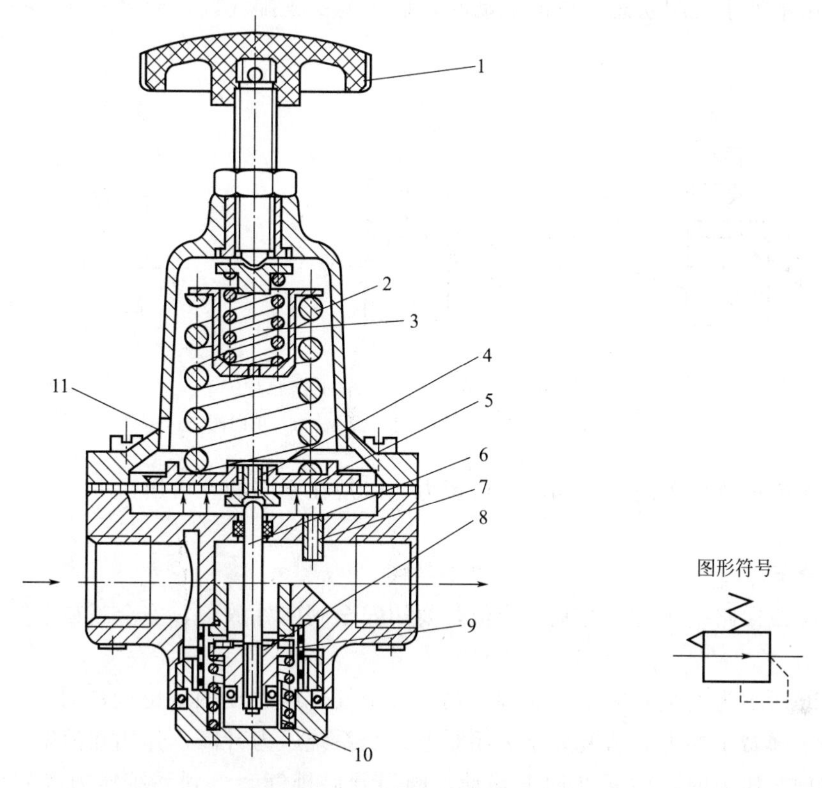

图 11.17　QTY 型直动式减压阀

1—调节手柄；2,3—调压弹簧；4—溢流口；5—膜片；6—阀杆；7—阻尼孔；
8—阀芯；9—阀座；10—复位弹簧；11—排气孔

压力损失，规定气体通过阀内通道的流速在 15～25m/s 范围内。

安装减压阀时，要按气流的方向和减压阀上所示的箭头方向，依照分水滤气器→减压阀→油雾器的安装次序进行安装。调压时应由低向高调，直至规定的调压值为止。阀不用时应把手柄放松，以免膜片经常受压变形。

(2) 顺序阀

顺序阀是依靠气路中压力的作用而控制执行元件按顺序动作的压力控制阀，如图 11.18 所示，它根据弹簧的预压缩量来控制其开启压力。当输入压力达到或超过开启压力时，顶开弹簧，于是 P 口到 A 口有输出，反之 A 口无输出。

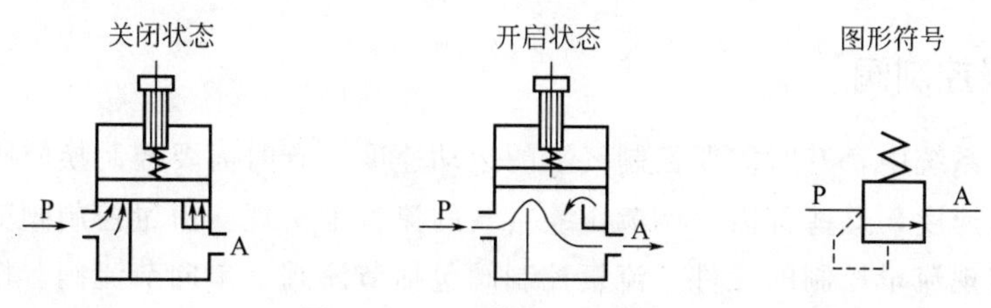

图 11.18　顺序阀的工作原理

顺序阀一般很少单独使用，往往与单向阀配合在一起，构成单向顺序阀。图 11.19 所示为单向顺序阀的工作原理。当压缩空气由左端进入阀腔后，作用于活塞 3 上的气压力超过压缩弹簧 3 上的力时，将活塞顶起，压缩空气从 P 口经 A 口输出，此时单向阀 4 在压差力及弹簧力的作用下处于关闭状态。反向流动时，输入侧变成排气口，输出侧压力将顶开单向阀4由O口排气。

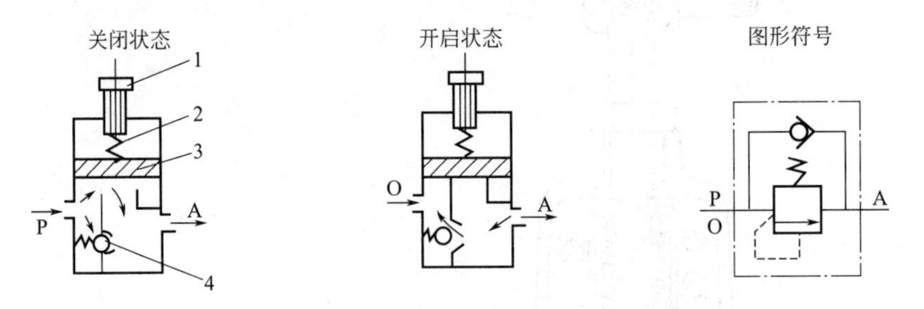

图 11.19 单向顺序阀的工作原理

1—调节手柄；2—弹簧；3—活塞；4—单向阀

调节旋钮就可改变单向顺序阀的开启压力，以便在不同的开启压力下，控制执行元件的顺序动作。

(3) 安全阀

当储气罐或回路中压力超过某调定值，要用安全阀向外放气，安全阀在系统中起过载保护作用。

图 11.20 所示为安全阀的工作原理。当系统中气体压力在调定范围内时，作用在活塞2上的压力小于弹簧1的力，活塞处于关闭状态。当系统压力升高，作用在活塞2上的压力大于弹簧1的预定压力时，活塞2向上移动，阀门开启排气。直到系统压力降到调定范围以下，活塞又重新关闭。开启压力的大小与弹簧的预压量有关。

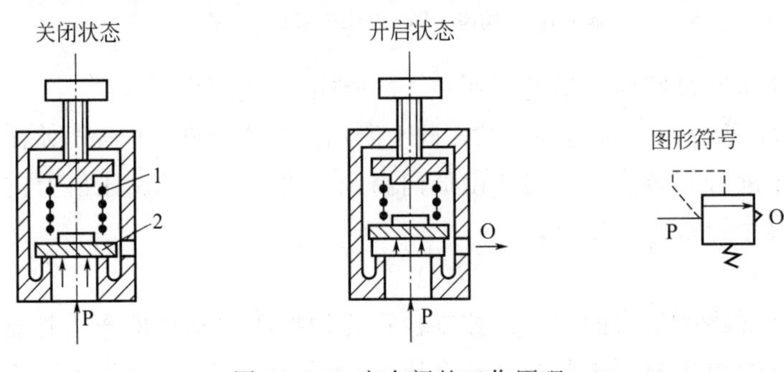

图 11.20 安全阀的工作原理

1—弹簧；2—活塞

11.4.2 流量控制阀

在气压传动系统中，有时需要控制气缸的运动速度，有时需要控制换向阀的切换时间和气动信号的传递速度，这些都需要调节压缩空气的流量来实现。流量控制阀就是通过改变阀的通流面积来实现流量控制的元件。流量控制阀包括节流阀、单向节流阀、排气节流阀和快速排气阀等。

(1) 节流阀

图 11.21 所示为圆柱斜切型节流阀。压缩空气由P口进入，经过节流后，由A口流出。旋转阀芯螺杆，就可改变节流口的开度，这样就调节了压缩空气的流量。由于这种节流阀的

结构简单、体积小，故应用范围较广。

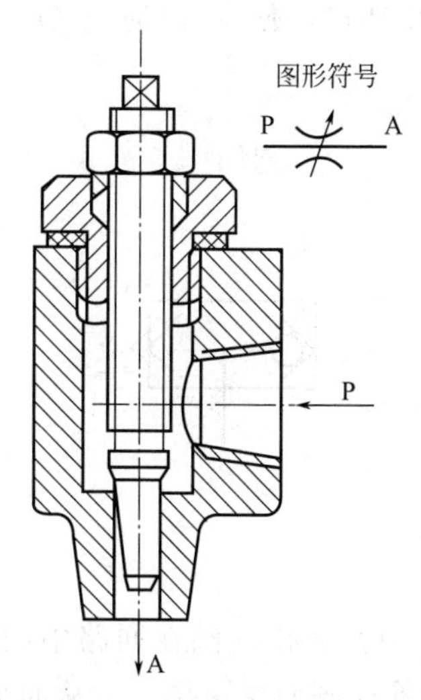

图 11.21 圆柱斜切型节流阀

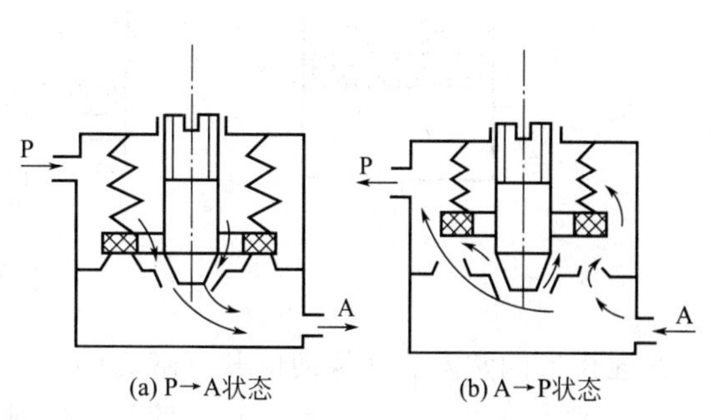

图 11.22 单向节流阀的工作原理

(2) 单向节流阀

单向节流阀是由单向阀和节流阀并联而成的组合式流量控制阀，如图 11.22 所示。当气流沿着一个方向，例如 P→A [图 11.22(a)] 流动时，经过节流阀节流；反方向 [图 11.22(b)] 流动，由 A→P 时单向阀打开，不节流，单向节流阀常用于气缸的调速和延时回路。

(3) 排气节流阀

排气节流阀是装在执行元件的排气口处，调节进入大气中气体流量的一种控制阀。它不仅能调节执行元件的运动速度，还常带有消声器件，所以也能起降低排气噪声的作用。

图 11.23 所示为排气节流阀。其工作原理和节流阀类似，靠调节节流口 1 处的通流面积来调节排气流量，由消声套 2 来减小排气噪声。

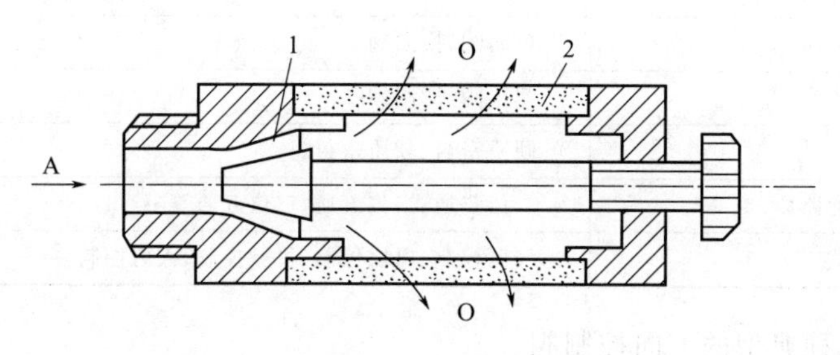

图 11.23 排气节流阀

1—节流口；2—消声套

应当指出，用流量控制的方法控制气缸内活塞的运动速度，采用气动比采用液压困难。特别是在极低速控制中，要按照预定行程变化来控制速度，只用气动很难实现。在外部负载变化很大时，仅用气动流量阀也不会得到满意的调速效果。为提高其运动平稳性，建议采用气液联动。

(4) 快速排气阀

图 11.24 所示为快速排气阀的工作原理。进气口 P 进入压缩空气，并将密封活塞迅速上

推，开启阀口2，同时关闭排气口O，使进气口P和工作口A相通。P口没有压缩空气进入时，在A口和P口压差作用下，密封活塞迅速下降，关闭P口，使A口通过O口快速排气。

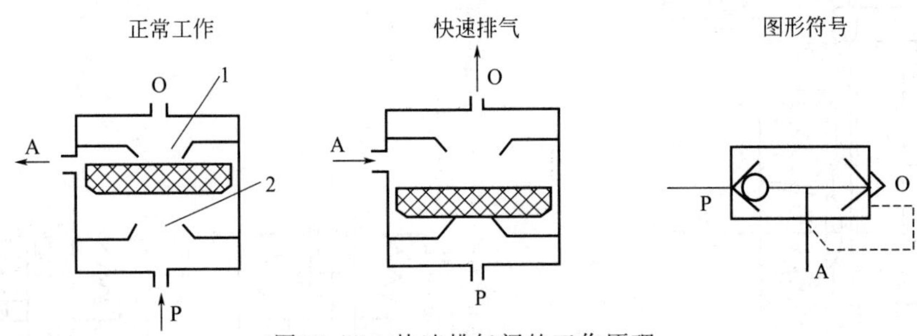

图 11.24　快速排气阀的工作原理

1，2—阀口

快速排气阀常安装在换向阀和气缸之间。图11.25所示为快速排气阀在回路中的应用。它使气缸的排气不用通过换向阀而快速排出，从而加速了气缸往复的运动速度，缩短了工作周期。

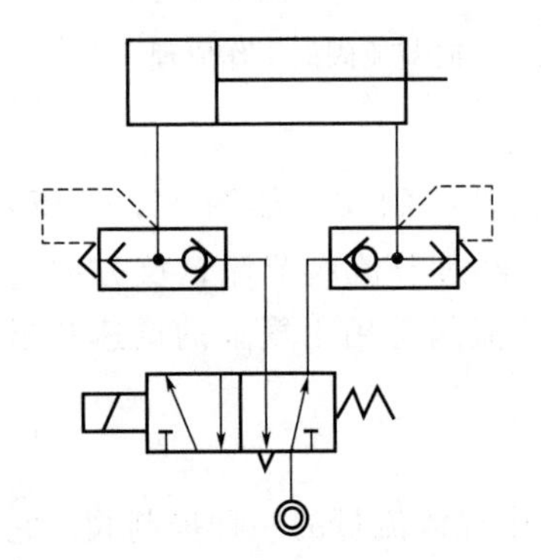

图 11.25　快速排气阀的应用回路

11.4.3　方向控制阀

方向控制阀是气压传动系统中通过改变压缩空气的流动方向和气流的通断，来控制执行元件启动、停止及运动方向的气动元件。

根据方向控制阀的功能、控制方式、结构形式、阀内气流的方向及密封形式等，可将方向控制阀分为以下几类具体见表11.2。

表 11.2　方向控制阀的分类

分类方式	形　　式
按阀内气体的流动方向	单向阀、换向阀
按阀芯的结构形式	截止阀、滑阀
按阀的密封形式	硬质密封、软质密封
按阀的工作位数及通路数	二位三通、二位五通、三位五通等
按阀的控制操纵方式	气压控制、电磁控制、机械控制、人力控制

下面仅介绍几种典型的方向控制阀。

(1) 气压控制换向阀

气压控制换向阀是以压缩空气为动力切换气阀，使气路换向或通断的阀类。气压控制换向阀的用途很广，多用于组成全气阀控制的气压传动系统或易燃、易爆以及高净化要求等场合。

① 单气控加压式换向阀　图11.26所示为单气控加压截止式换向阀的工作原理。无气控信号K时的状态（即常态），此时，阀芯1在弹簧2的作用下处于上端位置，使阀口A与O相通，A口排气。有气控信号K时阀的状态即动力阀状态，由于气压力的作用，阀芯1压缩弹簧2下移，使阀口A与O断开，P与A接通，A口有气体输出。

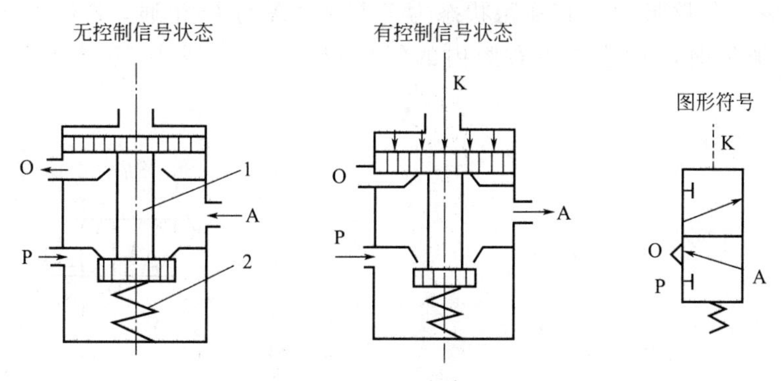

图 11.26 单气控加压截止式换向阀的工作原理

1—阀芯；2—弹簧

图 11.27 所示为二位三通单气控截止式换向阀。其结构简单、紧凑、密封可靠、换向行程短，但换向力大。若将气控接头换成电磁头（即电磁先导阀），可变气控阀为先导式电磁换向阀。

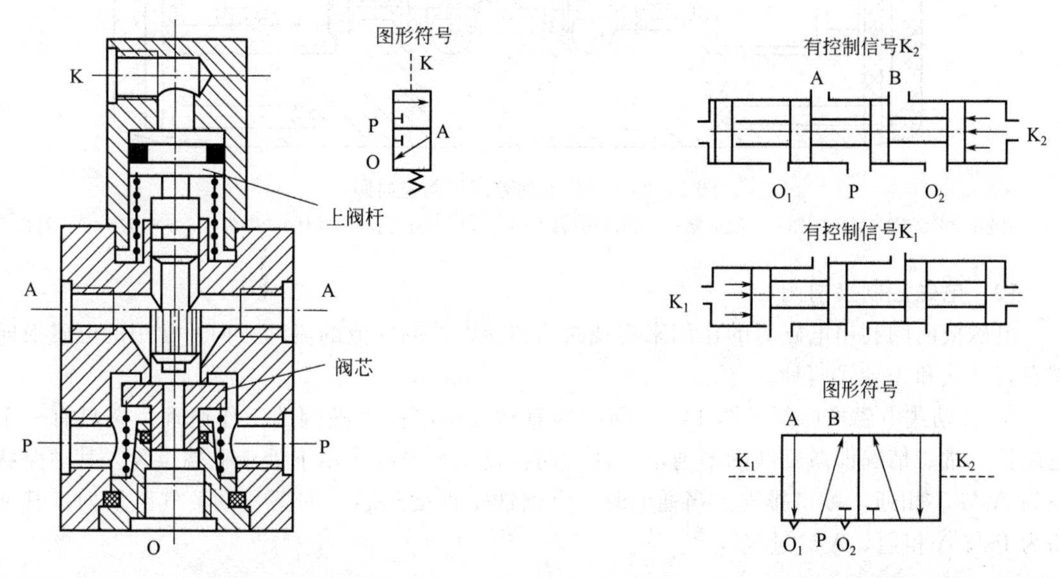

图 11.27 二位三通单气控截止式换向阀

图 11.28 双气控滑阀式换向阀的工作原理

② 双气控加压式换向阀 图 11.28 所示为双气控滑阀式换向阀的工作原理。有气控信号 K_2 时，阀停在左边，其通路状态是 P 与 A、B 与 O 相通。有气控信号 K_1 时（此时信号 K_2 已不存在），阀芯换位，其通路状态变为 P 与 B、A 与 O 相通。双气控滑阀具有记忆功能，即气控信号消失后，阀仍能保持在有信号时的工作状态。

③ 差动控制换向阀 是利用控制气压作用在阀芯两端不同面积上所产生的压力差来使阀换向的一种换向阀。

图 11.29 所示为二位五通差压控制换向阀。阀的右腔始终与进气口 P 相通。在没有进气信号 K 时，控制活塞 13 上的气压力将推动阀芯 9 左移，其通路状态为 P 与 A、B 与 O 相通。A 口进气、B 口排气。当有气控信号 K 时，由于控制活塞 3 的端面积大于控制活塞 13 的端面积，作用在控制活塞 3 上的气压力将克服控制活塞 13 上的气压力及摩擦力，

推动阀芯 9 右移，气路换向，其通路状态为 P 与 B、A 与 O 相通，B 口进气、A 口排气。当气控信号 K 消失时，阀芯 9 借右腔内的气压作用复位。采用气压复位可提高阀的可靠性。

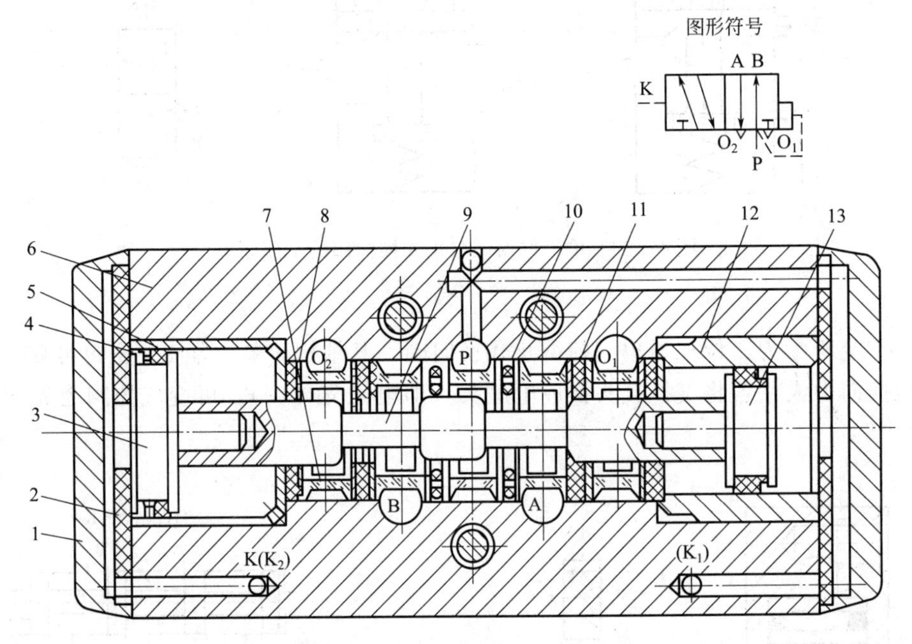

图 11.29　二位五通差压控制换向阀

1—端盖；2—缓冲垫片；3,13—控制活塞；4,10,11—密封垫；5,12—衬套；6—阀体；7—隔套；8—挡片；9—阀芯

(2) 电磁控制换向阀

电磁换向阀利用电磁力的作用来实现阀的切换以控制气流的流动方向。常用的电磁换向阀有直动式和先导式两种。

① 直动式电磁换向阀　图 11.30 所示为直动式单电控电磁阀的工作原理。它只有一个电磁铁。常态情况即激励线圈不通电，此时阀在复位弹簧的作用下处于上端位置。其通路状态为 A 与 T 相通，A 口排气。当通电时，电磁铁 1 推动阀芯 2 向下移动，气路换向，其通路为 P 与 A 相通，A 口进气。

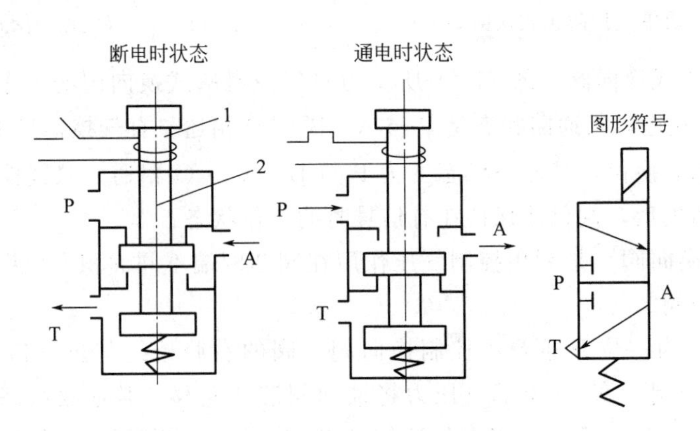

图 11.30　直动式单电控电磁阀的工作原理

1—电磁铁；2—阀芯

图 11.31 所示为直动式双电控电磁阀的工作原理。它有两个电磁铁，当电磁铁 1 通电、2 断电时，阀芯被推向右端，其通路状态是 P 与 A、B 与 O_2 相通，A 口进气、B 口排气。当电磁铁 1 断电时，阀芯仍处于原有状态，即具有记忆性。当电磁铁 2 通电、1 断电，阀芯被推向左端，其通路状态是 P 与 B、A 与 O_1 相通，B 口进气、A 口排气。若电磁线圈断电，气流通路仍保持原状态。

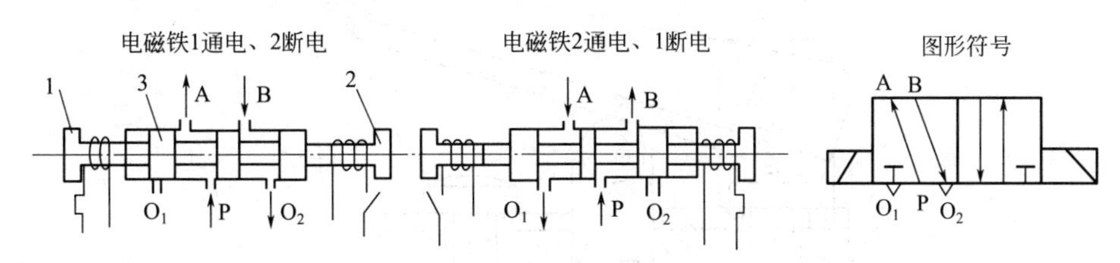

图 11.31 直动式双电控电磁阀的工作原理

1,2—电磁铁；3—阀芯

② 先导式电磁换向阀　直动式电磁阀是由电磁铁直接推动阀芯移动的，当阀通径较大时，用直动式结构所需的电磁铁体积和电力消耗都必然加大，为克服此弱点可采用先导式结构。

先导式电磁阀是由电磁铁首先控制气路，产生先导压力，再由先导压力推动主阀阀芯，使其换向。

图 11.32 所示为先导式双电控换向阀的工作原理。当先导阀 1 的线圈通电，而先导阀 2 断电时，由于主阀 3 的 K_1 腔进气，K_2 腔排气，使主阀阀芯向右移动。此时 P 与 A、B 与 O_2 相通，A 口进气、B 口排气。当先导阀 2 通电，而先导阀 1 断电时，主阀的 K_2 腔进气，K_1 腔排气，使主阀阀芯向左移动。此时 P 与 B、A 与 O_1 相通，B 口进气、A 口排气。先导式双电控电磁阀具有记忆功能，即通电换向，断电保持原状态。为保证主阀正常工作，两个电磁先导阀不能同时通电，电路中要考虑互锁。

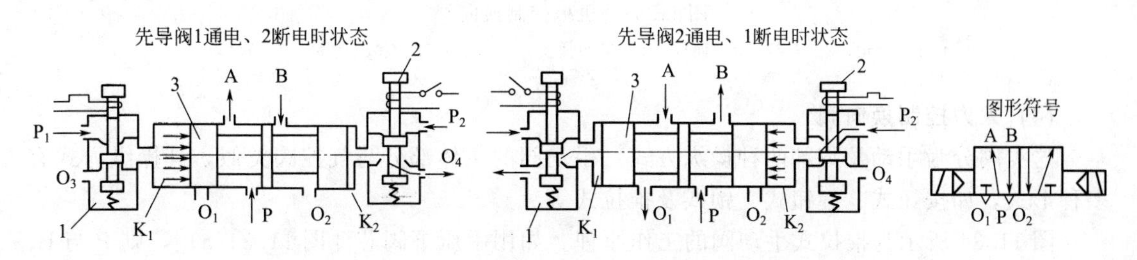

图 11.32 先导式双电控换向阀的工作原理

1,2—先导阀；3—主阀

先导式电磁换向阀便于实现电、气联合控制，所以应用广泛。

(3) 机械控制换向阀

机械控制换向阀又称行程阀，多用于行程程序控制，作为信号阀使用。常依靠凸轮、挡块或其他机械外力推动阀芯，使阀换向。

图 11.33 所示为机械控制换向阀的一种结构形式。当机械凸轮或挡块直接与滚轮 1 接触后，通过杠杆 2 使阀芯 5 换向。其优点是减小了顶杆 3 所受的侧向力；同时，通过杠杆传力也减小了外部的机械压力。

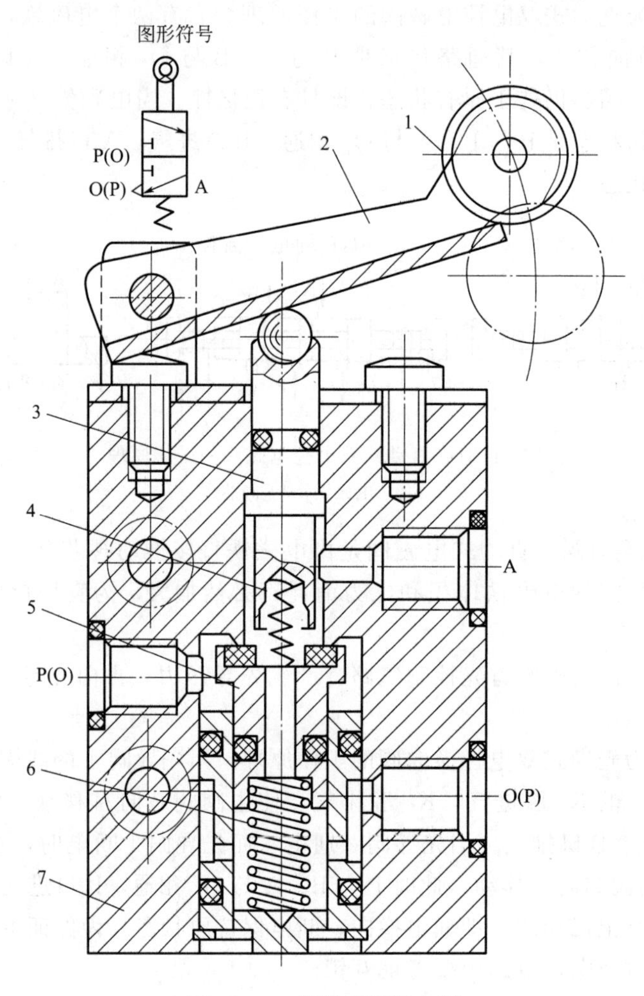

图 11.33　机械控制换向阀

1—滚轮；2—杠杆；3—顶杆；4—缓冲弹簧；5—阀芯；6—密封弹簧；7—阀体

(4) 人力控制换向阀

这类阀分为手动及脚踏两种操纵方式。手动阀的主体部分与气控阀类似，其操纵方式有多种形式，如按钮式、旋钮式、锁式及推拉式等。

图 11.34 所示为推拉式手动阀的工作原理。如用手压下阀芯［图 11.34(a)］，则 P 与 B、A 与 O_1 相通。手放开，而阀依靠定位装置保持原状态不变。当用手将阀芯拉出时［图

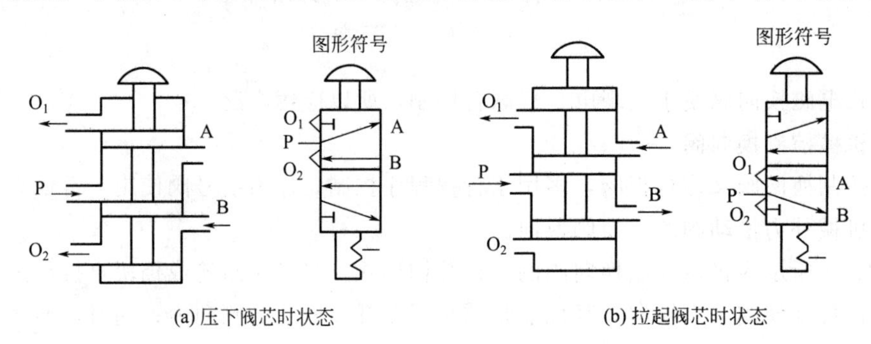

图 11.34　推拉式手动阀的工作原理

11.34(b)]，则P与A、B与O_2相通，气路改变，并能维持该状态不变。

(5) 时间控制换向阀

时间控制换向阀是使气流通过气阻（如小孔、缝隙等）节流后到气容（储气空间）中，经一定的时间使气容内建立起一定的压力后，再使阀芯换向的阀类。在不允许使用时间继电器（电控制）的场合（如易燃、易爆、粉尘大等），用气动时间控制就显出其优越性。

① 延时阀　图11.35所示为二位三通常断延时型换向阀，从该阀的结构上可以看出，它由两大部分组成。延时部分m包括气源过滤器4、可调节流阀3、气容2和排气单向阀1，换向部分n实际上是一个二位三通差压控制换向阀。

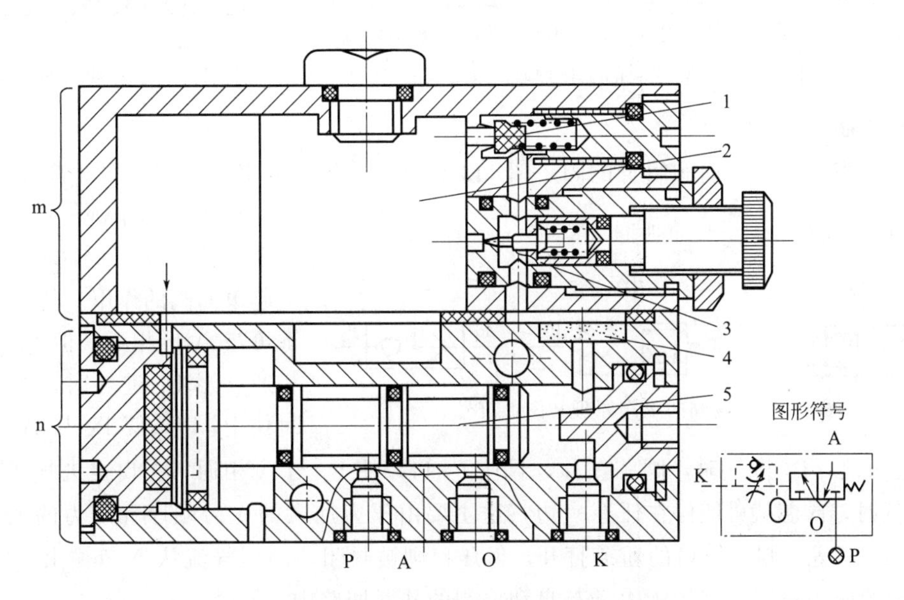

图11.35　二位三通常断延时型换向阀

1—单向阀；2—气容；3—节流阀；4—过滤器；5—阀芯；m—延时部分；n—换向部分

当无气控信号时，P与A断开，A腔排气。当有气控信号时，从K腔输入，经过滤器4、可调节流阀3，节流后到气容2内，使气容不断充气，直到气容内的气压上升到某一值时，阀芯5由左向右移动，使P与A接通，A有输出。当气控信号消失后，气容内的气压经单向阀从K腔迅速排空。如果将P、O口换接，则变成二位三通延时型换向阀。这种延时阀的工作压力范围为0～0.8MPa，信号压力范围为0.2～0.8MPa。延时时间在0～20s，延时精度是120%。延时精度是指延时时间受气源压力变化和延时时间的调节重复性的影响程度。

② 脉冲阀　是靠气流流经气阻、气容的延时作用，使压力输入长信号变为短暂的脉冲信号输出的阀类。其工作原理如图11.36所示：图（a）为无信号输入的状态；图（b）为有信号输入的状态，此时滑柱向上，A口有输出，同时从滑柱中间节流小孔不断向气室（气容）中充气；图（c）是当气室内的压力达到一定值时，滑柱向下，A与O接通，A口的输出状态结束。

图11.37所示为脉冲阀的结构。

这种阀的信号工作压力范围是0.2～0.8MPa，脉冲时间为2s。

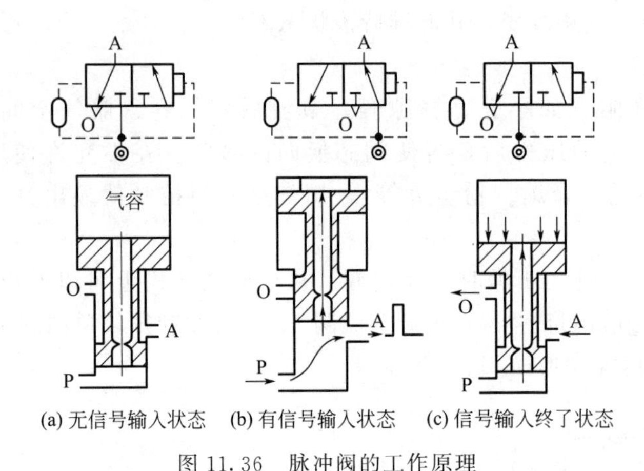

(a) 无信号输入状态　(b) 有信号输入状态　(c) 信号输入终了状态

图 11.36　脉冲阀的工作原理

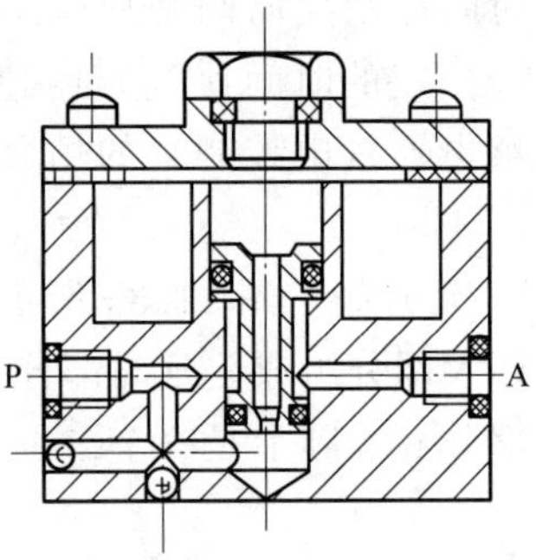

图 11.37　脉冲阀的结构

(6) 梭阀

梭阀相当于两个单向阀组合的阀。图 11.38 所示为梭阀的工作原理和图形符号。

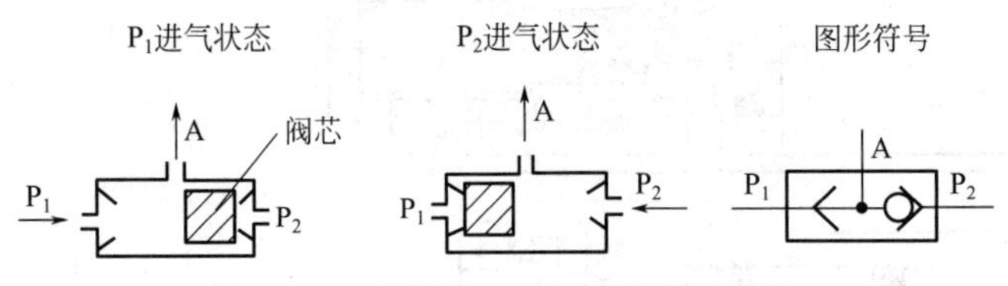

图 11.38　梭阀的工作原理和图形符号

梭阀有两个进气口 P_1 和 P_2，一个工作口 A，阀芯在两个方向上起单向阀的作用。其中 P_1 和 P_2 都可与 A 口相通，但 P_1 与 P_2 不相通。当 P_1 进气时，阀芯右移，封住 P_2 口，使 P_1 与 A 相通，A 口进气。反之，P_2 进气时，阀芯左移，封住 P_1 口，使 P_2 与 A 相通，A 口也进气。若 P_1 与 P_2 都进气时，阀芯就可能停在任意一边，这主要由压力加入的先后顺序和压力的大小而定。若 P_1 与 P_2 不等，则高压口的通道打开，低压口则被封闭，高压气流从 A 口输出。

梭阀的应用很广，多用于手动与自动控制的并联回路中。

11.5　气动回路举例

气动技术是实现工业生产机械化、自动化的方式之一，由于气压传动本身所具有的独特优点，所以应用日益广泛。

以土木机械为例，随着人们生活水平的不断提高，土木机械的结构越来越复杂，自动化程度不断提高。由于土木机械在加工时转速高、噪声大，木屑飞溅十分严重，在这样的条件下采用气动技术非常合适，因此在近期开发或引进的土木机械上，普遍采用气动技术。下面以八轴仿形铣加工机床为例加以分析。

(1) 八轴仿形铣加工机床简介

八轴仿形铣加工机床是一种高效专用半自动加工木质工件的机床。其主要功能是仿形加工，如梭柄、虎形腿等异形空间曲面。工件表面经粗、精铣，砂光和仿形加工后，可得到尺寸精度较高的木质构件。

八轴仿形铣加工机床一次可加工 8 个工件。在加工时，把样品放在居中位置，铣刀主轴转速一般为 8000r/min 左右。由变频调速器控制的三相异步电动机，经蜗杆、蜗轮传动副控制降速后，工件的转速范围为 15～735r/min。纵向进给由电动机带动滚珠丝杠实现，其转速根据挂轮变化为 20～1190r/min 或 40～2380r/min。工件转速、纵向进给运动速度的改变，都是根据仿形轮的几何轨迹变化，反馈给变频调速器后，再控制电动机来实现的。该机床的接料盘升降，工件的夹紧松开，粗、精铣，砂光和仿形加工等工序都是由气动控制与电气控制配合来实现的。

(2) 气动控制回路的工作原理

八轴仿形铣加工机床使用夹紧缸 B（共 8 只），接料盘升降缸 A（共 2 只），盖板升降缸 C，铣刀上、下缸 D，粗、精铣缸 E，砂光缸 F，平衡缸 G 共计 15 只气缸。其动作程序如下。

启动→工件夹紧→接料盘降 ｜→盖板下；→铣刀下→粗铣→精铣；→平衡缸

→砂光进→砂光退→铣刀上 ｜→盖板上；→接料盘升→工件松开；→平衡缸

该机床的气控回路如图 11.39 所示。把动作过程分四方面说明如下。

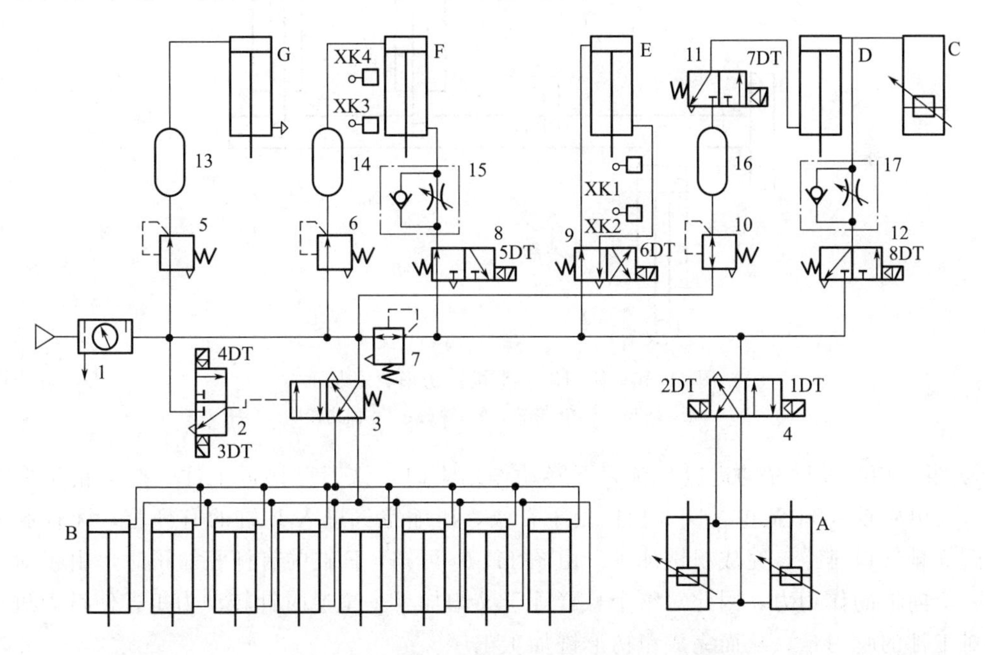

图 11.39 八轴仿形铣加工机床的气控回路

1—气动三联件；2～4,8,9,11,12—气控阀；5～7,10—减压阀；13,14,16—气容；15,17—单向节流阀；A—接料盘缸；B—夹紧缸；C—盖板缸；D—铣刀缸；E—粗、精铣缸；F—砂光缸；G—平衡缸

① 接料盘升降及工件夹紧　按下接料盘升按钮开关（电开关）后，电磁铁 1DT 通电，使阀 4 处于右位，A 缸无杆腔进气，活塞杆伸出，有杆腔余气经阀 4 排气口排空，此时接料盘升起。接料盘升至预定位置时，由人工把工件毛坯放在接料盘上，接着按工件夹紧按钮使电磁铁 3DT 通电，阀 2 换向处于下位。此时，阀 3 的气控信号经阀 2 的排气口排空，使阀 3 复位处于右位，压缩空气分别进入 8 只夹紧缸的无杆腔，有杆腔余气经阀 3 的排气口排空，实现工件夹紧。

工件夹紧后，按下接料盘下降按钮，使电磁铁 2DT 通电，1DT 断电，阀 4 换向处于左位，A 腔有杆腔进气，无杆腔排气，活塞杆退回，使接料盘返至原位。

② 盖板缸、铣刀缸和平衡缸的动作　由于铣刀主轴转速很高，加工木质工件时，木屑会飞溅。为了便于观察加工情况和防止木屑向外飞溅，该机床有一透明盖板并由气缸 C 控制，实现盖板的上、下运动。在盖板中的木屑由引风机产生负压，从管道中抽吸到指定地点。

为了确保安全生产，盖板缸与缸力器同时动作。按下铣刀缸向下按钮时，电磁铁 7DT 通电，阀 11 处于右位，压缩空气进入 D 缸的有杆腔和 C 缸的无杆腔，D 缸无杆腔和 C 缸有杆腔的空气经单向节流阀 17、阀 12 的排气口排空，实现铣刀下降和盖板下降的同时动作。由图 11.40 可见，在铣刀下降的同时悬臂绕固定轴逆时针转动。而 G 缸无杆腔有压缩空气作用且对悬臂产生绕 O 轴的顺时针转动力矩，因此 G 缸起平衡作用。由此可知，在铣刀缸动作的同时盖板缸及平衡缸的动作也是同时的，平衡缸 G 无杆腔的压力由减压阀 5 调定。

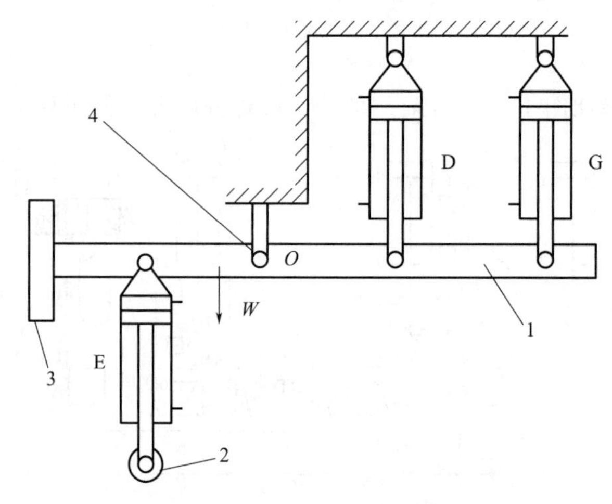

图 11.40　铣刀缸和平衡缸仿形轮安装示意

1—悬臂；2—仿形轮；3—铣刀；4—固定轮

③ 粗、精铣及砂光的进退　铣刀下降动作结束时，铣刀已接近工件，按下粗仿形铣按钮后，使电磁铁 6DT 通电，阀 9 换向处于右位，压缩空气进入 E 缸的有杆腔，无杆腔的余气经阀 9 排气口排空，完成粗铣加工。由图 11.40 可知，E 缸的有杆腔加压时，由于对下端盖有一个向下的作用力，因此对整个悬臂等于又增加了一个逆时针转动力矩，使铣刀进一步增加对工件的吃刀量，从而完成粗仿形铣加工工序。

同理，E 缸无杆腔进气，有杆腔排气时，对悬臂等于施加一个顺时针转动力矩，使铣刀离开工件，切削量减少，完成精加工仿形工序。

在进行粗仿形铣加工时，E 缸活塞杆缩回，粗仿形铣加工结束时，压下行程开关 XK1，6DT 通电，阀 9 换向处于左位，E 缸活塞杆又伸出，进行粗铣加工。加工完了时，压下行程开关 XK2，使电磁铁 5DT 通电，阀 8 处于右位，压缩空气经减压阀 6、气容 14 进入 F 缸的无杆腔，有杆腔余气经单向节流阀 15、阀 8 排气口排气，完成砂光进给动作。砂光进给速度由单向节流阀 15 调节，砂光结束时，压下行程开关 XK3，使电磁铁 5DT 通电，F 缸退回。

F 缸返回至原位时，压下行程开关 XK4，使电磁铁 8DT 通电，7DT 断电，D 缸、C 缸同时动作，完成铣刀上升，盖板打开，此时平衡缸仍起着平衡重物的作用。

④ 接料盘升、工件松开　加工完毕时，按下启动按钮，接料盘升至接料位置。再按下另一按钮，工件松开并自动落到接料盘上，人工取出加工完毕的工件。接着再放上被加工工件至接料盘上，为下一个工作循环做准备。

(3) 气控回路的主要特点

① 该机床气动控制与电气控制相结合，各自发挥其优点，互为补充，具有操作简便、自动化程度较高等特点。

② 砂光缸、铣刀缸和平衡缸均与气容相连，稳定了气缸的工作压力，在气容前面都设有减压阀，可单独调节各自的压力值。

③ 用平衡缸通过悬臂对吃刀量和自重进行平衡，具有气弹簧的作用，其柔性较好，缓冲效果好。

④ 接料盘缸采用双向缓冲气缸，实现终端缓冲，简化了气控回路。

小结

本章主要讲述了气压传动系统组成及特点，气源装置及附件，气缸、气马达及控制阀(压力控制阀、流量控制阀、方向控制阀) 的工作原理，并结合气动回路实例加以分析。限于篇幅，对射流元件、逻辑元件、基本回路及气动系统的设计没有介绍，感兴趣的读者可参阅有关书籍。

习题

11.1　简述气压传动系统组成及特点。

11.2　气压传动系统对压缩空气有哪些质量要求？主要依靠哪些设备保证气压传动系统的压缩空气质量，并简述这些设备的工作原理。

11.3　简述冲压气缸的工作过程及工作原理。

11.4　气动三联件包括哪几个元件？它们的连接次序如何？为什么？

11.5　试述先导式双电控电磁阀工作原理。

11.6　试述延时阀的工作原理。

参 考 文 献

[1] 陈奎生．液压传动与气压传动．武汉：武汉理工大学出版社，2001.

[2] 章宏甲．液压与气压传动．北京：机械工业出版社，2003.

[3] 丛庄远，刘震北．液压技术基本理论．哈尔滨：哈尔滨工业大学出版社，1989.

[4] 左健民．液压传动学习指导．南京：东南大学出版社，1989.

[5] 李慕洁．液压传动与气压传动．北京：机械工业出版社，1989.

[6] 王庭树，余从晞．液压与气动技术．北京：国防工业出版社，1988.

[7] 孟繁华，李天贵．气动技术在气动化中的应用．北京：国防工业出版社，1989.

[8] 王孝华，陆鑫盛．气动元件．北京：机械工业出版社，1991.

[9] Ference Furesz etc. Fundamentals of Hydraulic Power Transmission. New York. 1988.

[10] Z. J. Lansky etc. Industrial Pneumatic Control. New York. 1986.

[11] 李寿刚．液压传动．北京：北京理工大学出版社，1994.

[12] 许福玲，陈尧明主编．液压与气压传动．北京：机械工业出版社，1997.

[13] 官忠范．液压传动系统．第3版．北京：机械工业出版社，1997.

[14] 雷天觉．液压工程手册．北京：机械工业出版社，1990.

[15] 薛祖德．液压传动．北京：中央广播电视大学出版祛，1995.

[16] 章宏甲，黄谊．液压传动．北京：机械工业出版社，1993.

[17] 左键民．液压与气压传动．北京：机械工业出版社，1993.

[18] 林建亚，何存兴．液压元件．北京：机械工业出版社，1988.

[19] 官忠范．液压传动系统．北京：机械工业出版社，1989.

[20] 王春行．液压伺服控制系统．北京：机械工业出版社，1989.

[21] 郑洪生．气压传动及控制．北京：机械工业出版祛，1988.

[22] 林文坡．气压传动及控制．西安：西安交通大学出版社，1992.

[23] 陈书杰．气压传动及控制．北京：冶金工业出版社，1991.

[24] 王庭树，余从晞．液压及气动技术．北京：国防工业出版社，1988.

[25] 孟繁华，李天贵．气动技术在自动化中的应用．北京：国防工业出版社，1989.

[26] Mattnies，Hans jurgen. Einfuhrung in die olhydraulik. Stuttgert，B. G. Toubner，1984.

[27] Vehicle Hydraulic Systems and Digital/Electrohydraulic Controls，1991. SAE SP—882.

[28] 许福玲，陈光明．液压与气压传动．北京：机械工业出版社，1999.

[29] 黄谊，章宏甲．机床液压传动习题集．北京：机械工业出版社，1999.

[30] 北京钢铁设计研究总院冶金设备室．冶金机械液压传动100例．北京：冶金工业出版社，1994.

[31] 李壮云．液压元件与系统．北京：机械工业出版社，1999.

[32] 章宏甲，黄谊．液压传动．北京：机械工业出版社，1996.

[33] 大连工学院机械制造教研室．金属切削机床液压传动．第2版．北京：科学出版社，1985.

[34] 陈奎生．液压阀与液压控制系统．武汉：武汉工业大学出版社，1995.

[35] 王孝华，赵中林．气动元件及系统的使用与维护．北京：机械工业出版社，1995.

[36] 官忠范，液压传动系统．北京：机械工业出版社，1997.

[37] 程啸凡．液压传动．北京：冶金工业出版社，1983.

[38] 郑洪生．气压传动．北京：机械工业出版社，1981.

[39] 雷天觉．气压传动．北京：国防工业出版社，1985.

[40] 杨宝光．锻压机械液压传动．北京：机械工业出版社，1987.

[41] 何存兴．液压与气压传动．武汉：华中科技大学出版社，2000.

[42] 薛祖德．液压传动．北京：中央广播电视大学出版社，1995.